“十三五”国家重点图书出版规划项目
核能与核技术出版工程（第二期）
总主编 杨福家

先进粒子加速器系列（第二期）
主编 赵振堂

质子治疗加速器原理与关键技术

Principles and Key Technologies of Proton Therapy Accelerators

赵振堂 张满洲 张天爵 等 编著

内容提要

本书为“核能与核技术出版工程・先进粒子加速器系列”之一。本书从质子治疗的物理生物特性出发,详细介绍了质子放疗的发展历史和现状,质子治疗的基本特性,质子治疗加速器的类型、系统组成、工作原理和关键技术,质子束传输和扫描系统,辐射防护,以及质子治疗的最新发展方向如小型化、精准化、新的照射技术等。本书可供相关专业研究生以及从事质子治疗装置研制、运行和使用的专业人员参阅。

图书在版编目(CIP)数据

质子治疗加速器原理与关键技术/ 赵振堂等编著
. —上海: 上海交通大学出版社,2021.12
(核能与核技术出版工程.先进粒子加速器系列)
ISBN 978-7-313-25913-4

Ⅰ.①质… Ⅱ.①赵… Ⅲ.①质子—放射疗法—医用加速器—研究 Ⅳ.①TL54

中国版本图书馆 CIP 数据核字(2021)第 235486 号

质子治疗加速器原理与关键技术
ZHIZI ZHILIAO JIASUQI YUANLI YU GUANJIAN JISHU

编　　著: 赵振堂　张满洲　张天爵 等
出版发行: 上海交通大学出版社　　地　　址: 上海市番禺路 951 号
邮政编码: 200030　　电　　话: 021-64071208
印　　制: 苏州市越洋印刷有限公司　　经　　销: 全国新华书店
开　　本: 710mm×1000mm　1/16　　印　　张: 15.75
字　　数: 262 千字
版　　次: 2021 年 12 月第 1 版　　印　　次: 2021 年 12 月第 1 次印刷
书　　号: ISBN 978-7-313-25913-4
定　　价: 129.00 元

核能与核技术出版工程

丛书编委会

先进粒子加速器系列

编　委　会

总　　序

1896 年法国物理学家贝可勒尔对天然放射性现象的发现，标志着原子核物理学的开始，直接促成居里夫妇发现了镭，为后来核科学的发展开辟了道路。1942 年人类历史上第一个核反应堆在芝加哥的建成被认为是原子核科学技术应用的开端，至今已经历了 70 多年的发展历程。核技术应用包括军用与民用两个方面，其中民用核技术又分为民用动力核技术（核电）与民用非动力核技术（即核技术在理、工、农、医方面的应用）。在核技术应用发展史上发生的两次核爆炸与三次重大核电站事故，成为人们长期挥之不去的阴影。然而全球能源匮乏及生态环境恶化问题日益严峻，迫切需要开发新能源，调整能源结构。核能作为清洁、高效、安全的绿色能源，还具有储量最丰富、高能量密度、低碳无污染等优点，受到了各国政府的极大重视。发展安全核能已成为当前各国解决能源不足和应对气候变化的重要战略。我国《国家中长期科学和技术发展规划纲要（2006—2020 年）》明确指出“大力发展核能技术，形成核电系统技术自主开发能力”，并设立国家科技重大专项“大型先进压水堆及高温气冷堆核电站专项”，把“钍基熔盐堆”核能系统列为国家首项科技先导项目，投资 25 亿元，已在中国科学院上海应用物理研究所启动，以创建具有自主知识产权的中国核电技术品牌。

从世界范围来看，核能应用范围正不断扩大。据国际原子能机构数据显示：截至 2019 年底，核能发电量美国排名第一，中国排名第三；不过在核能发电的占比方面，法国占比约为 70.6%，排名第一，中国仅约 4.9%。但是中国在建、拟建的反应堆数比任何国家都多，相比而言，未来中国核电有很大的发展空间。截至 2020 年 6 月，中国大陆投入商业运行的核电机组共 47 台，总装机容量约为 4 875 万千瓦。值此核电发展的历史机遇期，中国应大力推广自主开发的第三代及第四代的“快堆”“高温气冷堆”“钍基熔盐堆”核电技术，努力使中国核电走出去，带动中国由核电大国向核电强国跨越。

随着先进核技术的应用发展，核能将成为逐步代替化石能源的重要能源。受控核聚变技术有望从实验室走向实用，为人类提供取之不尽的干净能源；威力巨大的核爆炸将为工程建设、改造环境和开发资源服务；核动力将在交通运输及星际航行等方面发挥更大的作用。核技术几乎在国民经济的所有领域得到应用。原子核结构的揭示，核能、核技术的开发利用，是20世纪人类征服自然的重大突破，具有划时代的意义。然而，日本大海啸导致的福岛核电站危机，使得发展安全级别更高的核能系统更加急迫，核能技术与核安全成为先进核电技术产业化追求的核心目标，在国家核心利益中的地位愈加显著。

在21世纪的尖端科学中，核科学技术作为战略性高科技，已成为标志国家经济发展实力和国防力量的关键学科之一。通过学科间的交叉、融合，核科学技术已形成了多个分支学科并得到了广泛应用，诸如核物理与原子物理、核天体物理、核反应堆工程技术、加速器工程技术、辐射工艺与辐射加工、同步辐射技术、放射化学、放射性同位素及示踪技术、辐射生物等，以及核技术在农学、医学、环境、国防安全等领域的应用。随着核科学技术的稳步发展，我国已经形成了较为完整的核工业体系。核科学技术已走进各行各业，为人类造福。

无论是科学研究方面，还是产业化进程方面，我国的核能与核技术研究与应用都积累了丰富的成果和宝贵的经验，应该系统整理、总结一下。另外，在大力发展核电的新时期，也亟需一套系统而实用的、汇集前沿成果的技术丛书做指导。在此鼓舞下，上海交通大学出版社联合上海市核学会，召集了国内核领域的权威专家组成高水平编委会，经过多次策划、研讨，召开编委会商讨大纲、遴选书目，最终编写了这套“核能与核技术出版工程”丛书。本丛书的出版旨在培养核科技人才，推动核科学研究和学科发展，为核技术应用提供决策参考和智力支持，为核科学研究与交流搭建一个学术平台，鼓励创新与科学精神的传承。

本丛书的编委及作者都是活跃在核科学前沿领域的优秀学者，如核反应堆工程及核安全专家王大中院士、核武器专家胡思得院士、实验核物理专家沈文庆院士、核动力专家于俊崇院士、核材料专家周邦新院士、核电设备专家潘健生院士，还有“国家杰出青年”科学家、“973”项目首席科学家等一批有影响力的科研工作者。他们都来自各大高校及研究单位，如清华大学、复旦大学、上海交通大学、浙江大学、上海大学、中国科学院上海应用物理研究所、中国科学院近代物理研究所、中国原子能科学研究院、中国核动力研究设计院、中国工程物理研究院、上海核工程研究设计院、上海市辐射环境监督站等。本丛书是他们最新研究成果的荟萃，其中多项研究成果获国家级或省部级奖励，代表了国内乃至国际先进水平。丛书涵盖军用核技术、民用动力核技术、民用非动力核技术及其在理、工、农、医方面的应用。内容系统而全面且极具实用性与指导性，例如，《应用核物理》就阐述了当今国内外核物理研究与应用的全貌，有助于读者对核物理的应用领域及实验技术有全面的了解；其他图书也都力求做到了这一点，极具可读性。

由于良好的立意和高品质的学术成果，本丛书第一期于2013年成功入选“十二五”国家重点图书出版规划项目，同时也得到上海市新闻出版局的高度肯定，入选了“上海高校服务国家重大战略出版工程”。第一期（12本）已于2016年初全部出版，在业内引起了良好反响，国际著名出版集团Elsevier对本丛书很感兴趣，在2016年5月的美国书展上，就“核能与核技术出版工程（英文版）”与上海交通大学出版社签订了版权输出框架协议。丛书第二期于2016年初成功入选了“十三五”国家重点图书出版规划项目。

在丛书出版的过程中，我们本着追求卓越的精神，力争把丛书从内容到形式做到最好。希望这套丛书的出版能为我国大力发展核能技术提供上游的思想、理论、方法，能为核科技人才的培养与科创中心建设贡献一份力量，能成为不断汇集核能与核技术科研成果的平台，推动我国核科学事业不断向前发展。

2020年6月

序

粒子加速器作为国之重器，在科技兴国、创新发展中起着重要作用，已成为人类科技进步和社会经济发展不可或缺的装备。粒子加速器的发展始于人类对原子核的探究。从诞生至今，粒子加速器帮助人类探索物质世界并揭示了一个又一个自然奥秘，因而也被誉为科学发现之引擎。据统计，它对 25 项诺贝尔物理学奖的工作做出了直接贡献，基于储存环加速器的同步辐射光源还直接支持了 5 项诺贝尔化学奖的实验工作。不仅如此，粒子加速器还与人类社会发展及大众生活息息相关，因其在核分析、辐照、无损检测、放疗和放射性药物等方面优势突出，所以在医疗健康、环境与能源等领域得以广泛应用并发挥着不可替代的重要作用。

1919 年，英国科学家 E. 卢瑟福(E. Rutherford)用天然放射性元素放射出来的 α 粒子轰击氮核，打出了质子，实现了人类历史上第一个人工核反应。这一发现使人们认识到，利用高能量粒子束轰击原子核可以研究原子核的内部结构。随着核物理与粒子物理研究的深入，天然的粒子源已不能满足研究对粒子种类、能量、束流强度等提出的要求，研制人造高能粒子源——粒子加速器成为支撑进一步研究物质结构的重大前沿需求。20 世纪 30 年代初，为将带电粒子加速到高能量，静电加速器、回旋加速器、倍压加速器等应运而生。其中，英国科学家 J. D. 考克饶夫(J. D. Cockcroft)和爱尔兰科学家 E. T. S. 瓦耳顿(E. T. S. Walton)成功建造了世界上第一台直流高压加速器；美国科学家 R. J. 范德格拉夫(R. J. van de Graaff)发明了采用另一种原理产生高压的静电加速器；在瑞典科学家 G. 伊辛(G. Ising)和德国科学家 R. 维德罗(R. Wideröe)分别独立发明漂移管上加高频电压的直线加速器之后，美国科学家 E. O. 劳伦斯(E. O. Lawrence)研制成功世界上第一台回旋加速器，并用它产生了人工放射性同位素和稳定同位素，因此获得1939年的诺贝尔物理学奖。

1945年，美国科学家E. M. 麦克米伦（E. M. McMillan）和苏联科学家V. I. 韦克斯勒（V. I. Veksler）分别独立发现了自动稳相原理；20世纪50年代初期，美国工程师N. C. 克里斯托菲洛斯（N. C. Christofilos）与美国科学家E. D. 库兰特（E. D. Courant）、M. S. 利文斯顿（M. S. Livingston）和H. S. 施奈德（H. S. Schneider）发现了强聚焦原理。这两个重要原理的发现奠定了现代高能加速器的物理基础。另外，第二次世界大战中发展起来的雷达技术又推动了射频加速的跨越发展。自此，基于高压、射频、磁感应电场加速的各种类型粒子加速器开始蓬勃发展，从直线加速器、环形加速器到粒子对撞机，成为人类观测微观世界的重要工具，极大地提高了人类认识世界和改造世界的能力。人类利用电子加速器产生的同步辐射研究物质的内部结构和动态过程，特别是解析原子、分子的结构和工作机制，打开了了解微观世界的一扇窗户。

人类利用粒子加速器发现了绝大部分新的超铀元素，合成了上千种新的人工放射性核素，发现了包括重子、介子、轻子和各种共振态粒子在内的几百种粒子。2012年7月，利用欧洲核子研究中心（CERN）27千米周长的大型强子对撞机，物理学家发现了希格斯玻色子——"上帝粒子"，让40多年前的基本粒子预言成为现实，又一次展示了粒子加速器在科学研究中的超强力量。比利时物理学家F. 恩格勒特（F. Englert）和英国物理学家P. W. 希格斯（P. W. Higgs）因预言希格斯玻色子的存在而被授予2013年度的诺贝尔物理学奖。

随着粒子加速器的发展，其应用范围不断扩展，除了应用于物理、化学及生物等领域的基础科学研究外，还广泛应用在工农业生产、医疗卫生、环境保护、材料科学、生命科学、国防等各个领域，如辐照电缆、辐射消毒灭菌、高分子材料辐射改性、食品辐照保鲜、辐射育种、生产放射性药物、肿瘤放射治疗与影像诊断等。目前，全球仅作为放疗应用的医用直线加速器就有近2万台。

粒子加速器的研制及应用属于典型的高新科技，受到世界各发达国家的高度重视并将其放在国家战略的高度予以优先支持。粒子加速器的研制能力也是衡量一个国家综合科技实力的重要标志。我国的粒子加速器事业起步于20世纪50年代，经过60多年的发展，我国的粒子加速器研究与应用水平已步入国际先进行列。我国各类研究型及应用型加速器不断发展，多个加速器大科学装置和应用平台相继建成，如兰州重离子加速器、北京正负电子对撞机、合肥光源(第二代光源)、北京放射性核束设施、上海光源(第三代光源)、大连相干光源、中国散裂中子源等；还有大量应用型的粒子加速器，包括医用电子直线加速器、质子治疗加速器和碳离子治疗加速器，工业辐照和探伤加速器、集装箱检测加速器等在过去几十年中从无到有、快速发展。另外，我国基于激光等离子体尾场的新原理加速器也取得了令人瞩目的进展，向加速器的小型化目标迈出了重要一步。我国基于加速器的超快电子衍射与超快电镜装置发展迅猛，在刚刚兴起的兆伏特能级超快电子衍射与超快电子透镜相关技术及应用方面不断向前沿冲击。

近年来，面向科学、医学和工业应用的重大需求，我国粒子加速器的研究和装置及平台研制呈现出强劲的发展态势，正在建设中的有上海软 X 射线自由电子激光用户装置、上海硬 X 射线自由电子激光装置、北京高能光源(第四代光源)、重离子加速器实验装置、北京拍瓦激光加速器装置、兰州碳离子治疗加速器装置、上海和北京及合肥质子治疗加速器装置；此外，在预研关键技术阶段的和提出研制计划的各种加速器装置和平台还有十多个。面对这一发展需求，我国在技术研发和设备制造能力等方面还有待提高，亟需进一步加强技术积累和人才队伍培养。

粒子加速器的持续发展、技术突破、人才培养、国际交流都需要学术积累与文化传承。为此，上海交通大学出版社与上海市核学会及国内多家单位的加速器专家和学者沟通、研讨，策划了这套学术丛书——“先进粒子加速器系列”。这套丛书主要面向我国研制、运行和使用粒子加速器的科研人员及研究生，介绍一部分典型粒子加速器的基本原理和关键技术以及发展动态，助力我国粒子加速器的科研创新、技术进步与产业应用。为保证丛书的高品质，我们遴选了长期从事粒子加速器研究和装置研制的科技骨干组成编委会，他们来自中国科学院上海高等研究院、中国科学院上海应用物理研究所、中国科学院近代物理研究所、中国科学院高能物理研究所、中国原子能科学研究院、清华大学、上海交通大学等单位。编委会选取代表性研究成果作为丛书内容的框架，并召开多次编写会议，讨论大纲内容、样章编写与统稿细节等，旨在打磨一套有实用价值的粒子加速器丛书，为广大科技工作者和产业从业者服务，为决策提供技术支持。

科技前行的路上要善于撷英拾萃。“先进粒子加速器系列”力求将我国加速器领域积累的一部分学术精要集中出版，从而凝聚一批我国加速器领域的优秀专家，形成一个互动交流平台，共同为我国加速器与核科技事业的发展提供文献、贡献智慧，成为助推我国粒子加速器这个“大国重器”迈向新高度的“加速器”，为使我国真正成为加速器研制与核科学技术应用的强国尽一份绵薄之力。

2020 年 6 月

前　言

1946 年，美国物理学家 R. R. 威尔逊(R. R. Wilson)首次提出高能质子束可用于治疗肿瘤。由于质子在物质内传输时的布拉格峰特性可使剂量分布相对集中在行程尾部的靶区内，在杀死肿瘤的同时可减少对周围正常组织的损伤，这一天然物理优势使质子治疗方法一经提出便受到世界各国的广泛关注。迄今为止，国际上已有比利时离子束应用(Ion Beam Application，IBA)公司、美国瓦里安公司(Varian Medical Systems，Inc.)和日本日立公司(Hitachi，Ltd.)等 10 余家装置提供商或研发机构，国内也有数家研究所或者高科技企业开展装置的研发工作。截至 2020 年底，全球已建成 90 余台质子治疗装置，还有 40 余台在建。2021 年 11 月，我国首台国产化质子装置临床试验正式启动，首批入组患者开始接受治疗。此外，国外现已落实采购计划的尚有 20 多家医院和治疗中心，国内提出建设质子治疗装置需求的单位更是多达 80 余家，世界范围内质子治疗装置的需求呈现十分旺盛的增长态势。

在质子治疗装置建设迅速发展之际，国内从事质子治疗相关工作和相关专业师生亟需一本有关质子治疗加速器基本原理与应用技术的专业书籍做参考。本书的编写工作就是在这样的背景下进行的，其宗旨是使初学者或者医院的相关技术人员对质子治疗加速器和束流配送部分的组成及相关工作原理有初步的了解，对质子治疗装置发展的历史、动态和趋势有总体性的了解，从而进一步指导实践。在质子治疗装置的研发、建造、调试和运行过程中，人们不断积累经验，创新质子治疗技术，同时也不断地提出新方法，本书也会提及这部分相关内容和前沿发展方向。

质子治疗精准且可有效保护肿瘤周围的健康组织，还可降低患者因辐射所致的第二原发肿瘤风险，这些特点使其正加速应用于肿瘤治疗领域，特别是头颈部、胸部、腹盆腔部的肿瘤治疗，相信通过广大医务和科研工作者、研发机构、制造厂家、医院和治疗中心的共同努力，质子治疗的设备和疗效都能持续不断地改进和提高，期望不久的将来质子治疗能在我国得到广泛应用，造福于更多的肿瘤患者。

本书由赵振堂、张满洲和张天爵主持撰写，赵振堂负责全书内容审定与统稿。各章的主要撰写人员如下：第 1 章，赵振堂；第 2 章，陈志凌；第 3 章，张满洲、李瑞和欧阳联华；第 4 章，张天爵、王川和李明；第 5 章，方文程和陆羿行；第 6 章，张满洲和吴军；第 7 章，殷重先和刘鸣；第 8 章，许文贞；第 9 章，张满洲；第 10 章，张满洲。

本书的编写人员受专业知识和技术领域所限，难免存在不妥和疏漏之处，欢迎广大读者批评指正。

目　录

第 1 章

质子治疗加速器概述

1919 年，英国科学家 E. 卢瑟福(E. Rutherford)在进行 α 粒子轰击氮原子核的实验时发现了质子。质子实际上就是氢原子核，是一种稳定的、不衰变的带电粒子，其电荷量为 $1.602\,176\,634 \times 10^{-19}$ C，静止能量为 938 MeV。质子一般用符号 p 或 ^{1}H 表示。与其他轻离子和重离子一样，质子射入人体后将沿射程逐步损失能量，其能量在射程末端集中释放，能量损失率会形成一个尖锐的峰，即所谓的布拉格峰(Bragg peak)[1]。由于质子能量几乎全部释放于布拉格峰处，所以质子束基本上不会越过射程的终点，致使布拉格峰后端十分陡峭，剂量迅速下降至零。

鉴于上述质子和离子这一物理特性为肿瘤治疗提供的有利剂量分布形式，美国科学家 R. R. 威尔逊(R. R. Wilson)于 1946 年首先提出了利用加速后的质子进行肿瘤治疗的设想[2]，它的优势在于质子布拉格峰可使照射剂量主要集中在肿瘤靶区部位形成剂量高峰区，同时大大减少了周围正常组织受到的照射剂量。剂量布拉格峰的深度取决于质子束的能量，通过不同能量质子束的组合可以形成适形肿瘤的扩展布拉格峰(spread-out Bragg peak，SOBP)，同时质子束在体内的散射较小，具有比较理想的半影。在人体尺度下，治疗用质子束的能量为 70～235 MeV。

1948 年，美国劳伦斯-伯克利国家实验室利用回旋加速器的质子束率先开展了生物学和医学应用研究。随后于 1954 年，美国利用这一加速器设施在世界上进行了第一例质子治疗并在之后的三年内治疗了 30 多名患者。1960 年起，美国麻省总医院与哈佛大学回旋加速器实验室(HCL)合作，利用最高能量为 160 MeV 的回旋加速器加速的质子束流开展生物学和治疗技术研究以及临床治疗，1961 年至 2000 年的 40 年间，治疗的患者总计超过 8 300 名，约为当时世界质子治疗总患者数的 1/3。这期间，苏联/俄罗斯、瑞典和日本等国也先后开展了质子治疗研究和临床实践，利用已有核物理研究用的质子加速器装置探索质子治疗的技术和方法,为日后发展医院专用质子治疗装置奠定了基础。

1985年,美国洛马林达(Loma Linda)大学决定建造世界上第一台医院专用的质子治疗装置以及质子治疗中心,并委托费米国家实验室研制了230 MeV的质子同步加速器,这台建在医院的专用质子治疗装置于1990年投入临床治疗应用,开启了质子治疗装置发展的全新阶段[3],该先驱性的治疗装置在过去的30年间治疗的患者已超过21 000名,取得了巨大成功。作为推动医院专用质子同步加速器治疗装置发展的另一个先锋,日本筑波大学附属医院从20世纪70年代初起借助于日本高能加速器研究机构的质子加速器开始进行质子治疗的研究和应用,并于2001年在该医院内建成了装备有日立公司研制的230 MeV质子同步加速器装置的质子治疗中心[4],截至2021年11月这台装置治疗的患者超过了6 600名。日立公司研制的质子同步加速器治疗装置随后在美国、欧洲和亚洲等多地建造,表现出良好的技术性能,目前已建和在建的日立质子同步加速器装置已超过20台。比利时的IBA公司是研制专用质子回旋加速器治疗装置的开路先锋,其第一台装置安装在美国麻省总医院并于2001年开始治疗患者[5]。IBA公司已为世界各地的医院和治疗中心贡献了50多台质子回旋加速器治疗装置,在过去的20年中治疗的患者已超过10万名。2010年后,美国瓦里安公司推出的质子超导回旋加速器治疗装置受到青睐并得到迅速发展,现已销售30多台并继续保持强劲的发展势头。此外,日本住友重工和三菱公司,美国的ProTom、Provision和迈胜(Mevion)公司等也先后研发和销售基于同步加速器或回旋加速器的质子治疗装置;欧洲核子研究中心(CERN)、意大利的TERA和英国的AVO公司等一直在研发基于质子直线加速器的治疗装置[6]。

2010年后,中国也加入了质子治疗装置研发的行列,中国科学院上海应用物理研究所/上海高等研究院联合上海艾普强公司研发了基于质子同步加速器的治疗装置,该装置已在2021年进入临床试验阶段。合肥中科离子医学技术装备有限公司和中国原子能科学研究院各自研发了基于质子超导回旋加速器的治疗装置,并在2020年获得了200 MeV及以上的引出束流。在研发中的还有新瑞阳光粒子医疗装备(无锡)有限公司的超紧凑型质子同步加速器治疗装置。目前国产质子治疗装置已进入快速发展的关键阶段。

1.1 质子治疗装置的构成与性能

质子治疗装置是一种产生并将质子加速到70～235 MeV能量且按照治疗剂

量和位置要求准确地将质子束照射到肿瘤上的大型加速器装置。质子治疗装置的主要组成部分如下：① 最高治疗能量在 200～235 MeV 范围内的质子加速器；② 将质子束传输到照射系统的固定或旋转束流输运线；③ 质子束照射系统，也称为束流配送系统或治疗头；④ 包括治疗床、图像引导和呼吸门控等在内的患者定位系统；⑤ 剂量验证系统、治疗计划系统与治疗控制系统。此外，质子治疗装置还包括辐射防护与安全联锁系统和肿瘤信息系统等，如图 1－1 所示。

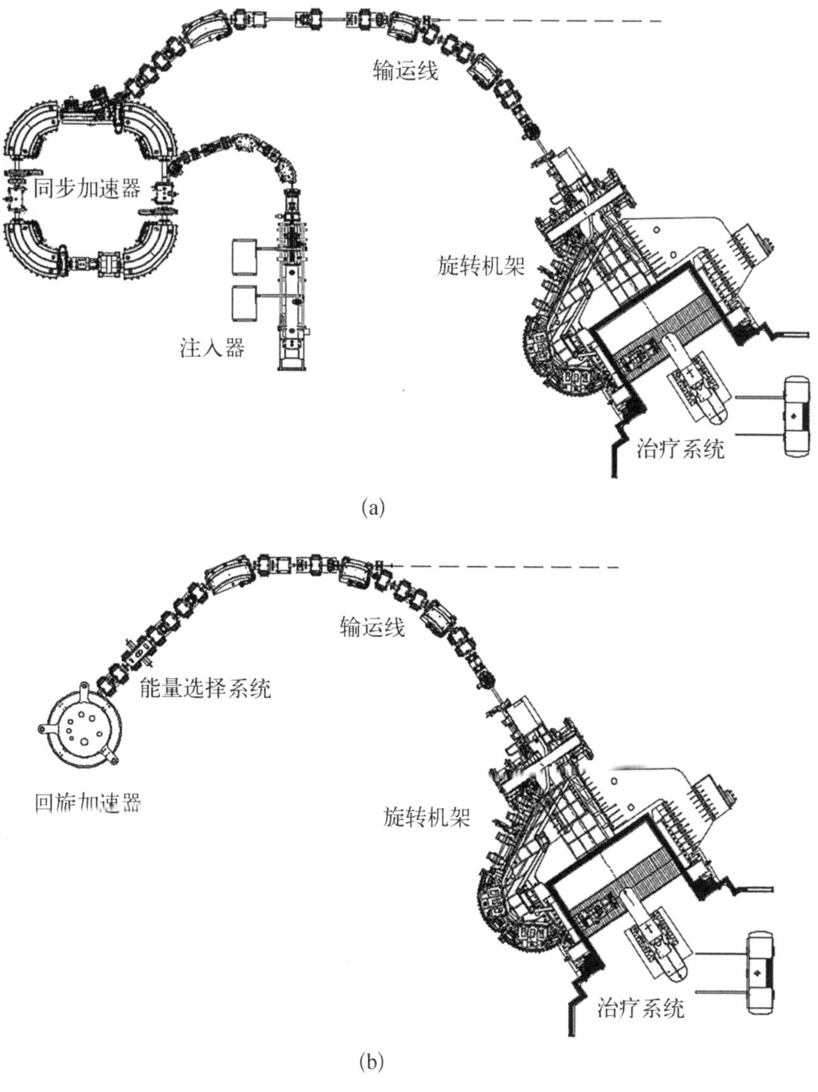

图 1－1　质子治疗装置的基本构成

(a) 基于同步加速器的治疗装置；(b) 基于回旋加速器的治疗装置

质子加速器的主要功能是产生和加速治疗所要求的质子束,其束流性能包括质子束的能量、能量调节时间、能散和能量稳定性、引出的束流强度及稳定性、束流发射度、束斑大小和形状、束流位置稳定性以及束流脉冲(spill)的均匀性等。束流输运线的主要功能是把从质子加速器引出的束流按照照射系统的要求传输到系统的入口,其中包括含降能器在内的能量选择系统和可立体旋转束流方向的旋转机架输运线,主要性能有束流的传输效率、束流截面、束流位置的稳定性等。质子束照射系统是将质子束按治疗计划所要求的空间剂量分布准确地配送到肿瘤靶区的装置,它有基于散射和扫描不同工作原理的两种类型的剂量配送方式,其主要性能包括剂量的空间分布、位置的精确性以及剂量配送的精度。患者定位系统是用于准确定位肿瘤的装置,如机器人治疗床、图像引导、运动控制,是实现精准治疗的必要条件,其性能体现在图像引导的分辨率、治疗床的定位精度以及对器官运动的掌控。治疗计划系统是用于设计和计算放疗照射剂量的应用软件,其功能包括构建物理模型、勾画器官轮廓、制订照射方案、剂量计算、优化和评估治疗模式、确定和优化质量保证流程等。表 1-1 显示的是典型的质子治疗装置性能参数。

表 1-1　典型的质子治疗装置性能参数

参数名称	上海艾普强 ProLancet	日立 ProBeat	IBA Proteus Plus/One	Varian ProBeam
加速器类型	同步加速器	同步加速器	等时/超导同步回旋加速器	超导等时回旋加速器
加速器直径/m	8	7.5	4.34/2.5	3.2
引出能量/MeV	70.6～235	71.3～228.8	230/230	250
能量调节方式	加速器调能	加速器调能	降能器调能	降能器调能
机架旋转范围/(°)	(0～180)/(0～360)	(0～180)/(0～360)	(0～360)/(0～220)	0～360
束配方式	笔束点扫描	笔束点扫描	笔束点扫描	笔束点扫描
扫描速度/(cm/ms)	2	2	1.2	1
束斑尺寸/mm	3.5～7	3～7.9	3.5～7.5	—
照射点精度/mm	<1	<1	<1	<1
最大照野/(cm×cm)	30×40	30×40	30×40/24×20	30×40
加速器质量/t	70	70	230/50	90
运行时电耗/kW	350	350	400/60	350

1.2　各类质子治疗加速器的研发历程

早期的质子治疗研究和临床应用均借助于开展核物理研究用的质子同步加速器和回旋加速器。20 世纪 80 年代，人们开始研制质子治疗专用加速器，不仅使其规模小型化以适于装备到医院，而且性能上更符合治疗的需求。目前，最高引出能量为 230～250 MeV 的同步加速器和回旋加速器是质子治疗加速器的主力机型，已在世界范围内广泛应用，已建和在建的总数量已超过 100 台[①]，其分布如表 1-2 和表 1-3 所示。建成和在建的还有 8 台质子碳离子一体机治疗装置，分布在德国、日本、中国、意大利和奥地利等国家。研制中的还有直线加速器、介质壁加速器、激光加速器等几种类型的质子治疗专用加速器，在未来 10 年内将陆续进行样机演示，或将投入治疗应用。

表 1-2　世界上已建成的专用质子治疗装置

分布地	同步加速器数量/台	回旋加速器数量/台	超导回旋加速器数量/台	治疗室数量(旋转机架数)/个
美　国	9	25	7	110(88)
欧　洲	3	21	6	60(39)
日　本	12	5	—	30(26)
中　国	1	4	1	23(17)
其他地区	—	3	—	8(6)

表 1-3　世界上在建的质子治疗装置

分布地	同步加速器数量/台	回旋加速器数量/台	超导回旋加速器数量/台	治疗室数量(旋转机架数)/个
美　国	1	—	4	8(8)
欧　洲	2	2	2	11(8)
日　本	1	1	—	2(2)
中　国	—	3	4	26(21)
其他地区	2	2	4	21(16)

① 数据源自 https://www.ptcog.ch/。

1.2.1 质子同步加速器

质子同步加速器是最早进入医院作为专用质子治疗装置而应用的质子加速器[7]。同步加速器是一种环形加速器，粒子在加速器中沿同一环形轨道循环运动，在高频加速腔处获得能量增益，粒子的速度和其相对论能量因子的乘积与形成环形轨道的磁感应强度成正比，粒子在环形轨道上循环的过程中，其回旋频率与高频加速电场的工作频率始终保持“同步”。质子同步加速器的突出优点是可按照治疗要求即时加速和引出所需能量的质子束，从而不需要降能器，这样就避免了加速器因能量选择产生额外的辐射剂量，可省去为此专门增加的屏蔽墙厚度及其他防护措施。这种医用质子同步加速器的注入能量大多分布在2～7 MeV，治疗时使用的引出能量通常为70～235 MeV，同步加速器的工作频率一般在0.5 Hz上下，可根据治疗照射的需要随时调节。质子同步加速器每周期加速的质子数超过1×10^{10}个，最高可超过1×10^{11}个，通常采用共振法来引出束流，质子束的束斑尺寸在4～12 mm范围内，发射度在毫米·毫弧度量级，引出束流脉冲的长度可达数秒的量级。

质子治疗同步加速器需要注入器提供初始束流，注入器主要有两种，分别是射频直线加速器，即射频四极场(radio frequency quadruple, RFQ)加速器＋漂移管直线加速器(drift tube linac, DTL)和直流高压型加速器。它们把从离子源引出的质子加速到能量为2～7 MeV(多数用7 MeV)后，由静磁和静电切割器等注入元件导入同步加速器的环形轨道内。质子治疗同步加速器主环本身主要由二极偏转磁铁、四极和六极聚焦磁铁、高频加速腔、真空室、束测元件等组成，除注入设备外，还有引出质子束的静电切割器和静磁切割磁铁以及射频激出(radio frequency knock out, RFKO)器等慢引出设备。

第一台质子治疗专用的同步加速器是由美国洛马林达大学委托费米国家实验室研制的[8]，1990年开始运行并通过不断改进完善达到了医疗装备的使用要求。这台弱聚焦同步加速器的周长为20 m，采用带边缘聚焦的8块45°二极偏转磁铁和4块四极磁铁形成环形质子轨道，其典型的工作脉冲周期为2.2 s，每周期储存的质子束约为3×10^{10}个，引出束流的脉冲长度可达1 s。该装置采用2 MeV的射频四极场加速器作为同步加速器的注入器，注入能量在同类装置中最低，以单圈注入方式工作；采用铁氧体高频腔加速质子，工作频率为0.9～9.2 MHz，峰值加速电压为0.33 kV。该加速器首先在费米国家实验室安装和调试成功，而后搬运和安装在洛马林达医学中心，专门用于肿瘤的临床治疗和相关研究。

第二、三台安装在医院的质子治疗专用同步加速器是由日本日立公司研发的强聚焦同步加速器，分别于 2001 年和 2004 年在日本筑波大学附属医院和美国得克萨斯大学安德森癌症中心开始治疗患者[9]。这款治疗装置的加速器由直线注入器和同步加速器构成，同步加速器的周长为 23 m，由 6 块 60°二极偏转磁铁形成环形轨道。它的注入器由 425 MHz 的 RFQ 加速段与漂移管加速段级联组成，能量为 7 MeV，工作流强为 10 mA。该同步加速器采用多圈注入模式和三阶共振引出方式工作，每周期加速和储存的质子数可超过 1×10^{11} 个，束流引出能量在 70～250 MeV 范围内连续可调，引出的束流能散小于 0.2%，能量分辨小于 0.4 MeV。为适应小型化和点扫描照射的要求，日立公司在 2010 年后又将这一款同步加速器升级改造成了由 4 块 90°二极偏转磁铁组成的且周长压缩到 18 m 的紧凑型同步加速器[10]。这一新款同步加速器质子治疗装置近年来分别在日本、美国、西班牙、新加坡、中国香港等国家和地区相继建成或在建①。

在上述弱聚焦和强聚焦两种质子治疗专用同步加速器发展的过程中，日本的三菱公司也研制出了周长小于 20 m 的紧凑结构质子同步加速器，并在日本安装了 3 台。但三菱公司的质子同步加速器产品业务于 2017 年并入了日立公司，这是一款基于 4 块 90°二极偏转磁铁的小型同步加速器，能量为 230 MeV，周长为 18 m，它的注入器是由 RFQ＋交变相位聚焦（alterating phase focusing，APF）加速段组成的直线加速器。2000 年后，俄罗斯的列别捷夫物理研究所和美国 ProTom 公司也研制了一款周长小于 18 m 的质子治疗同步加速器②，它含有 16 块 22.5°带梯度的二极偏转磁铁，采用约 1 MeV 的串列静电加速器做注入器，可把质子能量加速到最高 330 MeV，其治疗用的引出能量为 70～250 MeV，引出的质子数约为 1×10^{9} 个。这款质子同步加速器装置首先于 2003 年在研究机构进行了技术调试，然后于 2010 年分别在俄罗斯 Protvno 市医院和 Central Military 医院、2011 年在美国 Mclaren 医院完成了技术调试，自 2015 年起开始临床治疗。到目前为止，已有 9 台这款质子同步加速器治疗装置在俄罗斯、美国、以色列和澳大利亚等国家建成或在建。

2012 年以来，中国有两款质子治疗同步加速器在研发。由中国科学院上海应用物理研究所上海光源团队研发的首台国产质子治疗装置已完成技术调

① 资料源自 https://www.hitachi.com/businesses/healthcare/products-support/pbt/location/index.html。

② 资料源自 https://www.protominternational.com/。

试和注册检测，正在临床试验中。这款质子同步加速器的周长为 24.6 m，包含 8 块 45°二极偏转磁铁，注入能量为 7 MeV，加速能量最高可达 250 MeV，治疗用的引出能量为 70～235 MeV，每周期加速和储存的质子数最高可达 1×10^{11} 个。另外一款是新瑞阳光粒子医疗装备(无锡)有限公司正在研发中的 18 m 周长的紧凑型质子同步加速器，它基于 4 块 90°二极偏转磁铁的弱聚焦磁结构，用 3 MeV 的射频四极场直线加速器作注入器，以质子同步加速器元件数量最少化实现加速器的小型化。此外，清华大学研制了一台 60～230 MeV 的质子同步加速器，采用 6 块 60°二极偏转磁铁组成六折对称的磁聚焦结构，其束流性能指标也可达到质子治疗的要求。

用于质子治疗的同步加速器还有一类是可兼顾加速质子和碳离子(或多离子)的加速器，其代表装置有在日本 HIBMC、德国 HIT、中国 SPHIC、意大利 CNAO、奥地利 MedAustron 建成的质子碳离子一体机[7]。这类治疗装置用同步加速器大都以加速碳离子到 320～430 MeV 为主要目标，有一些还考虑加速氦、氮和氧离子作为离子治疗研究之用，其加速器规模比单一质子同步加速器要大，大都建在独立的粒子肿瘤治疗中心。日本在 20 世纪 90 年代建成了用于肿瘤治疗和研究的 HIMAC 多粒子加速器装置，在此基础上三菱公司研发了 HIBMC 的质子与多离子同步加速器治疗装置，其同步加速器周长为 93.6 m，注入能量为 5 MeV/u①，质子和氦离子的治疗引出能量为 70～230 MeV/u。该装置分别于 2001 年和 2002 年开始质子和碳离子的临床治疗。基于德国重离子研究所(GSI)碳离子治疗技术在 HIT 研发的质子重离子治疗装置是一台可加速质子、氦、碳和氧四种离子至 50～430 MeV/u 的同步加速器装置，其周长为 64 m，注入能量为 7 MeV/u，采用多圈注入和 RFKO 慢引出。这款装置由德国西门子公司实现了产品化，除 HIT 外，后续在德国马尔堡肿瘤中心和中国上海市质子重离子医院各建造了一台。根据质子碳离子治疗的需求，欧洲核子研究中心牵头完成了一项质子-离子医用加速器设计研究(proton-ion medical machine study, PIMMS)[11]。基于这一设计研究，意大利在 CNAO 建造了一台可将质子、氦、碳和氧离子加速到 60～400 MeV/u 的同步加速器治疗装置。奥地利也建造了这样的质子碳离子治疗装置 MedAustron[12]，这一同步加速器的周长为 77.6 m，包含 16 块 22.5°二极偏转磁铁、24 块四极磁铁和 8 块六极磁铁，治疗应用时可将质子和碳离子分别加速

① 工程上常用 MeV/u 表示每核子能量。

到 250 MeV 和 400 MeV。它采用由 RFQ 加速段和 DTL 加速段组成的直线加速器进行多圈注入，注入能量为 7 MeV/u，支持包括 0°、45°和 90°的单一或组合固定束治疗系统。此外，MedAustron 还建设了专门的 360°质子旋转束治疗系统。在 PIMMS 的基础上，欧洲核子研究中心的科学家还在进行下一代小型化医用离子治疗加速器装置研究（next generation ion medical machine study，NIMMS）[13]，以进一步考虑优化闪疗（FLASH）发展以及包含质子束在内的多粒子治疗技术。利用近年来发展起来的射频和超导技术以及 PIMMS 积累的经验，改进后的多离子同步加速器的周长约为 75 m 或通过采用超导磁铁技术可减小至 27 m。该同步加速器采用多圈注入方式且注入能量提高至 10 MeV/u，以优化所加速的束流性能。

1.2.2　质子回旋加速器

质子回旋加速器是目前医疗专用质子治疗装置中数量占比最多的一种质子加速器[14]。回旋加速器是一种圆形加速器，在其最基本的结构中，圆形磁极之间有由两个半圆 D 形真空盒组成的加速系统，带电粒子在加速器的磁场中做圆周运动，在穿越 D 形盒间隙时不断受到该处所建立的交变电场的加速，其圆周轨道半径随粒子的能量增加而增大，运动轨迹成螺旋线不断向外扩张，直至粒子在达到设计最高能量时运动到磁场边界处以便进入引出系统。粒子加速过程中回旋加速器的磁场保持恒定，带电粒子成连续束状态。为更有效地加速带电粒子，也可以对交变电场的振荡频率进行调节，保证其加速电场的交变频率与带电粒子的回旋频率同步变化，这样的回旋加速器称为同步回旋加速器。为了改进和提高回旋加速器的束流性能以及减小加速器的尺寸和重量，科学家们陆续研制成功常温和超导的等时性回旋加速器、分离扇形回旋加速器、同步回旋加速器等。回旋加速器是美国科学家 E. O. 劳伦斯（E. O. Lawrence）于 1930 年发明的，之后很快被广泛应用到核物理等前沿研究中，自此回旋加速器得到了长时间的迅猛发展，世界各地先后建造了一批用于科学研究的回旋加速器，后来又建造了一批用于放射性药物生产的质子回旋加速器。

早期的质子治疗和相关研究是利用质子加速能量大于 100 MeV 的同步回旋加速器进行的[14]。美国 J. 劳伦斯（J. Lawrence）利用伯克利实验室 184 in（1 in＝2.54 cm）磁铁直径的同步回旋加速器产生的高能质子束开展了世界上第一批患者的质子治疗。美国哈佛大学回旋加速器实验室的 160 MeV 质子同步回旋加速器于 1949 年建成，自 1960 年起被专门用于进行质子治疗和相关的治疗研究。美国麻省总医院利用这台加速器开展了 40 年的质子临床治疗，直至 2002 年退役。此外，瑞典乌普萨拉的 Gustaf Werner 研究所于 1951 年建成 90 in 磁铁直径的同步回旋加速器，其加速的最高质子能量为 200 MeV，1957 年至 1968 年，除了进行放射性药物研究外，还用于进行质子治疗的探索性研究和临床治疗尝试。另外，瑞士保罗谢勒研究所（PSI）和加拿大粒子与核物理国家实验室（TRIUMF）也利用所建设的大型回旋加速器装置开展了质子治疗相关的研究和临床治疗尝试。

伴随着质子治疗的发展，比利时的 IBA 公司于 1994 年牵头与日本住友重工和美国通用原子能公司一起研制了第一台安装在医院的质子回旋加速器治疗装置[15-16]，该装置的加速器系统包括一台能量为 235 MeV 的等时性回旋加速器，一台 70～235 MeV 的能量选择器以及一条为两个旋转束治疗系统、一个固定束和一个眼束治疗系统配送束流的输运线。这款等时性回旋加速器已成为 IBA 公司的标准商业产品 C230①，数量约占全世界专用质子治疗加速器的 50%，总计近百台（其中建成的约 60 台，在建的超过 30 台）。C230 常温质子回旋加速器的直径为 4.34 m，总质量为 230 t，中心区磁感应强度与最高磁感应强度分别为 1.7 T 和 2.9 T，引出 300～500 nA 的连续束，总耗电功率为 400 kW。日本住友重工也开发出类似的常温质子治疗回旋加速器产品并且已在日本和韩国以及中国台湾地区建成了 7 台。

20 世纪 90 年代中期，基于美国密西根州立大学 H. G. 布洛瑟（H. G. Blosser）教授和他的团队提出的建造质子治疗专用超导回旋加速器的建议，德国的 ACCEL 公司牵头和美国国家超导回旋加速器实验室以及 KVI 公司一起，按瑞士 PSI 的质子治疗装置项目 PROSCAN 的需求研发了专门用于质子治疗的 250 MeV 超导回旋加速器 K250[17]。这台加速器超导磁铁的磁轭外径为 3.2 m，产生的磁铁中心区磁感应强度为 2.38 T，而线圈处的最高磁感应强度为 4 T，冷却磁体的液氦工作温度为 4.2 K，加速器的总质量为 90 t，引出流强为 800 nA。这款超导回旋加速器于 2006 年研制成功，接下来的两年内安装在瑞士 PSI 和德国慕尼黑 RPTC 的两台质子治疗装置先后开始治疗运营。美国瓦里安公司于 2007 年收购了 ACCEL 公司，将这款超导回旋加速器产品

① 资料源自 https://www.iba-worldwide.com/proton-therapy。

(K250)进一步集成为性能先进的瓦里安质子治疗系统 ProBeam①。到目前为止,已建和在建的该款超导回旋加速器总计达 30 台。2021 年,日本住友重工也成功开发出质子治疗专用的等时性超导回旋加速器,磁铁的磁轭外径为 2.8 m,质量为 65 t,引出流强达 1 000 nA。

为了发展单室和超小型化装置,IBA 研发出能量为 230 MeV 的超导质子同步回旋加速器 S2C2[18],其脉冲工作频率为 1 kHz,磁铁的磁轭外径为 2.5 m,质量为 50 t,中心磁感应强度为 5.7 T,设计的引出流强为 400 nA。2004 年,基于美国麻省理工学院(MIT)Tim Antaya 教授的最初设计,迈胜(当时称 Still River Systems)公司开始研发一款直接安装在旋转机架上的超小型超导同步回旋加速器 S250②,其磁铁的磁轭外径为 1.8 m,中心区磁感应强度为 8.8 T,加速器引出能量为 250 MeV,质量为 15 t。该加速器治疗装置于 2010 年研制成功,2013 年开始用于临床治疗,目前在世界范围内已建和在建的这款超小型质子治疗装置超过 15 台。

近年来,中国自主研制的超导回旋加速器也取得了重要进展,中国原子能科学研究院研制出能量为 230 MeV 的超导回旋加速器 CYCIAE-230,磁铁的磁轭外径为 3.2 m,中心区磁感应强度为 2.3 T,引出流强已达 100 nA。中国科学院等离子体物理研究所和俄罗斯杜布纳联合核子研究所(Dubna Joint Institute for Nuclear Research, JINR)为合肥离子医学中心联合研制了一台能量为 200 MeV 的质子治疗专用的紧凑型超导回旋加速器 SC200 并实现了束流引出,加速器磁铁的磁轭外径为 2.2 m,中心区磁感应强度为 2.95 T,加速器总质量小于 50 t。

不同于同步加速器,质子回旋加速器的引出能量通常是固定的,大都设置在 230 MeV 或 250 MeV,以保证 30 cm 的人体内质子照射深度。为实现不同照射深度,回旋加速器需要使用降能器及能量选择系统[19],将引出质子束的固定能量变换成靶区所需的照射能量,并提供满足照射要求的其他束流性能。降能器让质子束穿过由轻元素组成的材料(控制辐射沾污),如石墨,通过运动受阻降低其自身的运动速度来达到降能目的。目前质子治疗回旋加速器用的典型降能器实际就是一个调节质子束线上石墨材料厚度的机械调节部件,当 235 MeV 的引出质子束穿过所设定的不同厚度的石墨材料时,就可以得到

① 资料源自 https://www.varian.com/products/proton-therapy。
② 资料源自 http://www.mevion.com。

70～235 MeV 范围内的不同能量。质子束通过石墨材料后，不仅能量发生了变化，而且其束流品质，包括束流强度、束流截面、束流中心位置、束流能散度、束流发射度等也随之发生变化。质子束穿过石墨材料时会与材料中的原子碰撞而发生散射，进而在穿过石墨后其截面和发散角有较大增加，因此为获得满足治疗要求的质子束，需要基于降能器设计一套能量选择系统，通过布局和调节降能器前后的束流传输元件，包括控制聚焦的四极磁铁，调节色散的二极磁铁，限制截面、能散度和发射度的准直器和狭缝等，达到选择束流参数的目的。能量选择系统的束流传输效率与输出能量相关，穿过的石墨越厚，质子受到的散射越大，也就是输出的能量越低，其传输效率就越低，在降至最低输出能量时，束流传输效率可在 10%以下。这也意味着能量选择系统会产生较强的辐射。

1.2.3 质子直线加速器及其他新型质子加速器

质子直线加速器是利用射频电场在直线轨道上加速质子的一种加速器。质子治疗专用的直线加速器由离子源、RFQ 加速段、DTL 加速段和驻波加速段组成，在不同的质子能量段用最适合的射频加速结构进行加速。质子直线加速器可以用作同步加速器的注入器，也可用来提高来自回旋加速器和同步加速器质子束的能量，还可以作为紧凑型的全直线质子加速器治疗装置[20]。质子直线加速器具有快速调变能量的优势，是支持正在发展的运动器官放疗，特别是闪疗方式的理想候选加速器机型。

治疗用质子直线加速器经历了 30 余年的发展[6]，它的第一个设计是美国费米国家实验室在 1989 年完成的，目的是用于眼睛的质子治疗和其他部位的中子治疗。这台质子直线加速器由 425 MHz 的 RFQ 加速段和 DTL 加速段组成，RFQ 把 H^+ 加速到 3 MeV，然后注入 DTL 中加速，该加速器按设计方案可给出 3 MeV、7 MeV、27 MeV、47 MeV 和 66 MeV 的质子束能量。1991 年美国 AccSys Technology 公司首次提出建造一台 28 m 长的治疗专用的质子直线加速器，输出能量可在 70～250 MeV 范围内调节。该加速器采用 500 MHz 的 RFQ 加速段和 DTL 加速段进行质子的前级加速，采用 3 GHz 的边耦合驻波加速器(side coupled linac, SCL)进行后续加速和能量调变。1993 年，意大利科学家 U. Amaldi 提出了用 30 MeV 回旋加速器作为注入器、用直线加速器作为增能器的“cyclinac”概念，注入器的能量最初设计为 30 MeV，后提升至 60 MeV，增能器采用 3 GHz 的耦合腔直线加速器(coupled cavity linac, CCL)加速段将质子加速到 200 MeV。该直线增能器称为 LIBO(Linac

Booster)，其样机由欧洲核子研究中心、意大利 TERA 基金会和意大利核物理研究所(INFN)共同支持研制，2001 年成功地将质子束从 62 MeV 加速到 73 MeV。在此基础上，由意大利 ENEA、ISS 和 IFO 支持的全直线型质子直线加速器治疗装置项目 TOP－IMPLART 在 2016 年也取得了技术验证的重要进展，这一加速器采用 RFQ＋DTL 两个加速段把质子加速到 7 MeV，然后采用边耦合漂移管加速器(side-coupled drift tube linac, SCDTL)把质子加速到 35 MeV，最后再采用耦合腔直线加速器把质子加速到 230 MeV。该项目将总长为 4.72 m 的 SCDTL 加速段分成 11.6 MeV、18 MeV、27 MeV、35 MeV 四个模块进行试验，现已完成第三模块 27 MeV 的质子加速。由此可见，过去 30 年的技术积累已经为建造基于直线加速器的质子治疗装置奠定了坚实的基础。

基于上述质子治疗直线加速器关键技术的进展，全直线型质子加速器治疗装置进入了积极发展的新阶段。英国 AVO(Advanced Oncotherapy)公司基于欧洲核子研究中心发展的相关技术，推出了 LIGHT(linac for image guided hadron therapy)装置计划[21]，该加速器采用 750 MHz 的 RFQ 加速质子到 5 MeV，采用 3 GHz 的 SCDTL 加速质子到 37.5 MeV，最后用 3 GHz 的 CCL 加速段将质子加速到 230 MeV，直线加速器总长度小于 30 m。2017 年第一台 LIGHT 装置在英国伦敦开始建设①。2008 年意大利科学家提出了一种名为 TULIP(turning linac for protontherapy)的单治疗室质子直线加速器治疗装置[22]，前端采用 RFQ 加速段和 SCDTL 加速段，后端采用 50 MV/m 的高梯度 BTW(backward travelling wave)加速段，形成类似医用电子直线加速器装置的紧凑型结构质子直线加速器装置。2021 年中国的科研人员提出了用于闪疗的全直线加速器质子治疗装置方案[23]，充分利用其小型化、脉冲流强高、能量调节快的优势，使质子闪疗成为可能。可以预见，第一台基于全直线加速器的质子治疗装置将在未来 5 年内建成。

除了射频直线加速器外，国际上还在发展用于质子治疗的介质壁质子加速器(DWA)[24]、激光等离子体尾场加速器[25]，探索将前所未有的高梯度加速技术应用于质子治疗装置。基于美国劳伦斯-利弗莫尔国家实验室(LLNL)发展的介质壁加速器技术，美国 Tomotherapy 公司于 2007 年开始研发最终超过 50 MV/m 加速梯度的 DWA 相关技术，2011 年提出首先研制一台 150 MeV 的紧凑结构样机，加速管长 4 m，最终的梯度要超过 50 MV/m，但目前尚未成

① 资料源自 https://www.avoplc.com。

功。激光等离子体产生的尾场加速梯度可比射频加速的梯度高 100～1 000 倍,可以有效地减小质子加速器的规模。虽然激光加速的质子能量目前尚未超过 100 MeV,但它的前景十分诱人,美国、欧洲、日本和中国都有研究团队在研发基于激光加速的质子治疗装置技术。目前,激光加速产生的束流品质和稳定性还不能满足质子治疗装置的要求,但已取得了重要进展[26]。从长远看,基于激光加速的质子治疗装置将是质子闪疗的一种理想候选装置。

1.3 旋转束流输运系统

旋转束流输运系统是质子治疗装置必备的核心设备[19],与六维机器人治疗床配合起来,实现对患者任意角度的照射治疗。这一输运系统通过精密旋转机架承载的束流输运线,其中包含二极偏转磁铁、四极聚焦磁铁、束流真空管道和束测元件等设备,精确地旋转并定位到治疗照野设定的角度,按照治疗计划要求让质子束从这一方向精准地照射到肿瘤靶区,通过 2～3 个不同方向照野的照射,将足够的剂量集中汇聚到肿瘤上,同时做到有效控制正常组织的照射剂量和避免敏感器官受到照射。

旋转机架通常围绕入射束流中心轴旋转,这一中心轴也就是机架的旋转轴,它与照射束流轴的交汇点定义为等中心点。治疗时将患者的肿瘤置于等中心处或其附近,束流旋转输运线可使束流从不同的角度直接照射到肿瘤上,在这种情形下工作的即是所谓的等中心旋转机架,日立公司、IBA 公司和瓦里安公司等研制的绝大多数质子治疗装置都采用这类旋转机架。极个别情况下,也有采用非等中心旋转机架的,其目的是减小机架的尺寸,如瑞士建造的 PSI - I 型旋转机架。旋转机架按其机械结构还可分为“滚筒式”和“桁架式”两种,按旋转角度还可分为 180°和 360°两大类。

旋转机架是综合集成旋转束治疗系统的精密关键设备,其旋转部分的总质量通常为 100～200 t,在±180°范围的旋转过程中,要具有足够的强度和旋转精度,以保证相对等中心点具有±1 mm 的机械旋转精度和亚毫米级的机械变形精度。旋转机架的正常转速是 1 r/min,旋转角度的精度小于 0.2°。旋转机架承载的束流输运系统要保证不同照射角度、不同照射能量的质子束到达等中心处的位置误差不超过 1 mm,束斑尺寸和形状保持不变。旋转机架束流输运线最后一块二极偏转磁铁出口到等中心轴的距离即源轴距(source to isocenter axis distance, SAD)要满足治疗头达到照射野等关键性能指标的要求，一般为 2～3.5 m。

带有常规磁铁的质子旋转机架的尺寸和质量随不同方案而不同，直径从约 10 m 到 4 m，长度从 12 m 到 4.5 m，旋转质量从 220 t 到 93 t。近年来，美国 ProNova 基于超导磁铁的旋转机架系统实现了大幅度的轻量化和小型化，其旋转机架的质量降到约 50 t，机架的直径为 8.2 m，长度为 4.6 m。表 1-4 给出了部分旋转机架的性能参数。

表 1-4　部分旋转机架的性能参数

研制机构	等中心点精度/mm	旋转角度/(°)	旋转质量/t	(直径/长度)/m
Loma Linda	±0.8	360	96	10.5/4.5
PSI-Ⅰ	±0.5	180	110	4.0/11
PSI-Ⅱ	±0.35	210	210	6.4/11.7
IBA/Proteus-Plus	±1	360	120	9.5/10.9
IBA/Proteus-ONE	±1	220	90	7.6/8.5
Sumitomo	±0.8	360	96	10.5/4.5
Varian	±1	360	220	10/10.2
Mitsubishi	±0.75	360	160	9.8/9.5
日立	±0.5	360	190	10/6.9
ProTom/日立	±1	180	108	7/7
APTR-Ⅰ	±0.5 轴向±1	180	96	11/12.6
APTR-Ⅱ	±0.3	360	93	8.9/8.5

1.4　束流配送系统

束流配送(简称为束配)系统也可称为治疗头，是把来自质子加速器的束流整形和调制后照射到肿瘤靶区上的设备，按照射方法分类，束流配送方式有被动散射法和主动扫描法两类[27]。被动散射法束流配送包括采用一块 PMMA 材料散射片扩展束流的单散射式、采用两块 PMMA 散射片扩展束流的双散射式以及采用两块扫描磁铁加单块高原子序数金属材料散射片来扩展束流的扭摆式三种束配系统，大部分眼束治疗系统采用的就是典型的单散射束配方式。

主动扫描常称为笔束扫描(pencil beam scanning),它是通过治疗头入口处(或最后一块二极偏转磁铁上游)的扫描磁铁动态控制质子束靶点位置来实现靶区扫描的,可细分为以下两种方式:① 静态扫描,包括点扫描(spot scanning)和光栅扫描(raster scanning)。点扫描方式是束流以点为单元在靶区进行逐点照射,当一个点的剂量达到要求时即刻关闭束流并移动到下一点,移动到位后再开启新一点的照射,以此重复完成整个靶区的扫描。如果移动过程中束流不关闭,就称为光栅扫描。② 动态扫描,也称为线扫描(line scanning),即在恒定流强(或调强)下束流匀速扫描靶区。

点扫描配送方式于1980年由日本放射性医学研究所(NIRS)率先在70 MeV回旋加速器的质子束上实现,之后瑞士PSI于1996年在其质子回旋加速器治疗装置上成功投入临床应用,2009年日立公司在美国得克萨斯大学安德森质子同步加速器治疗装置的临床治疗中也实现了点扫描的束流配送方式,2010年后IBA和瓦里安公司等也都在各自的质子治疗装置上成功实现了这一扫描束流配送方式。1990年前后光栅扫描技术首先由德国GSI在碳离子治疗装置上研发出来,之后在日本和欧洲的碳离子装置上得到广泛应用,最近日立公司已将这一技术应用到其ProBeat质子治疗装置上。此外,日本国家癌症中心东部医院与住友重工一起于2016年在其质子回旋加速器治疗装置上实现了线扫描束流配送方式。21世纪以来束流配送方式不断发展和改进,近年来新建的质子治疗系统大都采用了笔束扫描的配送方式[27]。

束流配送系统与束流输运系统有着十分紧密的关系,有些设计甚至是耦合在一起的。通常情况下,束流配送系统的扫描磁铁放置在旋转机架束流传输系统最后一块二极偏转磁铁的下游,按人体方向,一块控制横向束流靶点位置,一块控制纵向靶点位置,或者采用二合一的一块磁铁同时控制横向和纵向束流靶点位置。但是,也有将扫描磁铁放置在束流传输系统最后一块二极偏转磁铁上游的技术方案,这样可以进一步减小源轴距(SAD),使旋转机架的尺寸得以减小,重量得以减轻。

完整的质子治疗装置还配有摆位系统、图像引导系统、治疗计划系统、治疗控制系统、安全联锁系统、治疗终端和信息系统等,其中包括机器人治疗床(常用的有摆臂swing型和水平多关节scara型两种)、X光成像系统、锥形CT(即CBCT)和可安装在治疗室内的In－room CT。

1.5　质子治疗装置的主要配置

质子治疗装置的配置可分为两类，一类是多治疗室即多室配置，一台加速器为 2～5 个治疗室配送束流，以高效率利用加速器的束流，最大限度提高治疗患者的数量。根据患者摆位等需要的非束流时间，一般配置 4～5 个治疗室可以使治疗患者的数量最大化。早期的治疗装置还配有 1～2 个固定束治疗室，近年来随着技术的不断成熟，大都只配备旋转束治疗室。此外，不少装置还配备一间质子束实验室，供开展相关放射物理和技术研究之用。另一类是单治疗室即单室配置，即一台加速器只为一个旋转束治疗室提供束流以使设备最小化，使其可安装在现有医院改造的空间内或在新建很小的建筑内，提高现有医院或新建肿瘤中心的医疗能力，为此各个装置制造商均研发了单室治疗装置产品。在单室治疗装置中，美国迈胜公司的装置最独特，是唯一把加速器和旋转机架合二为一的装置，其他的还都是加速器与治疗系统各自独立的装置。

在过去的 10 年中，质子治疗系统经历了从散射式束配系统向主动扫描束配系统的过渡，其配置也逐步趋于标准化，基本和必备的设备包括可六维高精度调节和定位的机器人治疗床、X 光定位装置、锥型断层扫描 CBCT、呼吸门控等。其中，呼吸门控功能对精准照射运动器官是至关重要的，与更快扫描速度的束配系统结合起来可以取得更好的效果。此外，治疗室内的轨道 CT，即 In-room CT 也逐渐成为多室治疗装置可选的增项，还有与 NMR、CT 结合的质子治疗系统也在实验中。表 1－5 给出了部分质子治疗装置的主要配置情况。

表 1－5　部分质子治疗装置的主要配置情况

厂　家	加速器类型	单室/多室	旋转机架	图像定位	其　他
比利时 IBA	常温等时回旋	多室	360°常温	呼吸门控/图像引导	三维适形
	超导同步回旋	单室	220°常温	CBCT/呼吸门控/图像引导	三维适形

（续表）

厂　家	加速器类型	单室 /多室	旋转机架	图像定位	其　他
瓦里安	超导 等时回旋	多室 /单室	360° 常温磁铁	CBCT /呼吸门控 /图像引导	三维适形
日立	同步	多室 /单室	360°/180° 常温磁铁	CBCT /呼吸门控 /图像引导	三维适形
三菱	质子/重离子 同步	多室	360° 重离子 超导磁铁	CBCT /呼吸门控 /图像引导	扭摆束流+ 金属散射片
住友重工	常温 等时回旋	多室 /单室	360° 常温磁铁	CBCT /呼吸门控 /图像引导	扭摆束流+ 金属散射片
ProNova	超导 等时回旋	多室 /单室	360° 超导磁铁	CBCT /呼吸门控 /图像引导	三维适形
ProTom	同步	多室 /单室	180° 常温磁铁	CBCT /呼吸门控 /图像引导	三维适形
Mevion	超导 同步回旋	单室	360° 加速器与 机架一体	CBCT /呼吸门控 /图像引导	三维适形 /动态多 叶光栅

1.6　质子治疗装置发展动态

近年来，质子治疗装置在世界范围内呈现出强劲的发展态势。一方面，装置数量在快速并持续增长，分布愈来愈广；另一方面，装置本身出现了多样化的发展局面。装置不断地小型化、轻量化，多款单室装置的产品投入使用。笔束扫描成为主流照射方式，质子闪疗进入试验探索阶段，多离子治疗的探讨也成为人们关注的一个发展方向。

1.6.1　质子治疗装置小型化

质子治疗装置小型化始终是其发展的一个主要方向，主要体现在加速器和旋转机架的小型化。在回旋加速器方面，从常温等时性回旋加速器（直径约为 4.3 m，质量为 230 t）到超导等时性回旋加速器（瓦里安公司：直径为 3.2 m，质量为 90 t；住友重工公司：直径为 2.8 m，质量为 65 t），再到超导同步回旋加速器（IBA 公司：直径为 2.5 m，质量为 50 t；迈胜公司：直径为 1.8 m，质量为 15 t）。在同步加速器方面，以日立的 ProBeat 同步加速器为例，其直径从约 8 m 到约 5 m，二极偏转磁铁和聚焦磁铁的数目从 6 和 10 减至 4 和 4，占地面积从 43 m^2 减至 27 m^2。此外，基于高梯度直线加速器的小型化装置已具雏形，预期 5 年后将成为有力的竞争者，未来还会进一步得到发展的是超导同步加速器。

旋转机架的小型化研发工作更为活跃，过去的 30 年里，通过束流输运和配送系统的优化、旋转机架结构创新和改进、超导磁铁技术应用以及新原理、新概念探索，呈现出多样化的发展状况。旋转机架的直径从 10 m 到 8 m、长度从 8 m 到 4 m 不等，旋转部分的质量从 220 t 到 45 t；机架的旋转角度范围有 360°、220°、180°等几种选择；瑞士 PSI、美国 ProTom 和日本日立等都发展了 180°的紧凑型旋转机架，为患者治疗室提供了更大的空间。对减轻旋转机架重量贡献最大的是超导磁铁技术，以美国 ProNova 公司为例，通过采用超导二极偏转磁铁实现了旋转机架的小型化和轻量化，旋转部分的质量可减至 45 t。近年来，日本正在发展一种基于超导磁铁的固定机架的旋转束治疗系统 BDM，欧洲核子研究中心还提出一种无机架的超导旋转束系统概念并已着手研发。此外，坐式人体旋转椅的探索也在世界多地进行中，其中之一是以色列的 ProCure 方案。

装置小型化的另一个标志性发展是单室治疗装置，迈胜、IBA、瓦里安、日立、住友重工、ProTom/P－Cure 等机构均推出了单室治疗装置产品并已在世界多地建设，特别是欧洲、美国和日本在已有医院的空间内发展质子治疗装置，这种方案是不错的选择。其中迈胜公司研制的是一款独特的加速器与旋转机架一体化的超小型单室治疗装置。基于射频直线加速器、介质尾场加速器与激光加速器的装置也是单室治疗装置的候选机型，而且更为重要的是这几类加速器还在作为闪疗装置方面具有先天优势，应该予以重视和深入研究。

1.6.2　质子放射闪疗

放射闪疗（FLASH）是正在发展的一种全新肿瘤放射治疗技术，具有治疗快速、效果好以及不良反应小等优势。质子放射闪疗具有超高剂量率（几百至上千戈瑞每秒)，可将一个疗程 10 次至 30 多次的治疗减少为在 1 s 内完成的单次或几次治疗。质子闪疗的这一瞬态特征不仅可以保留对肿瘤病灶的治疗效果，而且还可以瞬间消耗正常组织内的氧气成分，形成氧真空状态，在治疗过程中极大地减少了活性氧(ROS)数量的生成，保护正常组织不受伤害，显著降低治疗产生的如纤维化等不良反应，是一种具有巨大优势和潜力的新兴放射治疗手段。

2018 年起，法国居里研究所、美国马里兰大学质子治疗中心与辛辛那提儿童医院质子治疗中心率先开展了质子放射闪疗的技术探索和动物实验，获得与传统质子治疗一致或更优的肿瘤控制率。同年瓦里安公司牵头组建了专注于超高剂量率癌症质子治疗的 FlashForward™ 联盟，致力于开展使用放射闪疗治疗肺癌和其他恶性肿瘤的试验。2020 年 10 月，瓦里安与辛辛那提儿童医院/加州大学健康质子治疗中心开展合作，提出世界首个质子放射闪疗临床试验计划，旨在进行症状性骨转移瘤质子放射闪疗的可行性研究(FAST－01)，相关的临床试验于 2020 年 11 月开始，预计 2022 年 12 月完成。该计划基于瓦里安 ProBeam®粒子加速器进行升级，以实现实用化的质子放射闪疗。IBA 也在积极推进质子放射闪疗的研发，2019 年 3 月在荷兰格罗宁根大学医学中心(UMCG)实现了 200 Gy/s 的放射闪疗照射。IBA 还注册了质子放射闪疗品牌 ConformalFLASH，但目前还未公布临床试验计划或结果。

中国科学院上海高等研究院的研究人员在 2021 年提出了一种基于直线加速器的超高剂量率质子放射闪疗装置设计概念，基于质子布拉格峰治疗特征，将质子直线加速器、超快质子束团分配技术、全能量静态超导线圈治疗机架技术和超快质子束团扫描技术进行创新设计和组合，旨在实现 1 kHz 的重复频率，单次治疗剂量达到 30 Gy，照射时间不超过 100 ms，平均剂量率大于 300 Gy/s 的放射闪疗[23]。

1.6.3 质子与多离子一体机治疗装置

自粒子治疗开始发展以来，人们一直在进行多种粒子治疗肿瘤的探索，评估其疗效。从 1952 年的氦和氘核治疗开始，先后研究过质子、氦离子、碳离子、氖离子和氧离子等的放疗性能，完成了质子、氦离子和碳离子的临床试验。基于技术因素和临床经验，质子和碳离子成为当前最为广泛使用的治疗用粒子。日本、德国、中国、意大利和奥地利先后建成了质子碳离子一体机治疗装置，用于临床研究与治疗。目前，人们仍在进行着新的探索，其中一些治疗中心开始尝试使用氦、氧等更多种类粒子进行治疗[28]。氦离子具有类似于质子的放射生物学特性，但在物理剂量分布上有其优势，例如减小了侧向散射导致的横向半影尺寸。

近年来的基础研究和临床结果都表明，不仅仅是靶区内的剂量，线性能量传递（linear energy transfer，LET）分布也对肿瘤的局部控制有显著影响，通常较高的LET对于细胞的损伤更大。更为重要的是，高LET射线对于乏氧肿瘤细胞有更好的控制效果。对于较重的粒子，在扩展布拉格峰不同位置处的LET变化很大，不同种类粒子的LET也不同，这都导致同样剂量分布下LET分布的不同。现有碳离子治疗虽然剂量分布较好，但通常LET在靶区边缘高、中心低，既不利于肿瘤的控制，也不利于对危及器官的保护。基于同步加速器的重离子装置具有提供多种离子的能力，国际上多家拥有重离子同步加速器的研究机构开展了利用多种离子组合同时控制剂量和LET分布的研究[29]。2016年日本放射性医学研究所提出在单次治疗中照射两种或两种以上离子，称为调强复合粒子治疗（intensity modulated composite particle therapy，IMPACT）。通过使用质子和氦、碳、氧的离子，能够在给定的吸收剂量下，在很大范围内调整靶区以及邻近危及器官的LET。德国GSI以及海德堡离子治疗中心（HIT）整合之前的相关工作，进行了蒙特卡罗模拟研究和生物、动物试验，研究利用多种离子的组合提高靶区中心处的LET，降低氧增加比（OER），从而提高肿瘤的控制率。欧洲多家研究机构联合开发了用于单野均匀剂量和LET优化的临床治疗计划系统，并进行了测试。

上述这些研究进展，以及多粒子联合治疗和新一代质子离子一体机的发展计划，使人们又开始关注多粒子或多离子治疗的优势与潜力以及相应的装置发展新动向[30]，新技术的发展和小型化装置的进一步创新给质子离子一体机的未来带来了新的生机。

参考文献

[1] Bragg W H. Studies in radioactivity[M]. London: Macmillan, 1912: 29 - 38.

[2] Wilson R R. Radiological use of fast protons[J]. Radiology, 1946, 47: 487 - 491.

[3] Slater J M, Slater J D, Wroe A J. Proton radiation therapy in the hospital environment: conception, development, and operation of the initial hospital-based facility[J]. Reviews of Accelerator Science and Technology, 2009, 2(1): 35 - 62.

[4] Umegaki K, Hiramoto K, Kosugi N, et al. Development of advanced proton beam therapy system for cancer treatment[J]. Hitachi Review, 2003, 52(4): 196 - 201.

[5] Flanz J B. Operation of a cyclotron based proton therapy facility[C]//Proceedings of the 17th International Conference on Cyclotrons and Their Applications, Tokyo, 2004: 3-6.

[6] Amaldi U, Braccini S, Puggiono P. High frequency linacs for hadrontherapy[J]. Review of Accelerator Science and Technology, 2009, 2: 111-132.

[7] Pullia M G. Synchrotrons for hadrontherapy[J]. Review of Accelerator Science and Technology, 2009, 2: 157-178.

[8] Coutrakon G, Hubbard J, Johanning J, et al. A performance study of the Loma Linda proton medical accelerator[J]. Medical Physics, 1994, 21(11): 1691-1701.

[9] Smith A, Gillin M, Bues M, et al. The M. D. Anderson proton therapy system[J]. Medical Physics, 2009, 36(9): 4068-4083.

[10] Umezawa M, Ebina F, Fujii Y, et al. Development of compact proton beam therapy system for moving organs[J]. Hitachi Review, 2015, 64(8): 506-513.

[11] Bryant P, Badano L, Benedikt M, et al. Proton-ion medical machine study (PIMMS), Part I and II[R]. CERN, Geneva, 2000.

[12] Benedikt M, Gutleber J, Dorda U. The MedAustron project at CERN: status report [R]. CERN, Geneva, 2013.

[13] Vretenar M, Bencini V, Khalvati M R, et al. The next ion medical machine study at cern: towards a next generation cancer research and therapy facility with ion beams [C]//The 21th International Particle Accelerator Conference, Campinas, Brazil, 2021: 1240-1243.

[14] Friesel D L, Antaya T A. Medical cyclotrons[J]. Review of Accelerator Science and Technology, 2009, 2: 133-156.

[15] Jongen Y, Laisné A, Beeckman W, et al. Progress report on the IBA-SHI small cyclotron for cancer therapy[J]. Nuclear Instruments and Methods in Physics Research Section B, 1993, 79(1-4): 885-889.

[16] Flanz J, Durlacher S, Goitein M, et al. Overview of the MGH-northeast proton therapy center plans and progress[J]. Nuclear Instruments and Methods in Physics Research Section B, 1995, 99(1-4): 830-834.

[17] Schillo M, Geisler A, Hobl A, et al. Compact superconducting 250 MeV proton cyclotron for the PSI PROSCAN proton therapy project[C]//The 16th International Conference on Cyclotrons and Their Applications, Michigan, 2001: 37-39.

[18] Kleeven W, Abs M, Forton E, et al. The IBA superconducting synchrocyclotron project S2C2[C]//Proceedings of the 20th International Conference on Cyclotrons and their Applications, Zurich, 2013: 113-119.

[19] 刘世耀.质子和重离子治疗及其装置[M].北京:科学出版社,2012.

[20] Benedetti S, Grudiev A, Latina A. High gradient linac for proton therapy[J]. Physical Review Special Topics: Accelerators and Beams, 2017, 20(4): 04010.

[21] Ungaro D, Degiovanni A, Stabile P. LIGHT: a linear accelerator for proton therapy [C]//Proceedings of the North American Particle Accelerator Conference, Chicago,

2016：1282－1286.

[22] Amaldi U, Degiovanni A. Proton and carbon linacs for hadron therapy[C]// Proceedings of the 27th International Linear Accelerator Conference, Geneva, 2014: 1207－1212.

[23] Fang W C, Huang X X, Tan J H, et al. Proton linac-based therapy facility for ultra-high dose rate (FLASH) treatment[J]. Nuclear Science and Techniques, 2021(4): 1－9.

[24] Caporaso G J, Chen Y J, Sampayan S E. The dielectric wall accelerator[J]. Review of Accelerator Science and Technology, 2009, 2: 253－264.

[25] Tajima T, Habs D, Yan X Q. Laser acceleration of ions for radiation therapy[J]. Review of Accelerator Science and Technology, 2009, 2: 201－228.

[26] Zhu J G, Wu M J, Liao Q, et al. Experimental demonstration of a laser proton accelerator with accurate beam control through image-relaying transport[J]. Physical Review Accelerators and Beams, 2019, 22: 061302.

[27] 刘世耀.质子治疗系统的质检和调试[M].北京：科学出版社，2016.

[28] Schaub L, Harrabi S B, Debus J. Particle therapy in the future of precision therapy [J]. The British Journal of Radiology, 2020, 93(1114): 20200183.

[29] Ebner D K, Frank S J, Inaniwa T, et al. The emerging potential of multi-ion radiotherapy[J]. Frontiers in Oncology, 2021, 11(1－8): 624786.

[30] Amaldi U, Benedetto E, Damjanovic S, et al. South East European International Institute for Sustainable Technologies (SEEIIST)[J]. Frontier in Physics, 2021, 8(1－12): 567466.

第 2 章
质子放疗的原理与优势

与常规放疗使用的 X 射线不同，质子束在物质中具有确定的“射程”，而且它们在接近射程末端处的能量损失最大，即出现所谓的布拉格峰，利用质子能量损失集中于射程末端的特性，在肿瘤治疗时，可以通过调节它们的能量使质子停止在指定深度，达到对肿瘤的最大杀伤，而对质子所穿过的肿瘤前面正常组织的损伤较小，至于肿瘤后面的正常组织，因为质子已经停在肿瘤部位，所以不会受到损伤[1-3]。此外，质子的带电性决定了它们可以采用磁场偏转束流，实现笔束扫描技术对肿瘤实行精确的“适形治疗”。

质子用于放射治疗的基础是它与物质的相互作用，从而产生物理效应和生物学效应[4]。物理效应带来了布拉格峰特性的能量沉积特点，生物学效应带来了肿瘤治疗的效果以及对正常组织的损伤。

2.1　质子与物质的相互作用

作为带电粒子，质子穿过靶物质时与路径上靶物质的原子核及核外电子发生相互作用，随着入射能量的不同，各种相互作用的强度和特征也不相同，最终决定了入射质子在靶物质中的能量损失与射程分布等。质子与原子或原子核相互作用有以下几种机制[5-6]：与原子中电子的库仑相互作用、与原子核的库仑相互作用、核反应和韧致辐射。在一阶近似下，质子通过与原子中电子的频繁非弹性库仑相互作用不断失去动能，因为质子质量是电子质量的 1 832 倍，所以大多数质子几乎沿直线传播。相反，接近原子核的质子会受到排斥的库仑力作用，由于原子核的质量很大，这会使质子偏离其原来的直线轨迹。质子与原子核之间的非弹性核反应概率不高，但就单个质子而言，会显著改变其运动方向。在核反应中，质子进入原子核，原子核可发射质子、氘核、氚核或其他较重的离子以及一个或多个中子。此外，质子也会产生轫致辐射，但在治疗质子束能量下，这种影响可以忽略不计。下面将介绍除轫致辐射以外的相互作用机制。

1) 质子与靶原子的核外电子发生非弹性碰撞

当带正电或负电的入射粒子从靶原子附近掠过时，靶原子的核外电子因库仑相互作用而受到吸引或排斥，从而获得一部分能量。如果核外电子获得的能量大于它在轨道上的结合能时，就会脱离原子核的束缚而逸出，成为一个自由电子（又称 δ 电子），而剩下的原子成为正离子。这就是入射质子引起的靶原子的电离过程。原子的最外层电子受核的束缚最弱，从而最容易被电离。

如果电离过程中发射出的电子具有足够高的动能，它还可以与其他靶原子的核外电子发生库仑相互作用而导致电离。这种过程称为二次电离。二次电离占总电离的 60%～80%。如果电离过程中被电离的是内层电子，当外层电子向该壳层跃迁时，还会发射出相应的特征 X 射线或俄歇电子（Auger electron）。

如果核外电子在库仑相互作用中获得的动能较小，不足以被电离，但有可能从原来较低的能级跃迁到较高的能级，从而使原子处于激发状态，这种过程称为激发。处于激发态的原子是不稳定的，会通过跃迁返回基态（称为“退激”），退激过程中会释放出可见光或紫外光，这就是受激原子的发光现象。

总之，入射质子与靶原子的核外电子之间的非弹性碰撞所引起的能量损失是质子穿过物质时损失能量的主要方式。由于该碰撞过程导致靶原子的电离或激发，所以这种能量损失又称为“电离损失”。从靶物质对入射粒子的阻止作用来讲，也称为“电子阻止”。

2) 质子与靶原子核的非弹性碰撞

当入射质子到达靶原子核的库仑场时，其库仑引力或斥力会使入射粒子的速度和方向发生变化。由电磁学理论可知，伴随着这种运动状态的改变会产生电磁辐射（称为“轫致辐射”），从而造成入射粒子的能量损失，这种能量损失称为“辐射损失”。α 粒子及更重的质子由于质量较大，与靶核碰撞后运动状态改变不大，辐射损失比电离损失要小。而 β 粒子由于质量较小，与靶核库仑相互作用后其运动状态改变显著，因此辐射损失是轻质子损失能量的一种重要方式。

质子与靶原子核发生非弹性碰撞时，还可能使靶核激发而损失它的能量，这种过程的激发称为库仑激发。

3）质子与靶原子核的弹性碰撞

在质子与靶原子核发生弹性碰撞过程中，会由于库仑相互作用而改变其运动速度和方向，但不辐射光子，也不激发原子核，碰撞前后保持动量守恒和总能量守恒，入射粒子损失能量，靶原子核反冲。入射粒子可以多次与靶原子核发生这种弹性碰撞，造成能量损失。同时反冲的靶原子核如果能量较高，也可以与其他原子核碰撞，这种级联碰撞可造成靶物质的辐射损伤。从靶物质对入射粒子的阻止作用来讲，这种作用过程也称为“核阻止”。

质子相互作用类型、作用对象、出射粒子、对入射质子的影响和剂量学效应的总结如表 2－1 所示。

表 2－1　质子与物质相互作用

相互作用类型	作用对象	出射粒子	对入射质子的影响	剂量学效应
非弹性库仑散射	原子中电子	初级质子，电离电子	准连续能量损失	能量损失（决定了射程）
弹性库仑散射	原子核	初级质子，反冲核	轨迹变化	确定横向半影锐度
非弹性核反应	原子核	次级质子和更重的离子、中子和伽马射线	从束中去除初级质子	减少初级质子数量，产生中子、瞬发伽马射线
韧致辐射	原子核	初级质子，韧致辐射光子	能量损失，轨迹变化	微不足道

2.2　质子治疗的生物学特性

质子、较重的带电粒子与 X 射线的单位吸收剂量造成的最终生物学效应是不同的。这就形成了物理剂量和生物学剂量的不同。用 X 射线剂量照射细胞后的细胞生存率要大于用相同剂量的带电粒子对细胞照射后的细胞生存率。这种效果上的差异可用下面两个剂量比值，即 250 kV X 射线对细胞照射到规定效果的剂量与产生同样效果的试验束照射的剂量之比值来描述，此比值称为相对生物学效应（relative biological effectiveness，RBE）。由于大量的临床经验是得自兆伏级 X 射线，因此，在治疗计划中最普遍和首选的参考照射标准是兆伏级的 X 射线或像 ^{60}Co 那样更高能量的光子。生物学效应的“效应”可以涉及细胞死亡（cell killing）、细胞突变（cell mutation）和细胞转化（cell transformation），即致癌、组织损伤和其他终点效应（end points）。事实上，单位剂量生物学效应的实质差异不仅是在兆伏级 X 射线和带电粒子之间，也在不同的带电粒子之间，还在相同带电粒子但能量不同的粒子之间。不同能量和速度引起的生物学效应变化，虽然与不同类型粒子引起的生物学效应变化相比属于第二位因素，但对于研究“增加这些粒子 RBE 值”的要素，也可提供重要的线索。

单能量束流的粒子在单位长度轨迹上传递给吸收媒介的能量称为线性能量传递（LET）。粒子速度在其射程终点附近减慢下来并趋向停止时，其 LET 会增加到最大值。这个最大能量传递的区域称为布拉格峰。对于若干种不同的生物终点，都能观察到特定粒子束的 RBE 和 LET 两者之间存在特有的变化关系。质子在整个布拉格峰区内的 RBE 是增加的，在接近峰的后沿边上达到最大值。当质子速度继续减慢时，虽然 LET 还在增加，但由于部分质子的停止和消失，单位剂量内的杀伤效率反而减少。最大 RBE 值时的 LET 值与特定粒子有关。质子的最大 RBE 只限于较小的 LET 区间。碳离子比质子有更大的 RBE 最大值，并保持在相当广的一个 LET 区间内。由此可见，每单位示迹长度（track length）的游离密度仅是一个近似描述生物学效应的符号和决定生物学效应强弱的因子。

2.3 能量损失与深度剂量分布

质子的能量损失率定义为 $S=\frac{\mathrm{d}E}{\mathrm{d}x}$，其中 E 是能量，x 是距离。线性阻止能力或阻止能力定义为

$$\frac{S}{\rho}=-\frac{\mathrm{d}E}{\rho\mathrm{d}x} \tag{2-1}$$

式中，ρ 是吸收物质的质量密度。需要注意的是，阻止能力是针对束流而言的，不是粒子个体。

能量损失率可以用 Bethe-Bloch 公式较为准确地描述：

$$\frac{S}{\rho}=-\frac{\mathrm{d}E}{\rho\mathrm{d}x}=4\pi N_{\mathrm{A}}r_{\mathrm{e}}^{2}m_{\mathrm{e}}c^{2}\ \frac{Z}{A}\frac{z^{2}}{\beta^{2}}\left[\ln\frac{2m_{\mathrm{e}}c^{2}\gamma^{2}\beta^{2}}{I}-\beta^{2}-\frac{\delta}{2}-\frac{C}{Z}\right] \tag{2-2}$$

式中，N_{A} 是阿伏伽德罗常量；r_{e} 是经典电子半径；m_{e} 是电子的质量；z 是入射粒子电荷数；Z 是吸收材料的原子序数；A 是吸收材料的相对原子质量；c 是光速，$\beta=v/c$，其中 v 是入射粒子的速度；$\gamma=(1-\beta^{2})^{-1/2}$；$I$ 是吸收材料的平均激发能；δ 是密度校正项；C 是壳层校正项，仅对低能入射粒子重要(速度接近吸收物质原子的电子速度)。Bethe - Bloch 方程中的两个修正项仅当计算非常高能或非常低能的质子束时才需要考虑。

沿着质子轨道每单位长度的能量损失率取决于粒子的能量。总体上，质子除了非常靠近射程末端以外，属于接近 X 射线的低 LET 射线。通常用于治疗的 70～235 MeV 的质子束进入皮肤时，LET 为 0.4～1.0 keV/μm。在质子轨道的最后几微米，LET 急剧增加(见图 2 - 1)。

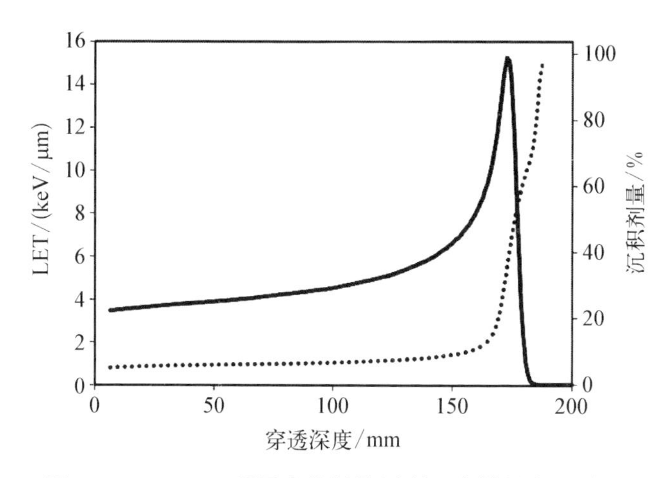

图 2 - 1　160 MeV 质子束的剂量(实线：右轴刻度)和剂量平均 LET(虚线：左轴刻度)随水中深度变化的曲线

吸收剂量作为穿透深度的函数的特征曲线在粒子停止之前的位置具有最大值(即“布拉格峰”)，使得能够在特定深度对肿瘤精确治疗。相比之下，基于光子和中子的非带电粒子的放射治疗的剂量沉积在组织(例如皮肤)的入口附近最大，之后随着组织深度呈指数下降(见图 2 - 2)。而质子、碳离子、氧离子的深度剂量分布与之相反，为肿瘤治疗提供了更好的剂量分布特性。

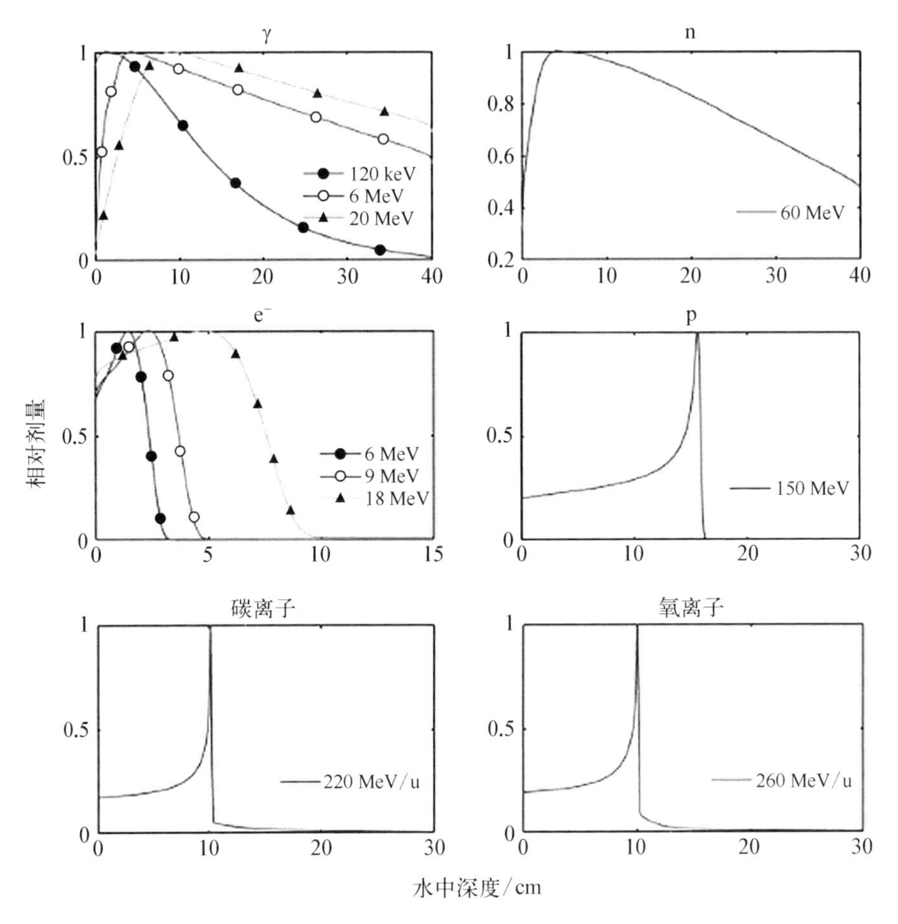

图 2-2　光子、中子、电子、质子、碳离子、氧离子束在典型治疗能量下的深度-剂量分布

2.4　质子的剂量学

质子沉积在物质内部的能量形成了吸收剂量，质子的剂量分布经常利用蒙特卡罗软件来计算。

1）剂量定义

吸收剂量定义为单位物质所受到的辐射能量 $D=\frac{\mathrm{d}E}{\mathrm{d}m}$，单位为 Gy。例如，水对 160 MeV 质子的阻止能力为 5.2 MeV·cm²/g。因此，$D=0.1602\Phi\frac{S(E)}{\rho}$，

其中 $\Phi=\frac{N}{A}$，单位为 Gp/cm^2，1 Gp=1×10^9 个质子。

目前临床所使用的放射治疗大部分以分次小剂量的方式进行。例如处方剂量为 60 Gy，分为 30 次治疗，则每次处方剂量为 2 Gy。一般地，每分次每个照野由治疗系统产生的治疗剂量误差需要控制在 2%～3%范围内。

2）照射时间/剂量率

通常每个照野的照射时间为 2～3 min。质子治疗主要时间花费在患者摆位（20～30 min）上，因此通常采用一台质子加速器配多治疗室方式，提高装置治疗容量，降低单位治疗成本。剂量率通常定义为在临床常用深度（例如 20 cm），1 L 立方体目标组织在 1 min 内得到的吸收剂量，单位为 Gy/（min·L）。对于笔束扫描系统，考虑到扫描时间和能量切换时间，完成 1 L 立方体 2 Gy 剂量照射可能需要超过 1 min 时间。

3）体积

GTV（gross tumor volume）为能够通过临床医学成像设备发现的目标组织。CTV（clinic target volume）是临床上认为肿瘤可能会侵入的范围，类似手术开刀时在肉眼范围外多取一些，因为影像能够完全显示肿瘤大小。通常情况下，CTV 包括 GTV 及根据临床经验划分的 GTV 外围组织；有些肿瘤也可以只有 CTV 而没有 GTV。

PTV（planning target volume）是指计划治疗的目标组织。通常，PTV 是 CTV 加上考虑各类不确定因素的余量。不确定因素主要包括两类：① CTV 体积、形状、位置的变化；② 治疗摆位误差，主要包括治疗设备相对 CTV 的定位误差、CT 成像与质子治疗误差和人为因素。10 cm 射程的 CT 成像误差可以达到±3.5 mm，这种误差需要在临床治疗计划中考虑。

4）扩展布拉格峰

射程 d_{90}（range）为沿束流入射坐标，吸收剂量从后端（distal）减少到最大的 90%所处的深度。射程有两种定义：$R=\int\frac{1}{S(E)}\mathrm{d}E$，$r=\int\frac{\rho}{S(E)}\mathrm{d}E$。人们大都采用后一种定义。质子装置提供的束流最大射程通常在 30 cm 左右。为了治疗浅层肿瘤（4～7 cm 水等效深度以下），治疗头常配有补偿器或者射程移位器。射程的重复性和调节精度为 1 mm。

后端剂量下降（distal-dose fall off，DDF）为束流沿坐标入射，吸收剂量从后端最大值的 80%减少到最大值的 20%的深度。质子治疗一般要求 DDF 小于

3 mm，影响 DDF 的因素主要是单一能量束流自身的射程岐离（range straggling，标准差大致为 1.2% 射程）、束流能散、散射材料。为了达到 DDF 指标，束流能散一般需要小于 0.2%。

如图 2-3 所示的扩展布拉格峰（SOBP），其长度为吸收剂量从前端最大值的 90%到后端最大值的 90%的深度。SOBP 的最大长度与束流配送技术相关，在散射系统中，射程调制一般使用调制轮或者脊形过滤片，其硬件设计决定了 SOBP 的最大长度；在笔束扫描系统中，SOBP 长度较为灵活。

治疗长度定义为从距离前端最大值的 90%所处深度 DDF 的位置，到距离后端最大值的 50%所处深度 2 倍 DDF 的位置之间的长度。治疗长度是根据 PTV 定义的。

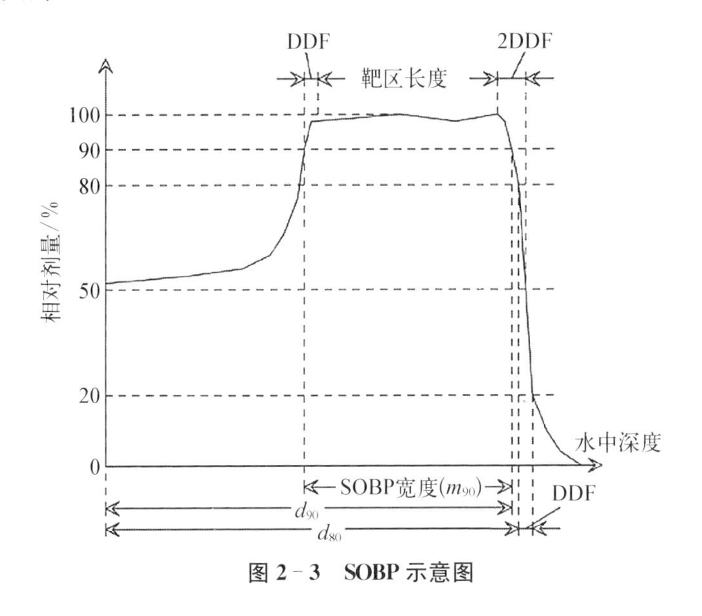

图 2-3 SOBP 示意图

5）横向剂量分布

图 2-4 所示为横向剂量分布，横向半影区（lateral penumbra，LP）为吸收剂量从最大值的 80%减少到最大值的 20%的宽度。临床治疗希望半影区尽量小，从而保护邻近靶区的危及器官。而高斯分布的束流自身的半影区为 0.7 FWHM（半高宽）；在散射治疗模式中，通常将多页准直器或者患者定制准直器尽量靠近患者体表，实现较好的半影区指标；在扫描治疗系统中，需要通过减小束斑尺寸以满足半影区的指标。对于笔束扫描系统，质子束束斑尺寸受到治疗头内材料以及空气散射的影响（见图 2-5）。

在图 2-4 中，照野尺寸（field size）为侧向两端吸收剂量 50%最大值处之间的宽度，靶区宽度（target width/treatment width）为照野尺寸两端各减去 2 倍半影区的宽度，靶区宽度也是根据 PTV 定义的。

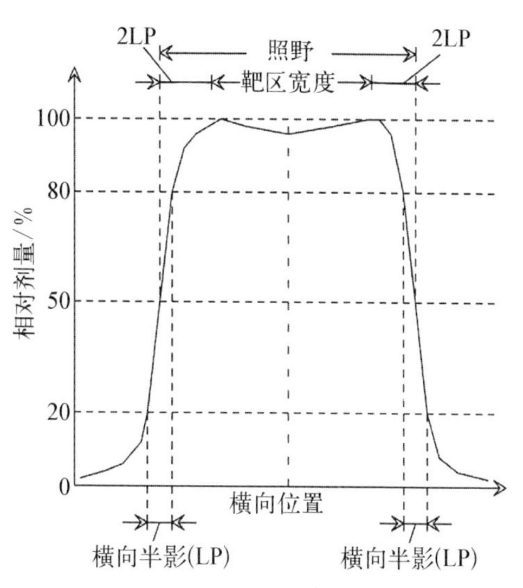

图 2-4　横向剂量分布

剂量分布的好坏通常用平坦度与对称性来衡量。平坦度代表照野内剂量分布的均匀程度，对称性用来描述照野内剂量分布的对称程度。

平坦度（lateral flatness）F_{LP} 通过在治疗宽度内最大吸收剂量 d_{LPmax}、最小吸收剂量 d_{LPmin} 计算得到：

$$F_{LP}=\frac{d_{LPmax}-d_{LPmin}}{d_{LPmax}+d_{LPmin}} \tag{2-3}$$

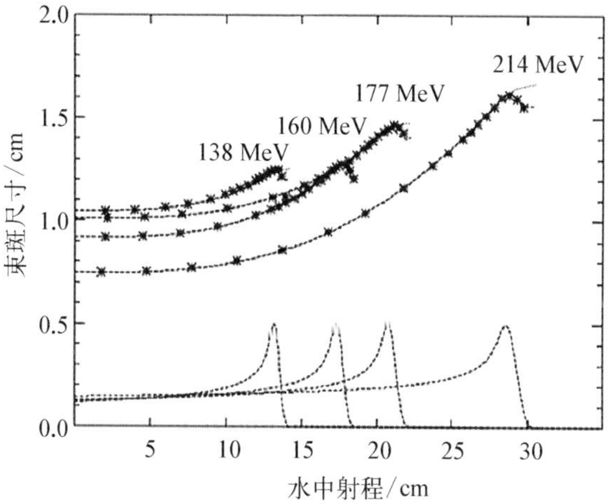

图 2-5　束斑尺寸随深度的变化

对称性（lateral symmetry）S_{LP} 通过沿中心轴线两侧的吸收剂量 D_1、D_2 计算得到

$$S_{LP}=\frac{D_1-D_2}{D_1+D_2} \tag{2-4}$$

临床治疗一般要求平坦度和对称性在−3%～3%范围内。

2.5 质子治疗的主要指标要求

近年来,几乎所有新建治疗中心都采用主动笔束扫描技术[7]。笔束扫描方式治疗利用直径仅为3～10 mm(空气中等中心处)的质子束,按照治疗计划系统定义的能量、位置和粒子数(或者探测器计数)逐点照射,可以精确匹配靶区的形状。这种主动扫描技术允许调节或改变靶区中任何点的束流强度。对于临床来说,笔束扫描方式治疗更易使用,不需要使用患者专用设备,还可实现调强质子治疗(intensity modulated particle therapy, IMPT)。笔束扫描治疗装置使用同步加速器或者回旋加速器进行治疗,主要参数如表2-2所示。

表2-2 典型质子治疗装置关键束流参数的指标

参数	指标
治疗剂量误差/%	2～3
质子能量范围/MeV	≤250
束斑尺寸/mm	4～8(等中心处)
扫描速度/(cm/ms)	2
照射点精度/mm	<1
剂量率	1～2 min内完成在中心位置25 cm深度处的1 L立方体照射
射程(d_{90})/(g/cm^2)	4～30
射程调节精度/(g/cm^2)	0.1
最大照野(50%剂量线)/(cm×cm)	约30×30
剂量准确性/%	±3
剂量重复性/%	±1(1天) ±1.5(1周)

参考文献

[1] Kooy D L. Proton and charged particle radiotherapy[M]. Philadelphia, PA: Lippincott Williams & Wilkins, 2007.

[2] Paganetti H. Proton therapy physics[M]. Boca Raton, FL: CRC Press, Taylor & Francis Group, 2011.

[3] Linz U. Ion beam therapy: fundamentals, technology, clinical applications[M]. Berlin: Springer-Verlag, 2012.

[4] Charlie M C, Lomax A J. Proton and carbon ion therapy[M]. Boca Raton, FL: CRC Press, Taylor & Francis Group, 2013.

[5] Lomax A J. Charged particle therapy: the physics of interaction[J]. The Cancer Journal, 2009, 15(4): 285 - 291.

[6] Newhauser W D, Zhang R. The physics of proton therapy[J]. Physics of Medical Biololgy, 2015, 60(8): 155 - 209.

[7] Pedroni E, Scheib S, BoiHringer T, et al. Experimental characterization and physical modelling of the dose distribution of scanned proton pencil beams[J]. Physics in Medicine & Biology, 2005, 50(3): 541 - 561.

第 3 章
同步加速器

同步加速器是质子治疗装置中的一种主要加速器类型[1]。带电粒子因在高频交变电场中获得能量而加速，为了能够周而复始地获得能量，需要采用二极偏转磁铁使粒子转弯并形成闭环，每圈都在同一处通过加速电场并获得能量增益，这就形成了圆形加速器。为了使得不同能量的粒子一直保持在同一个圆形轨道上运动，这种加速器的磁场强度和高频电场频率就需要随着能量的增加或减少而同步变化，因此称为“同步加速器”。

3.1 质子同步加速器概述

同步加速器结构如图 3-1 所示，主要分为注入器、主加速器、注入与引出系统和相应的输运线几部分，其中还包括离子源、磁铁、电源、高频、束流测量(简称为束测)、真空、控制、安全联锁、定时以及支撑、工艺冷却水等诸多子系统。

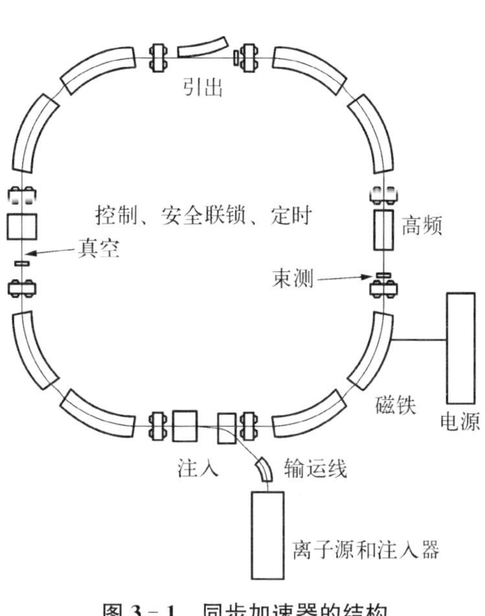

图 3-1 同步加速器的结构

按照重复频率(或加速器周期)和引出方式的不同，用于质子治疗的同步加速器可分为快同步加速器和慢同步加速器。快同步加速器的重复频率为 10～50 Hz，采用快引出或称为单次引出。慢同步加速器重复频率可变，一般为 0.5～

0.1 Hz,甚至更慢,其引出采用共振慢引出方式。表 3-1 给出了快同步加速器、慢同步加速器和回旋加速器的一些参数比较[2]。

表 3-1 加速器技术方案比较

类　型	慢同步加速器	快同步加速器	回旋加速器
引出能量	连续可调	连续可调	固定
大小(半径)/m	3~6	4~6	1~2
平均功率/kW	350	200	300
发射度/mm·mrad	1~3	0.2	10
重复频率/Hz	0.5~0.1	10~50	连续束
占空比	脉冲 20%	脉冲 0.1%	连续
粒子数限制/min^{-1}	2×10^{12}	3×10^{12}	$>5\times10^{13}$
束流平整度	可接受	无	好
能散度/%	0.1	0.1	0.5
能量稳定度/%	0.1	0.1	无
辐射	一般	一般	极强
调强治疗	尚可	尚可	好
呼吸门控	一般	较好	好
快速变能	较好	好	好
引出效率	较高	高	一般

由于深度方向的调制需要加速器提供不同能量的质子来组合形成。现在应用越来越广泛的扫描模式一般在 70~235 MeV 能量范围内需要 90 个以上的能量层。即使散射模式也需要加速器提供几个能量挡以减小治疗头的工作压力。从工作原理就可以看出,只要改变引出时的加速器磁场和频率,同步加速器就可以提供不同引出能量的粒子束。与其他类型的加速器相比,同步加速器的明显优点在于它可以对束流的能量方便地进行调节,以适应放射治疗对离子能量精确变化的需要。其他固定引出能量的加速器则需要额外的降能器和能量选择系统。前者通过散射将束流的能量降低,但同时束流的能散和束流尺寸都显著增加。后者形成色散较大的点,并在此处安装狭缝以阻挡不需要的粒子,这就造成了极大的束流损失以及相应的环境辐射,防护墙的厚度和辐射产生的活化也增加了,使能量从 235 MeV 降低到 70 MeV,甚至能损失

98%以上的粒子。

目前采用的大多扫描模式下，每层需要照射几百个剂量点，因此需要加速器引出的束流脉冲宽度较大甚至连续，同时流强稳定，以实现在线剂量监测。对于随器官运动而移动的肿瘤，扫描模式容易产生剂量不均匀，需要配合呼吸门控或者快速重复扫描等技术。前者利用呼吸探测器，只在呼吸周期内的平稳阶段允许束流引出，而后者通过与呼吸周期频率有明显差别的多次小剂量的重复扫描来将这些移动平均掉。快速重复扫描是目前处理呼吸系统问题最有效和最快速的治疗方法。这些都对加速器的引出束流品质以及加速器的控制提出了较高要求。

对快同步加速器来说，其重复频率受到磁铁和电源的限制，目前的重复频率太低(10～50 Hz)，在扫描模式下(需要 500 Hz 以上)无法满足在短时间内扫描一个能量层的要求。而散射模式通过控制能量调制轮每个台阶的长度(即每个台阶对应的束流时间)的方式来控制每个能量层的剂量，现有的转速在 1 500 r/min 左右，而快同步加速器的重复频率也在这个范围，照射剂量均匀度不易控制。因此，目前只有慢同步加速器应用于质子治疗中。

对扫描模式来说，以需要 2 Gy 剂量的 10 cm×10 cm×10 cm 的标准体积来计算，需要分成 26 层治疗[3]，每层对应 1 个能量，前 9 层粒子数量的相对系数分别为 1、0.53、0.35、0.28、0.25、0.23、0.21、0.20、0.18，其中需要粒子数最多的是第一层，约需 4×10^{10} 个质子，整个肿瘤总计需要 3×10^{11} 个质子。如果加速器每个标准循环能够引出大于 4×10^{10} 个质子，则整个治疗过程需要 26 个周期，按照每周期上升、下降总计 2 s 计算，无效治疗时间在 1 min 左右，实际上还有其他如磁场稳定时间、束流参数测量时间等，这些都会导致治疗时间延长。而受制于点剂量控制精度、电离室响应速度等因素，点扫描模式下也不宜采用增加引出束流流强的方式来减少治疗时间。对散射模式来说，按照总的粒子数计算，由于其效率仅为 40%左右，那么需要提供的质子数为 1.2×10^{12} 个，即使其具有较大的储存粒子数和引出流强，也需要 15～20 个周期，无效时间也有 30～40 s。为了治疗运动器官病变而采用的呼吸门控还会加长等待时间，但由于呼吸周期在 4 s 以上，一般大于整个加速器回旋周期，如果能够在呼吸周期间隔期间完成注入、升能和标准化循环的操作，或者结合超长的引出平台时间，那么同步加速器和回旋加速器在呼吸门控上的差别就不明显。为了治疗运动器官的病变，目前国际上广泛采用的另一种方法是重复扫描，主要分为体扫描和层扫描两种。前者是将整个体积完整照射若干次，每次都照射几分之一的剂量，后者是将一层的剂量分成若干次进行照射。每个周期只能引出一个能量的慢同步加速器只能采用后者进行照射。

如何有效地缩短治疗时间，提高束流能量切换速度，提高利用率成了国际上同步加速器的重要研究方向。如果能够将加速器的储存粒子数增加，在同一个标准化回旋周期内引出多个能量，并且每层能量间可以快速切换成了解决这个问题的主要手段，具体可参见 9.1.3 节。

如果在很短时间（小于 1 s）内将处方剂量照射完，剂量率大于 40 Gy/s，则正常组织受到的伤害比目前常规的治疗还要小，这种治疗称为闪疗（FLASH）。闪疗要求加速器能够在短时间内提供极高的剂量率，而同步加速器受空间电荷效应影响，在一个周期（2 s）仅能达到（7～8）$\times 10^{10}$ 个质子的引出，按照上面计算远远达不到治疗患者时在 1L 体积内达到 2 Gy 的需求。闪疗高剂量率要求把同步加速器的引出束流呈脉冲式分布，这样就使束流流强较低的缺点暴露了出来。

综上所述，用于质子治疗的同步加速器主要是慢引出同步加速器，其最主要的优点就是引出能量连续可调，其最主要的缺点就是脉冲束的束流占空比稍低，剂量率稍低。如果采用合理的措施，如单周期多能量引出，则可以提高剂量率。其他的缺点如相空间不平衡、引出流强波动稍大等都可以采用不同的技术手段规避。

3.2 同步加速器基本原理

我们现在所说的同步加速器一般指强聚焦同步加速器。在加速器中，高频腔处存在电场，磁铁处存在磁场，电场主要用于粒子的加速，磁场一般用于粒子轨迹约束。粒子在加速器中存在两种运动方式：纵向运动和横向运动。纵向运动的方向与粒子前进的方向相同，与粒子能量相关。横向运动的方向与粒子前进的方向垂直。同步加速器的磁场和电场一般是分开的，而且横向运动时能量基本保持不变，所以横向运动和纵向运动可以单独处理。描述纵向运动和横向运动的主要工作原理分别称为自动稳相原理和强聚焦原理。由于粒子要在加速器内循环运动上百万圈甚至更多，这就需要粒子一直保持稳定运动而不发散，强聚焦原理保证了横向的约束，而自动稳相原理则保证了纵向的稳定。此外还有些用于偏转的电场和用于加速的交变磁场，根据其作用的结果也可以归类到横向运动和纵向运动中去。

3.2.1　同步加速与自动稳相原理

圆形加速器中粒子能量能不能保持稳定增长取决于回旋频率和加速电场频率的同步关系。早期的经典回旋加速器由于粒子速度的增加，回旋周期和高频电场周期逐渐不匹配，从而不能获得加速。V. I. 威克塞尔（V. I. Veksler）1944 年在莫斯科，E. M. 麦克米兰（E. M. McMillan）1945 年在伯克利分别独立提出了自动稳相原理，他们指出，为了使粒子能够持续地得到加速，需要粒子回旋周期和加速电场的周期保持严格的同步关系。之后相继出现同步回旋（稳相）加速器、电子同步加速器、质子同步加速器，其加速的粒子能量从 1945 年的 22 MeV，到 1952 年的 2 GeV，短短几年时间迅速增加了近 100 倍。

能够满足加速条件的相位称为加速相位。如果将加速器的高频电场频率、磁场强度或其他参量按照一定规律进行调节，就能使粒子的运动与加速电场的变化保持严格同步，让粒子的加速相位落在一个特定的相位或者其附近而不进入减速区间，使加速得以持续进行。能够满足严格同步条件的相位称为同步相位或平衡相位 ϕ_s，在平衡相位的粒子称为同步粒子。在同步加速器中，这个相位上的粒子能量严格与加速器的标称能量保持一致。在同步储存环中，能量损失和能量增长相抵消，能量净增长为零；在增强器中，能量获得与磁场变化率相同。同步粒子数量很少，绝大多数是非同步粒子，非同步粒子能否持续加速决定了加速器能不能成功。在同步加速器中，这些相位或能量与同步粒子有偏差的非同步粒子的加速相位会围绕平衡相位摆动，从而能够"平均"地得到加速，最终获得与同步粒子差不多的能量，这个过程称为自动稳相。

同步相位需要进行选择，不是任何相位都能满足自动稳相的条件。如图 3-2 所示，由于高频加速电场呈正弦函数分布，同步相位处于正弦曲线的下降沿时，能量低的粒子经过一圈后，如果比同步粒子稍早到达，那么其所处的电场强度要高于同步粒子的，从而获得的能量比同步粒子的要高；而能量高的粒子到达得比同步粒子稍晚，那么获得的能量则较低。如果能量低的到达得晚，能量高的到达得早，平衡相位就要选择在正弦曲线的上升沿。只要选择合适的高频相位，就能使得所有粒子在加速器内一直振

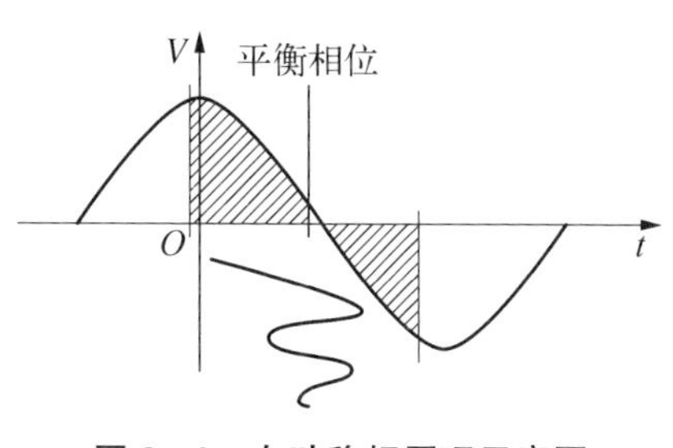

图 3-2　自动稳相原理示意图

荡下去。这个能量和相位振荡的过程称为纵向振荡。

下面简单介绍一下粒子纵向运动的过程，粒子在呈正弦分布的高频交变电场中与同步粒子获得的能量差为

$$\Delta E = ZeV(\sin\phi - \sin\phi_s) \tag{3-1}$$

式中，E 是粒子能量，ΔE 是获得的能量，V 是高频交变电场的电压，ϕ 是粒子到达时电场的相位。e 是电子电量，在能量单位是 eV 时可以忽略，Z 是粒子的电荷量。能量的差异使得粒子的路径和速度都不相同，从而导致回旋周期和加速相位的变化：

$$\frac{\Delta T}{T} = \frac{\alpha - 1 + \beta^2}{\beta^2}\frac{\Delta E}{E} = \Gamma\frac{\Delta E}{E} = \frac{\eta}{\beta^2}\frac{\Delta E}{E} \tag{3-2}$$

式中，T 为回旋周期，ΔT 为周期的变化，β 为相对论因子，η 为滑相因子，Γ 是滑相因子的另一种表现形式。α 是动量紧缩因子，表征动量偏差导致的路径变化，与磁聚焦结构有关：

$$\frac{\mathrm{d}L}{L} = \alpha\frac{\mathrm{d}p}{p} \tag{3-3}$$

式中，L 是粒子运动一周的路径长度，p 是粒子的动量，回旋周期不同从而导致再次到达高频腔时，感受到的交变电场的相位不同：

$$\Delta\phi = \omega_{\mathrm{rf}}\frac{\Delta T}{T} = k\omega_s\Gamma\frac{\Delta E}{E} \tag{3-4}$$

式中，ω_{rf} 是高频频率，是回旋频率 ω_s 的 k 倍，k 称为谐波数。根据以上公式就可以写出纵向运动的方程，在 $\Delta\phi = \phi - \phi_s$ 非常接近的情况下，有

$$\frac{\mathrm{d}^2\Delta\phi}{\mathrm{d}t^2} = -\frac{k\Gamma\omega_s^2 ZeV}{2\pi E}\Delta\phi\cos\phi_s \tag{3-5}$$

纵向振荡有时也写成 ϕ 和 $\frac{\mathrm{d}p}{p}$ 的关系，如图 3-3 的相空间分布所示，这个图也称为“鱼图”。能量高的粒子到达高频腔处的时间先后发生跃变的能量称为渡越能量，这取决于同步加速器磁聚焦结构的设计，这时 $\Gamma=0$，表示不同能量的粒子同时到达，满足这样的条件称为等时性条件。大部分加速器只工作在渡越能量之下或者之上，否则就需要在穿越渡越能量时进行高频电场相位跳相。能够完成纵向振荡而不丢失的相空间称为纵向接受度。纵向振荡一般

是几十或上百，甚至上千圈振荡一次，每圈振荡的次数称为纵向工作点 v_s：

$$v_s = \sqrt{-\frac{k\Gamma ZeV}{2\pi E}\cos\phi_s} \tag{3-6}$$

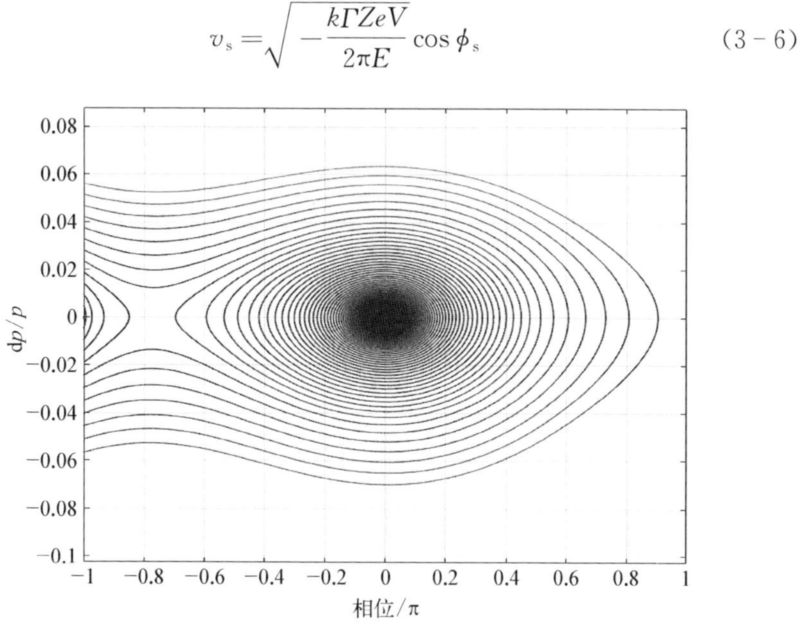

图3-3　纵向相空间示意图

同步加速器中束流能量的增加是通过磁场强度(电流)、电场频率(高频)和电压的同步上升来实现的。磁场电流等一般是台阶式上升的，其上升速度远远低于粒子回旋频率，一般是粒子运行上千圈它才上升一步，相当于束流整体变为能量低于同步粒子，能量振荡上升是交替进行的，只要磁场等变量的上升幅度不大，使得粒子一直在纵向接受度内运动，就能维持很高的升能效率。在不需要加速时，就可以保持磁场、高频频率等参量不变。

3.2.2　横向运动与聚焦结构

束流的横向运动[4-6]主要受到磁场的作用：

$$\frac{\mathrm{d}}{\mathrm{d}t}m\boldsymbol{v} = Ze\boldsymbol{v}\times\boldsymbol{B} \tag{3-7}$$

式中，m 是粒子总质量，$\boldsymbol{v}$ 是速度向量，$\boldsymbol{B}$ 是磁感应强度。引入弯转半径 $\boldsymbol{R}$，式(3-7)就可以写成

$$\ddot{\boldsymbol{R}} = \frac{Ze\boldsymbol{v}\times\boldsymbol{B}}{m} \tag{3-8}$$

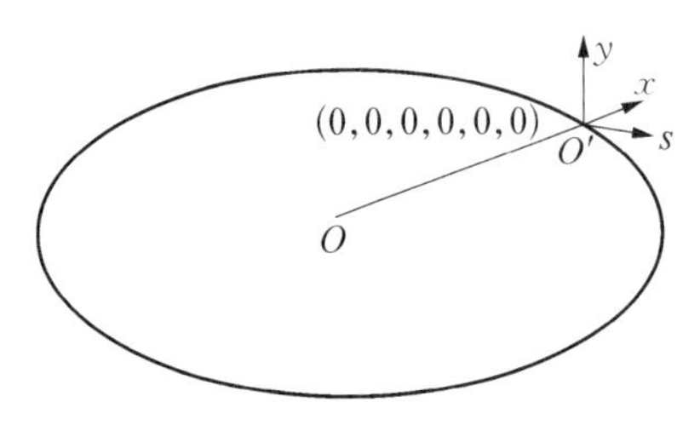

图 3-4　参考轨道、理想粒子和粒子向量坐标系的关系

在同步加速器中，一般粒子只在一个平面做直线或弯转运动。完全通过各种磁铁中心的粒子称为理想粒子，理想粒子的轨迹称为参考轨道，所以经常用非理想粒子偏离理想粒子程度的坐标系来描述束流的运动，如图 3-4 所示。一个粒子坐标由六维向量(x，x_{p}，y，y_{p}，$\mathrm{d}s$，$\mathrm{d}p$)描述，前四项分别代表在坐标系中的 x 与 y 方向的位置和偏角，后两项是相位和动量偏差。前四项反映了横向运动范围，后两项反映了纵向运动范围，这个坐标系下理想粒子的坐标为(0，0，0，0，0，0)。

在这样的坐标系下，有如下关系：

$$\boldsymbol{R}=r\hat{\boldsymbol{x}}+y\hat{\boldsymbol{y}}$$
$$\ddot{\boldsymbol{R}}=(\ddot{r}-r\dot{\theta}^{2})\hat{\boldsymbol{x}}+\ddot{y}\hat{\boldsymbol{y}}+(2\dot{r}\dot{\theta}+r\ddot{\theta})\hat{\boldsymbol{s}} \tag{3-9}$$

式中，r、θ 是极坐标，$r=\rho+x$，ρ 是半径大小，$\hat{\boldsymbol{x}}$、$\hat{\boldsymbol{y}}$、$\hat{\boldsymbol{s}}$ 是三个坐标的元向量。

图 3-5 所示为不同磁铁的磁场分布情况，处于理想的二极磁铁中的束流会在其中水平弯转，而在垂直方向不受外力的作用。在纯四极磁场中，处于理想轨道上的粒子不受偏转作用，根据磁场梯度的不同，靠外的粒子受到向内或者向外的力。为了校正由于粒子不同的能量所感受到的四极磁场不同而引起的束流品质的下降，引进了六极磁铁。合理设计分离布置的四极磁铁的强度就能实现强聚焦功能，再加上二极磁铁和六极磁铁，就能控制质子束流在一定的包络线内向前传输。

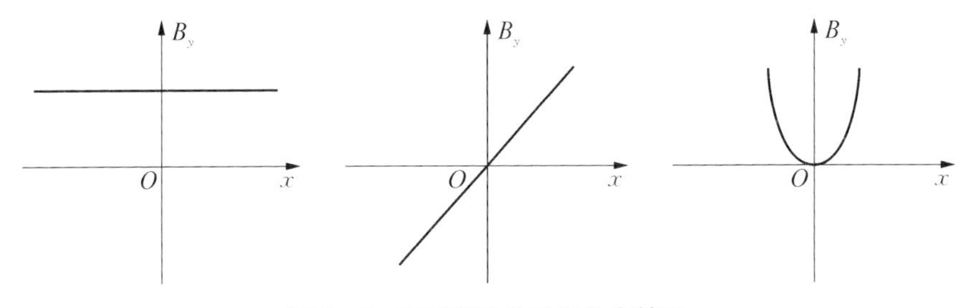

图 3-5　不同磁铁的磁场分布情况

这些磁场只存在 x 和 y 方向的磁场分量，因此

$$\boldsymbol{v}\times\boldsymbol{B}=-v_{s}B_{y}\hat{\boldsymbol{x}}+v_{s}B_{x}\hat{\boldsymbol{y}}+(v_{x}B_{y}-v_{y}B_{x})\hat{\boldsymbol{s}} \tag{3-10}$$

式(3-9)和式(3-10)在对应坐标上的量相等，从而可以得出水平和垂直方向

的束流运动方程：

$$\begin{cases}\ddot{r}-r\dot{\theta}^2=-\dfrac{Zev_sB_y}{m}\\ \ddot{y}=\dfrac{Zev_sB_x}{m}\end{cases}\tag{3-11}$$

x 和 y 方向的速度 v_x 与 v_y 远小于 s 方向的速度，总动量 $p\approx mv_s$。$\mathrm{d}s=\rho\mathrm{d}\theta=v_s\dfrac{\rho}{r}\mathrm{d}t$。在加速器内无 B_x 的一阶项，忽略 x 和 y 方向的磁场耦合，将磁场仅保留一阶和二阶，则式(3-11)就可以写成

$$\begin{cases}\dfrac{\mathrm{d}^2x}{\mathrm{d}s^2}+\left[\dfrac{1}{\rho^2}+\dfrac{1}{B\rho}\dfrac{\partial B_y(s)}{\partial x}\right]x=0\\ \dfrac{\mathrm{d}^2y}{\mathrm{d}s^2}-\dfrac{1}{B\rho}\dfrac{\partial B_y(s)}{\partial x}y=0\end{cases}\tag{3-12}$$

$B\rho$ 称为磁刚度，它表征粒子被弯转的能力大小。式(3-12)称为希尔(Hill)方程，水平和垂直的运动方程很类似，只要分析一个方向的解即可，式(3-12)可以简单写成

$$\frac{\mathrm{d}^2u}{\mathrm{d}s^2}+k(s)u=0\tag{3-13}$$

$k(s)$ 代表了磁场的梯度，可以是位置的函数，也可以是不变量。强聚焦原理又名交变梯度聚焦原理，磁场梯度是交替变化的。这可以借用光学透镜的例子来说明，光在初始状态就存在发散的话，在光路里合理地设置凸透镜和凹透镜的焦距，就可以约束光束一直不发散地传递下去，如图 3-6 所示。而在加速器中，四极磁铁的作用类似透镜，具有聚焦和散焦作用。不同的是，四极磁铁在横向上一个方向是聚焦，另一个方向就是散焦。

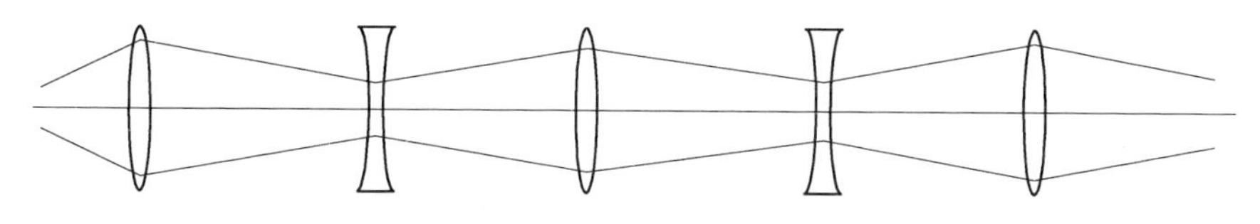

图 3-6　强聚焦原理的示意图

强聚焦原理的采用使得磁铁的作用可以分割开来，从而产生了分离作用加速器，而那些复合作用加速器的功能也是按照各种功能单独设计再综合来

实现的。自此,加速器的设计工作就如同搭积木一般,采用相同种类的元器件,所不同的就是它们的强度大小以及它们之间的相对位置和距离,这样就使设计工作变得较为简单,磁铁的排列结构称为磁聚焦结构(lattice)。

束流在同步加速器中是循环运动的,因此束流经过的结构是周期性的。一个合理的磁聚焦结构需要有满足方程(3-13)的解,其一般形式可以写成

$$u(s)=A\sqrt{\beta(s)}\cos[\varphi(s)+\delta] \tag{3-14}$$

式中,δ 和 A 是与初始状态有关的积分常数。

为了更好地描述束流运动状态,在式(3-14)中引入了科朗特-斯奈德(Courant-Snyder)或者特维斯(Twiss)参数之一 $\beta(s)$,另外两个 Twiss 参数分别为 $\alpha(s)\left[等于-\frac{1}{2}\frac{d\beta(s)}{ds}\right]$ 与 $\gamma(s)\left[等于\frac{1+\alpha(s)^2}{\beta(s)}\right]$。

设环上的两个位置为 s_0 和 s_1,从 s_0 点到 s_1 点之间的相移为 $\Delta\varphi=\int_{s_0}^{s_1}\frac{1}{\beta(s)}ds$,工作点是一周相移产生的振荡数:

$$v=\frac{1}{2\pi}\Delta\varphi=\int_{s_0}^{s_0+C}\frac{1}{\beta(s)}ds \tag{3-15}$$

式中,C 为周长,s_0 是积分的起点。

式(3-14)中的两个常数可以通过两个线性无关的非零特解组合来得到

$$u(s)=A_1\sqrt{\beta(s)}\cos\varphi+A_2\sqrt{\beta(s)}\sin\varphi \tag{3-16}$$

要让束流一直能做运动,则磁聚焦结构就应该满足一定的条件,也就是有周期解。周期解是指在环中磁场条件下,描述束流运动的微分方程的无数解中函数的终点值和起点值完全相同的那个解。它不属于单个粒子,而是属于环本身磁聚焦结构的特性。因此,束流运动初始条件并不重要,重要的是周期性的条件。这个解也称为“闭合轨道”(closed orbit)。从式(3-16)可以得到一周传输矩阵 $\boldsymbol{M}$ 来描述粒子的运动规律:

$$\begin{pmatrix}u\\u'\end{pmatrix}_{s_0+C}=\boldsymbol{M}\begin{pmatrix}u\\u'\end{pmatrix}_{s_0} \tag{3-17}$$

式中,$\boldsymbol{M}$ 可以用特征值λ_1 与 λ_2 和特征向量 $\boldsymbol{T}$ 表示,即 $\boldsymbol{M}=\boldsymbol{T}\begin{bmatrix}\lambda_1 & 0\\0 & \lambda_2\end{bmatrix}\boldsymbol{T}^{-1}$,经过 N 圈传输后,传输矩阵 $\boldsymbol{M}^N=\boldsymbol{T}\begin{bmatrix}\lambda_1^N & 0\\0 & \lambda_2^N\end{bmatrix}\boldsymbol{T}^{-1}$,由于 $\lambda_1\lambda_2=1$,要使 N 趋于

无限时 λ_1^N 和 λ_2^N 仍然有限，则 λ_1 和 λ_2 必须满足模为1且共轭，即 $\lambda_{1,2}=\cos\varphi\pm i\sin\varphi$，$\varphi$ 为实数，则 $\boldsymbol{M}=\begin{bmatrix}1 & 0\\0 & 1\end{bmatrix}\cos\varphi+\begin{bmatrix}\alpha & \beta\\ \gamma & -\alpha\end{bmatrix}\sin\varphi$，这样，一周传输矩阵就与 Twiss 参数以及一周相移互相联系起来了。

加速器中每个线性元件都有其传输矩阵，这些元件包括漂移节、四极磁铁、二极磁铁等。它们的六维传输矩阵 $\boldsymbol{M}$、$\boldsymbol{M}_{\mathrm{Q}}$ 和 $\boldsymbol{M}_{\mathrm{B}}$ 分别为

$$\boldsymbol{M}=\begin{pmatrix}1 & L & 0 & 0 & 0 & 0\\0 & 1 & 0 & 0 & 0 & 0\\0 & 0 & 1 & L & 0 & 0\\0 & 0 & 0 & 1 & 0 & 0\\0 & 0 & 0 & 0 & 1 & L/\gamma^2\\0 & 0 & 0 & 0 & 0 & 1\end{pmatrix} \tag{3-18}$$

$$\boldsymbol{M}_{\mathrm{Q}}=\begin{pmatrix}\cos kL & \frac{1}{k}\sin kL & 0 & 0 & 0 & 0\\-k\sin kL & \cos kL & 0 & 0 & 0 & 0\\0 & 0 & \cosh kL & \frac{1}{k}\sinh kL & 0 & 0\\0 & 0 & k\sinh kL & \cosh kL & 0 & 0\\0 & 0 & 0 & 0 & 1 & L/\gamma^2\\0 & 0 & 0 & 0 & 0 & 1\end{pmatrix} \tag{3-19}$$

$$\boldsymbol{M}_{\mathrm{B}}=\begin{pmatrix}\cos k_xL & \frac{1}{k_x}\sin k_xL & 0 & 0 & 0 & \frac{h}{k_x^2}(1-\cos k_xL)\\-k_x\sin k_xL & \cos k_xL & 0 & 0 & 0 & \frac{h}{k_x^2}\sin k_xL\\0 & 0 & \cos k_yL & \frac{1}{k_y}\sin k_yL & 0 & 0\\0 & 0 & -k_y\sin k_yL & \cos k_yL & 0 & 0\\0 & \frac{h}{k_x^2}\sin k_xL & \frac{h}{k_x^2}(1-\cos k_xL) & 0 & 1 & -\frac{h^2}{k_x^3}(k_xL-\sin k_xL)+\frac{L}{\gamma^2}\\0 & 0 & 0 & 0 & 0 & 1\end{pmatrix} \tag{3-20}$$

式中,L 代表元件的长度,k、k_x、k_y 是磁铁梯度,γ 是相对论因子,$h=\dfrac{1}{\rho}$。前四维代表横向运动,后两维代表纵向运动,纵向运动与粒子的相对论因子有关,这是因为能量不同的粒子通过同一段路程时需要的时间不同。只分析横向运动时,以上矩阵可以简写成 4×4 甚至 2×2 的形式。一周传输矩阵 $\boldsymbol{M}$ 可以写成所有元件的矩阵相乘: $\boldsymbol{M}=\boldsymbol{M}_n\cdots\boldsymbol{M}_3\boldsymbol{M}_2\boldsymbol{M}_1$。

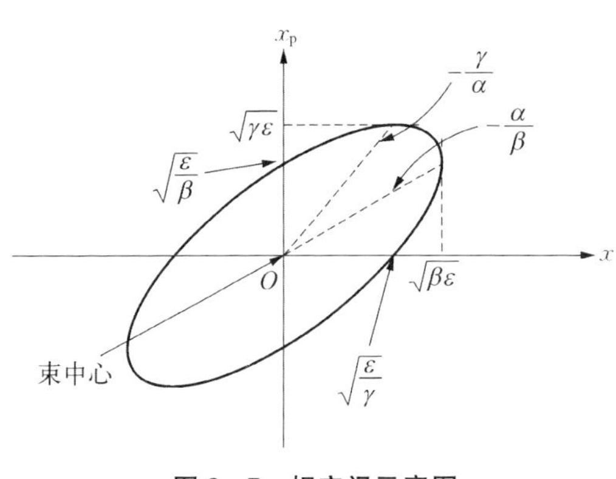

图 3-7　相空间示意图

实际的束流是一群运动状态十分相似的粒子流,它们具有一定的位置和角度分布,根据式(3-17),就可以用相空间(位置偏差和角度偏差,见图 3-7)来描述束流的整体状态与运动规律。相空间形状是个椭圆,它是多点集合,对应于一个粒子多次经过这个位置时可能达到的一切状态,也可看作振荡幅度相同的大量粒子在这个位置可能的全部状态。在相空间中当然还包括原点,原点代表了理想粒子。其他点围绕在原点附近,代表粒子围绕着理想粒子振荡。每个点到原点的距离标志着对应的粒子的不理想程度。

任意粒子的轨迹都是围绕着闭合轨道做横向振荡,或者说粒子轨迹等于"磁聚焦结构的周期解+振荡项",如图 3-8 所示。由于磁场、安装等各种误

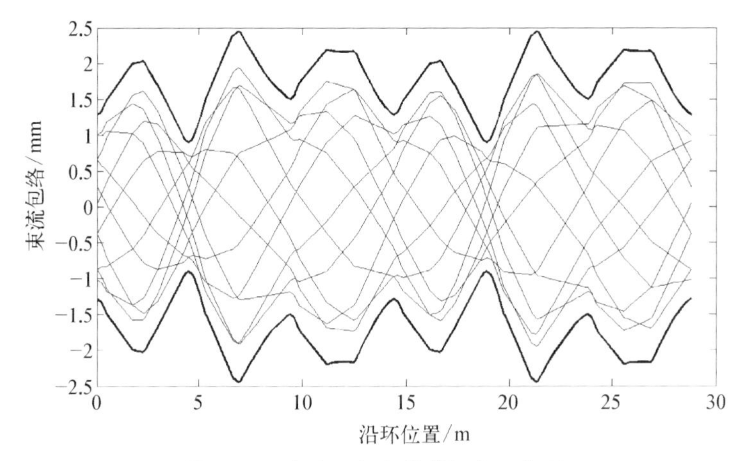

图 3-8　束流沿闭合轨道振荡示意图

差的存在，闭合轨道也不是沿着环中心的理想轨道，而是有各种变化（闭轨畸变，closed orbit distortion，COD），如图3-9所示，这些变化就需要在加速器调试过程中利用校正磁铁等将其校正到较小的水平，否则会造成粒子碰到真空室等处而造成损失。

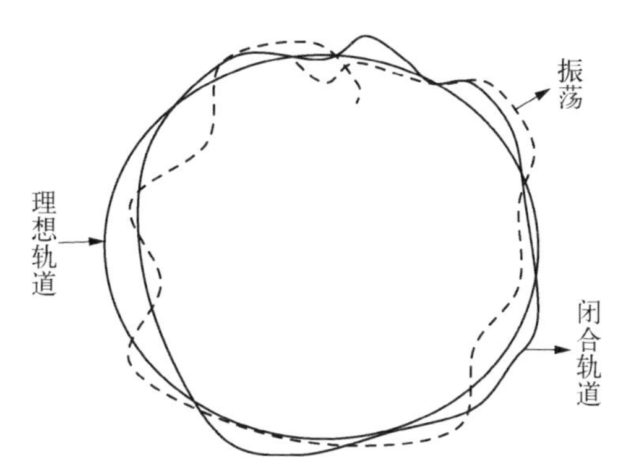

图3-9　粒子的理想轨道与闭合轨道及横向振荡间的关系

上述运动规律描述的是没有动量误差的粒子的运动。根据纵向运动可知，实际的粒子还同时存在动量或者叫能量的偏差。动量偏差反映到式(3-12)中会导致弯转半径的不同，或者感受到的四极场强度$k(s)$的不同。前者导致齐次方程式(3-13)变成非齐次方程

$$\frac{\mathrm{d}^2 u}{\mathrm{d}s^2}+k(s)u=\frac{1}{\rho}\frac{\Delta p}{p} \tag{3-21}$$

其解为

$$u(s)=A\sqrt{\beta(s)}\cos[\varphi(s)+\delta]+\frac{\Delta p}{p}\eta(s) \tag{3-22}$$

在式(3-14)的基础上增加的项就是描述不同能量粒子轨道变化的色散函数η。从上述分析可见，色散在二极磁铁中产生，也只能在二极磁铁中消灭。感受到的$k(s)$不同会导致工作点的不同，通过定义色品可描述不同能量的粒子感受到的工作点的差异：

$$\xi=\Delta v\frac{\Delta p}{p} \tag{3-23}$$

水平和垂直工作点满足$mv_x+nv_y=l$的条件时会发生共振，其中m、n和l都是整数。危险的共振会导致束流振幅扩大，从而性能下降甚至丢失。能够一直振荡不丢失的相空间称为接受度，接受度可以分为纵向接受度（或者叫能量接受度）和横向接受度。环上每个位置的接受度形状和大小与该处的Twiss参数有关。感兴趣的读者可以自行参考文献以了解更多内容[4-6]。

强聚焦原理的采用使得加速器大大缩小了真空室和磁铁截面，因而减轻了加速器的重量，降低了加速器单位能量的造价，使得进一步建造更高能量的加速器成为可能。由于增加了直线节，更为后期的同步辐射光源插入件的大量使用奠定了基础，也提高了束流品质。强聚焦原理自发现以后就开始广泛应用于各种环形加速器和输运线，成为现在加速器设计的主流。美国劳伦斯国家实验室 1954 年建成一台 6.2 GeV 能量的弱聚焦质子同步加速器，其磁铁的总质量为 1×10^4 t。而布鲁克海文国家实验室 33 GeV 能量的强聚焦质子同步加速器的磁铁总质量只有 4 000 t，这说明了强聚焦原理的重大实际意义。

3.3 同步加速器主环磁聚焦结构

同步加速器主环的主要功能是完成质子束加速。在由二极偏转磁铁组成的圆形加速器轨道内，在四极磁铁的约束下质子束流将运动上百万圈，直至达到需要的能量而被引出为止，这个过程中束流参数要能保持足够的稳定。此外，同步加速器的磁聚焦结构设计还需要为安装注入引出元件、高频加速元件、束流测量校正元件、真空元件等预留空间；另外一个要求就是有足够的接受度，能够储存和加速足够多的粒子。同步加速器主环的磁聚焦结构决定了整个装置的很多性能，一般治疗对加速器的需求如表 3-2 所示。

表 3-2　治疗对加速器的需求

参　数	单　位	值
引出能量	MeV	70～250
引出粒子数	—	$>4\times10^{10}$
能量稳定度	—	<0.1%
能散	—	−0.2%～0.2%
能量调节精度	MeV	0.5
束流关断时间	ms	<0.3
束流位置稳定度	mm	<0.5
束斑尺寸	mm	2～5

质子治疗所用的同步加速器在完成功能的同时还要求尽可能紧凑，以减少占地空间，降低成本。目前国际上用于质子治疗的同步加速器主要有两种选择：① 周长较大的可兼用于重离子治疗，采用双弯铁消色散(double bend achromat，DBA)结构或者聚焦漂移散焦(focus drift defocus drift，FODO)结构，有消色散节用于安装共振六极磁铁，如质子-离子医用加速器设计研究[7](PIMMS)的加速器。② 紧凑型，专用于质子治疗，采用类FODO结构，结合二极磁铁边缘角聚焦，结构简单而紧凑，如日立[8]、三菱等公司生产的同步加速器。

简单、紧凑的同步加速器可以尽量压缩周长并将包络函数控制在很小的水平以减小二极偏转磁铁孔径，控制造价。表3-3给出了国际上一些类似结构的同步加速器参数，这里面又分了两大类，一种是采用了类似传统的弱聚焦加速器，采用二极磁铁本体引入的水平聚焦和边缘角的垂直聚焦构成加速器结构，再加上少数几块四极磁铁对工作点进行调节，比如三菱公司和洛马林达大学的装置，它们的特点是有一个方向的工作点小于1，由于治疗加速器的能量较低，磁铁的弯转半径较小，二极磁铁本体引入的水平聚焦和边缘角的垂直聚焦都有一定的强度。另一种就是采用了较多的四极磁铁来形成较强的聚焦，比如日立公司和国产首台质子治疗装置。

表3-3　国际上治疗加速器参数

加速器名	平本 Hiramoto	东北 TOHOKU	福井 Wakasa	洛马林达 Loma Linda	印第安纳 CIS
结构	类FODO	O①	FODO	OFO②	ODO③
周长/m	22.20	19.86	33.20	20.05	28.50
注入能量/MeV	7	7	10	2	7
引出能量/MeV	70～270	70～235	70～200	60～250	70～300
重复频率/Hz	0.5	0.5	0.5	1	0.5
直线节长度/m	2×4	2×4	1.8	2,0.5	3.25×2+5×2
超周期	2	4	4	4	4
工作点 x/y	1.72/1.74	1.7/0.6	1.75/0.85	0.6/1.356	1.682 5/0.683 8
渡越能量因子	1.67	—	1.79	0.578	1.393

(续表)

最大包络 $(x/m)/(y/m)$	12/11	—	5.5/12.6	6.1/2.8	10.4/7.8
最大色散/m	2.3	—	2.41	9.6	2.4
二极磁铁数量/块	6	4	8	8	8
二极磁铁半径/m	1.4	1.678	1.92	1.6	1.910
磁感应强度/T	1.737	1.449	1.267	1.520	1.273
弯转角/(°)	60	90	45	45	45
边缘角/(°)	30	—	22.5	18.8	22.5
四极磁铁数量/块	4/8(QF/QD)	2	4/4(QF/QD)	4	4/4(QF/QD)
四极磁铁长度/m	0.2/0.15	—	—	—	—
六极磁铁数量/块	2	—	3	—	3

① O 表示漂移段;② OFO 指漂移聚焦漂移;③ ODO 指漂移散焦漂移。

质子治疗用同步加速器一般由至少 4 个长直线节和若干块二极磁铁和四极磁铁组成。长直线节主要用于安装注入、引出、高频、束测等相关元件。影响包络函数和周长的因素很多,包括磁铁数量和磁铁的排布。为了使用三阶共振慢引出,加速器的水平工作点需要控制在三阶共振线附近。此外,磁铁的数目越多,磁铁安装占用的无效空间越多,周长越长,但是四极磁铁等的组数(电源数目)越多则磁聚焦结构的调节灵活性越强。加速器的设计需要在这些因素间取得平衡。缩短二极磁铁对包络函数的改变作用最大,这是因为二极磁铁聚焦强度与其长度成反比,因此可以有效地降低包络函数。但是缩短二极磁铁使得从静电切割磁铁到静磁切割磁铁的距离减少,对静电切割磁铁的强度要求增加,需要选择合适的磁聚焦结构来降低其要求。四重对称能够减小包络函数,这是因为聚散焦的周期变短。改变直线节总长度对包络函数的作用有限,硬件强度(引出静电和静磁切割磁铁)也限制了直线节长度的缩短,二、四极磁铁的强度又限制了磁铁的长度不能太短。引出的布局更是决定治疗用质子同步加速器磁聚焦结构的重点,三阶共振要求满足哈茨(Hardt)条件等,方便且合适地安排引出元件都必须在磁聚焦结构设计中予以考虑。

为了抵抗空间电荷效应[9],磁聚焦结构设计时需要尽量提高环的接受度,从而扩大涂抹(painting)后的束流发射度。在医用质子同步加速器中,接受度主要受到磁铁孔径,尤其是二极磁铁孔径的限制。在同样的孔径下,包络函数越小,接受度越大。图 3-10 给出了国际上主要医用质子同步加速器的接受度。图中给出了几个加速器的名字,分别为 PIMMS、日立(Hitachi)、捷克设计的质子治疗装置(PRAMES)、日立的福井(Wakasa)、中国的首台国产质子治疗装置(SAPT)、洛马林达(Loma Linda)和三菱(Mitsubishi)的装置。由于质子同步加速器结构都较为简单,因此不少加速器采用了弱聚焦的形式,利用二极磁铁的边缘角,四极磁铁仅用于注入、升能、引出时的工作点调节。

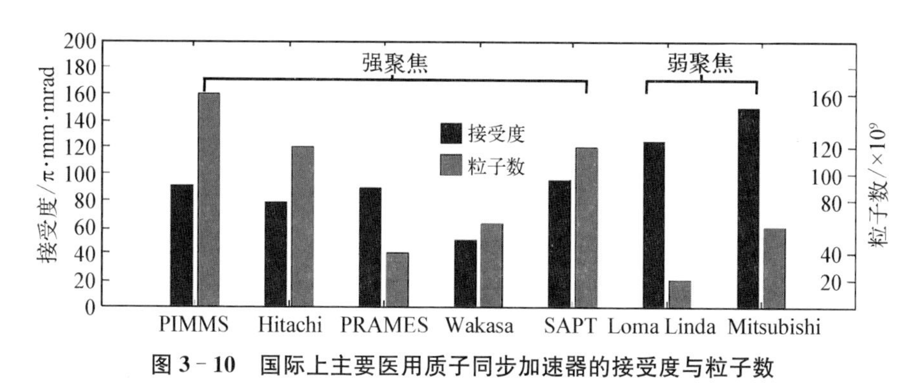

图 3-10 国际上主要医用质子同步加速器的接受度与粒子数

磁聚焦结构的主要设计是通过一些加速器相关模拟软件完成的,主要有 AT(accelerator tools)、MAD、elegant、transport、winalige 等。这些软件可以方便地获得所考虑的相关参数。

由于采用三阶共振慢引出,六极磁铁的布置是磁聚焦结构设计中必须考虑的因素[10]。共振六极磁铁的排放决定了引出时相空间的分布,一般安放在包络函数和色散函数都较大的地方,能够大大降低六极磁铁的强度,根据相移来确定是成对安装还是单独使用。一般情况下为使共振六极磁铁不对色品产生影响,共振六极磁铁由两块强度相同但符号相反的六极磁铁构成,并被安放在对称的两个直线节中。由于环的自然色品较小,束流的能散度较小(小于 0.3%),能量较低,工作在负色品的状态下有利于抑制头尾不稳定性;治疗用同步加速器结构的动力学孔径也足够大,因此不需要专门进行动力学孔径校正,色品校正用于满足哈茨条件。根据相位关系,两块强度相同、符号相同的六极磁铁放在对称的地点能够有效地进行色品校正,且互相抵消三阶共振驱动项,有利于哈茨条件的实现。

慢同步加速器的一个标准回旋周期如图 3-11 所示,每个引出循环对应一个引出能量。循环中各个事件是按照时序系统来保持各相关元件同步的。

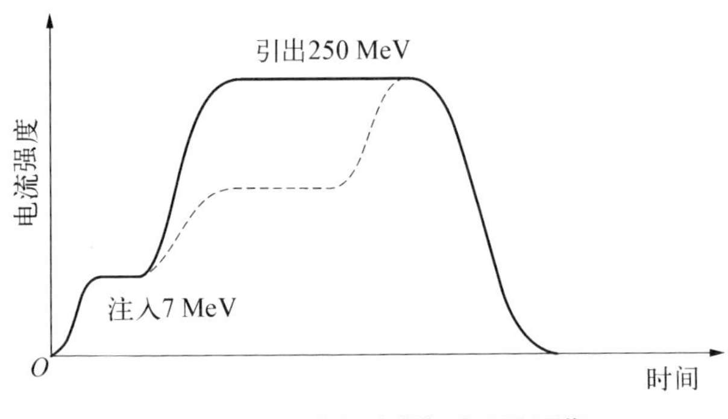

图 3-11　同步加速器标准回旋周期

注入、升能(称为上升沿)和标准化循环(称为下降沿)需要占用很长时间,引出平台所对应的有效治疗时间较短。按照加速器的设计,不同注入和升能时间一般从 0.5 s 到 2 s 不等,引出平台时间从 0.1 s 到 10 s,甚至更长。为了使得磁铁的剩磁尽量小,需要不同能量的电流最终都升到同一个值,再下降到同一个值,这称为标准化循环。最低点的电流可以为 0,或者设置为注入时的电流,一般经过 1～2 个标准化循环后,磁铁的磁场就趋于稳定。注入和引出工作点的位置、升能过程中工作点的移动,以及空间电荷效应造成的工作点下移都不应该穿过共振线,同时工作点需要考虑适中的四极磁铁强度,也有较多的横向振荡数,受误差等的影响较小。引出时的工作点放在三阶共振线之上的好处在于能量偏差为正的粒子更靠近共振线,容易引出。由于色散的作用,束流会远离中心轨道。

3.4　粒子注入

粒子从注入器或者输运线通过注入系统进入同步加速器接受度之内的过程称为注入。一般的注入方法有单圈注入和多圈注入,单圈注入又分为在轴注入、离轴注入等方式。质子注入器的束流流强较低,只能通过多圈注入才能满足同步加速器对储存粒子数的要求。多圈注入系统由静磁切割磁铁、静电切割器和形成储存束流凸轨的凸轨磁铁(bump)组成,如图 3-12 所示,切割板要尽量薄,以减小注入束和储存束的距离。

注入的质子束在同步加速器的接受度之外,如图 3-13 所示,如果没有外加干涉的话,振荡几圈后要回到原来的位置,从而被注入的切割板阻挡。这就需要利用凸轨磁铁将储存束流形成如图 3-14 所示的凸轨,将接受度椭圆移

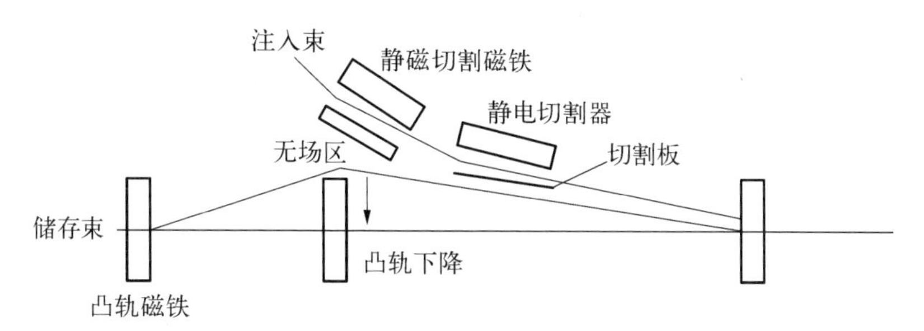

图 3 - 12　注入系统的布局图

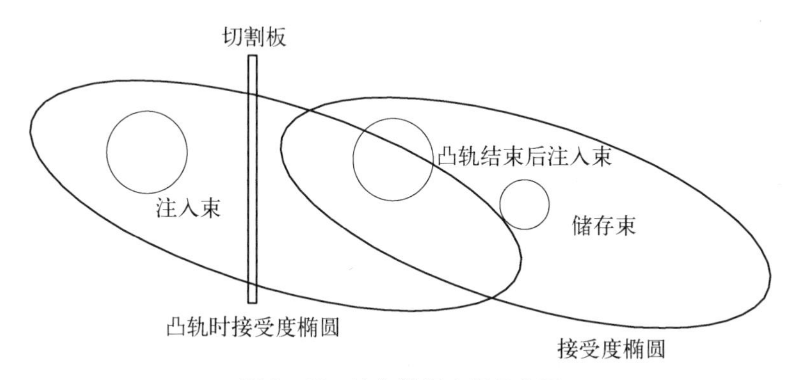

图 3 - 13　注入的相空间示意图

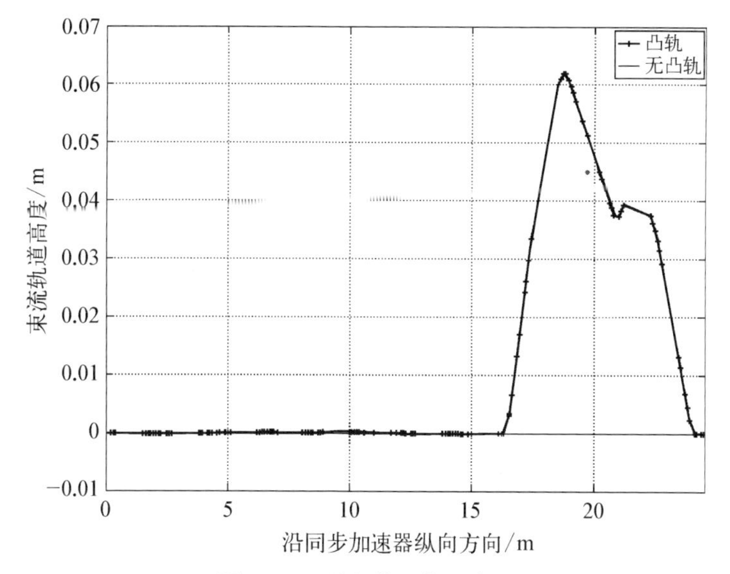

图 3 - 14　注入的凸轨示意图

动到注入束的位置，将注入束“接到”接受度内，然后马上再将凸轨的幅度降低，使得接受度椭圆进入环的真空室内，且注入束振荡回来后，不会被切割板再挡住，从而成功地汇入储存束中。单圈注入和多圈注入的区别就是凸轨持续的时间不同，此外还有不依赖凸轨的单圈在轴注入等方式。束流是否能够成功储存才是注入的目的，因此，注入成功与否不仅取决于注入系统本身，还取决于环的参数。

由于质子在低能时空间电荷效应严重，空间电荷效应使得粒子之间互相排斥，相当于附加了一个散焦力，从而引起横向振荡频移，而且不同振幅粒子受到的力不同，造成振荡频率的分散和发射度增大，使得部分粒子的工作点穿过危险共振线而造成束流的丢失[7,9]。最终的储存粒子数与束流发射度有关，同步加速器主要采用多圈涂抹注入或剥离注入的方法来降低空间电荷效应的影响。涂抹注入通过水平凸轨下降和垂直束流参数（闭轨）失配的方法扩大注入后束流的发射度，使得注入束在相空间内的位置不断发生变化，从而填充满整个相空间，如图 3-15 所示，图中 x_p 和 y_p 是水平和垂直偏角。整个注入过程一般为 20～30 圈，涂抹注入效率为 30%左右。

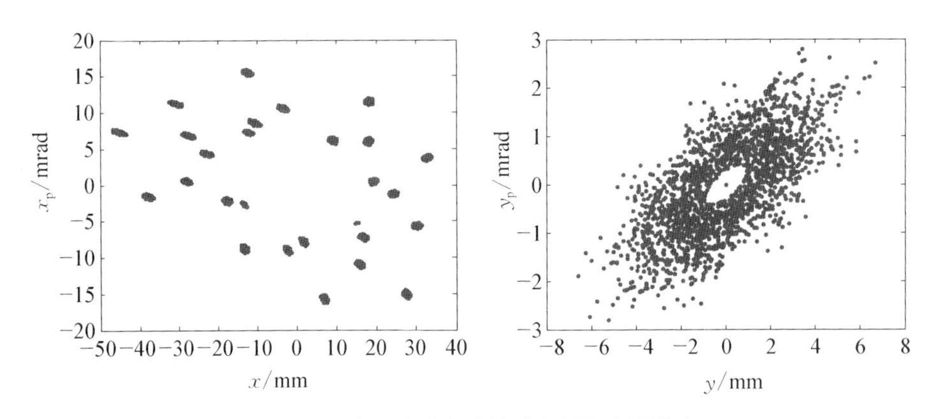

图 3-15　水平和垂直涂抹注入的相空间分布

剥离注入采用注入 H^- 离子后，再利用剥离膜来剥除核外两个电子的方法，其原理如图 3-16 所示，BP1～BP4 是凸轨磁铁。人们利用质子和 H^- 离子在磁场 BP2 里偏转方向的不同，实现注入束和储存束不同的行为方式，从而使注入束汇入储存束。凸轨磁铁将环的接受度中心移动到注入束的位置，注入束经过 BP2 从环外向外偏离，储存束沿着凸轨向内偏离，在剥离膜点注入束汇入储存束时安装剥离膜，剥离后的质子沿着储存束的轨迹继续前进，而没有剥离干净的氢原子或者 H^- 离子则被踢出。剥离注入的好处就是不需要切割板，从而不会在切割板上有束流损失，但需要大孔径的 BP1 和 BP2。剥离注入的注入效率为 70%～80%。中国散裂中子源则结合了剥离注入和相空间涂抹技术[11]，在剥离注入采用的凸轨磁铁的基础上又增加了专门用于水平和垂直涂抹的凸轨磁铁，可以同时扩大垂直和水平发射度。

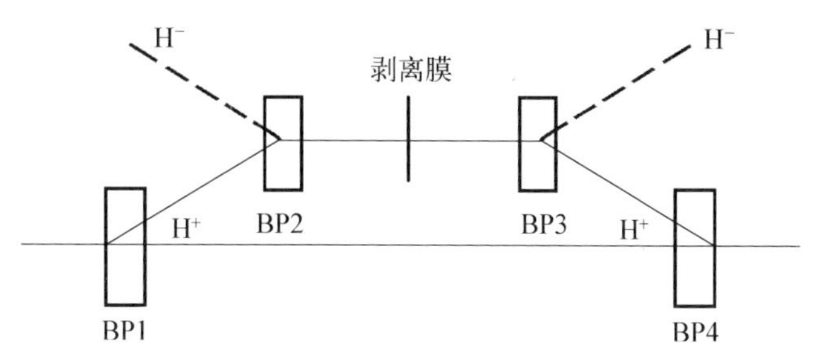

图 3-16 剥离注入示意图

此外，注入能量也是空间电荷效应的主要影响因素，注入能量越高，储存粒子数也越多。但注入能量越高，意味着注入器的投资越高；注入器的能量低，则储存粒子束就少。另外，低能注入时同步加速器的各种磁铁磁场较低，容易受到误差的影响。一般注入定在 7 MeV 左右，注入能量低的加速器 ProTom 和 Loma Linda 还曾提升过注入能量。国际上这类加速器储存粒子数最多为 1.5×10^{11} 个，受误差和各种因素影响，日常工作时粒子数也只有 $(7\sim8)\times10^{10}$ 个。

3.5 粒子俘获与升能

粒子注入之后接着是对其绝热俘获和加速的过程，整个过程都是在自动稳相原理的作用下完成的。一般治疗用质子同步加速器的高频频率等于质子束的回旋频率，远比注入器的高频频率低，为了提高注入效率，质子束注入时高频腔压设置为 0 的状态，这样整个 360°都可以接受。对于同步加速器来讲，注入后的质子束为准连续束，沿全环均匀分布，仅仅在内部有很高频率的微束团。为了使质子束后续能够得到加速，必须将连续束变成聚束束流，即只是分布在加速相位内的束流。为了提高能够加速的质子束流比例，需要一个合适的绝热俘获过程，让尽可能多的质子进入加速相位，这个过程主要通过合适的高频电压变化完成，使俘获后的束流成为聚束束流。

俘获完成后就是升能过程，质子束的回旋频率由其能量和二极磁铁的场强决定，在高频电压的作用下，被俘获后的质子束在自动稳相原理的作用下围绕平衡相位运动，相应的磁铁场强和高频频率与能量保持同步增加，从而增加了质子束流能量。

实际上高频频率和二极磁铁的场强变化一般是阶梯式的，只要能维持且上升的幅度不是太大以避免在上升时大部分束流移至能量接受度外的情况发生，这样质子束流的能量就能在高频的加速作用下上升。而最终升到的能量值就由高频频率和二极磁铁共同决定。同时，为了保持横向的稳定，同步加速器的四极磁铁、校正磁铁等的磁场强度也会同步地上升，加速器调试中就要解决这些参量的一致性。二极磁铁的波形一般决定了能量的变化，四极磁铁和高频频率跟随能量变化以保持工作点等的稳定，校正磁铁则校正整个升能过程中的闭轨变化。作为质子同步加速器，由于注入束流能量低，加速腔须具有较宽的频率变化范围，如上海的国产首台质子治疗装置的频率范围为 1.4～7.5 MHz，而高频腔压则根据整个纵向振荡过程来进行设计。

加速过程中加速电压应满足以下两个条件才能完成加速的物理过程[12]：① 高频加速电压每圈给粒子提供的能量(即粒子能量的增长)应与主导磁场的增长满足同步加速的条件；② 高频相稳区的面积要大于或等于束流的纵向发射度。图 3-17 给出了束流注入及加速过程二极磁铁及高频频率在一个周期内的变化情况，其中 $t=0$ 时开始束流的注入及累积，在 0～900 ms 时间内进

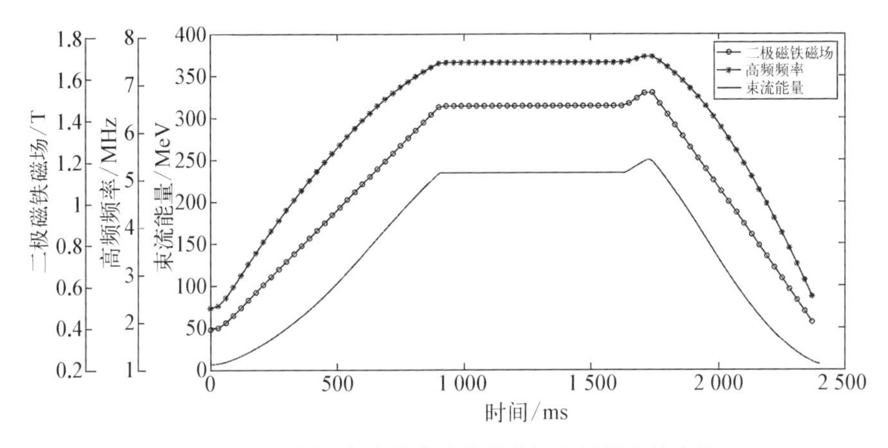

图 3-17　磁场、频率及束流能量在加速过程中的变化

行加速，加速到所要求的能量时进行束流引出。在加速过程中的高频电压变化如图 3－18 所示。

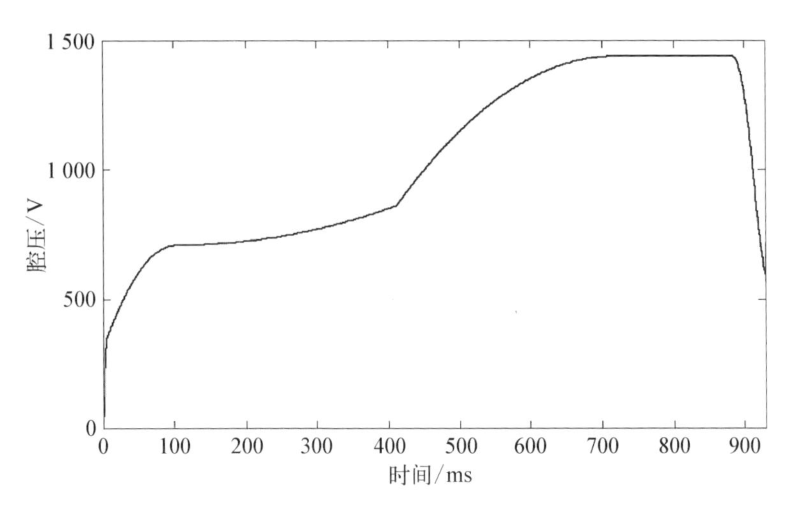

图 3－18　加速过程中高频电压的变化

由于质子束在低能下的空间电荷效应较严重，需要增加二次或三次谐波，以便将束团长度拉长和中心的粒子密度降低，从而改变束团参数因子，其原理如图 3－19 所示的一次谐波和三次谐波叠加。选择合适的三次谐波相位和幅度在加速相位附近的很大范围内就能形成在图 3－19(a)中显示的腔压梯度接近于零的区域。这时束流分布如图 3－19(b)所示，未开高次谐波时的高斯分布变成开高次谐波时的接近均匀分布。一方面束团尺寸得到拉伸，另一方面束流最高密度降低为原来的$\frac{1}{3}\sim\frac{1}{2}$。在实际的应用中，二次谐波和三次谐波经常同时使用。高次谐波与基波一样，需要随着能量的上升而改变频率，在束流能量升到较高时就可以关闭。合适的高次谐波相位和腔压设置可以将质子同步加速器的加速流强增加 1 倍以上。

在加速过程中随着质子能量的增加，其回旋频率也在增加，因此在环的流强探测器上看到的束流强度也在不断增加，直至到达最终能量，如图 3－20 所示。根据这个原理，只要治疗控制系统提出需要的质子能量，加速器控制系统就根据能量选择合适的高频系统的频率、二极磁铁、四极磁铁、校正磁铁等的波形加载到电源中去，就可以获得相应能量的质子束流。

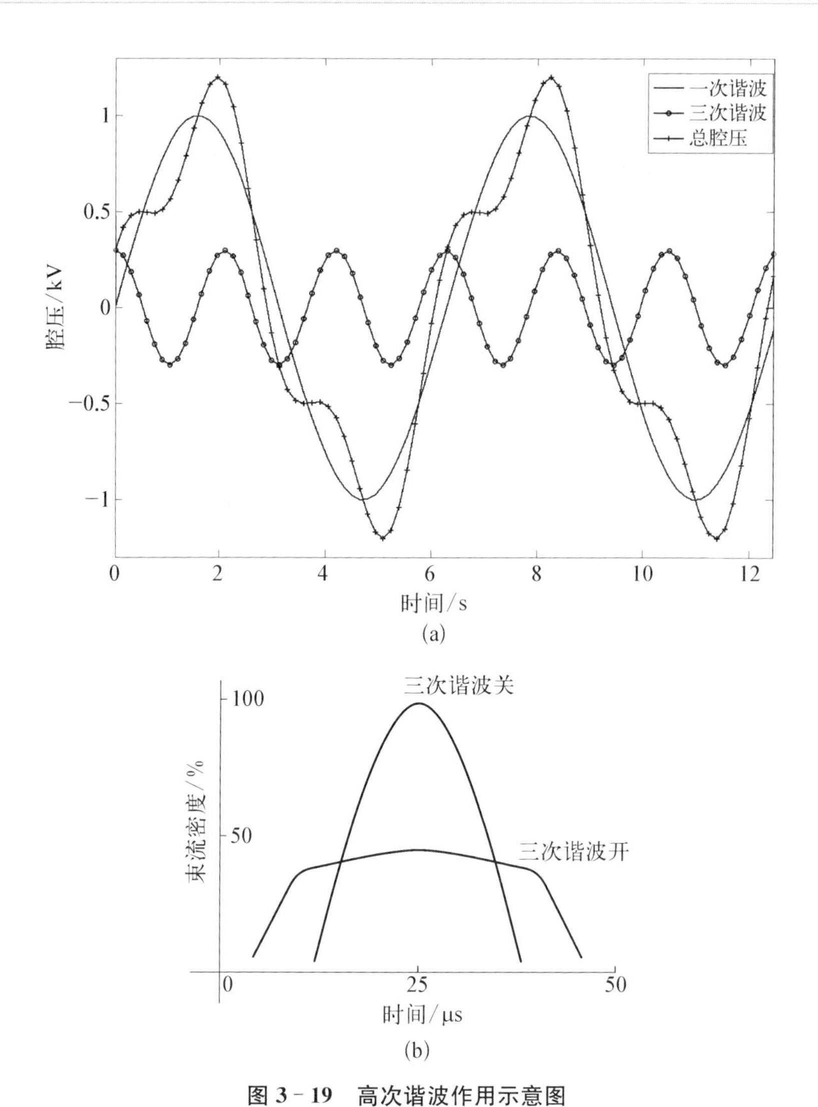

图 3－19　高次谐波作用示意图

(a) 高频腔压示意图;(b) 束流密度示意图

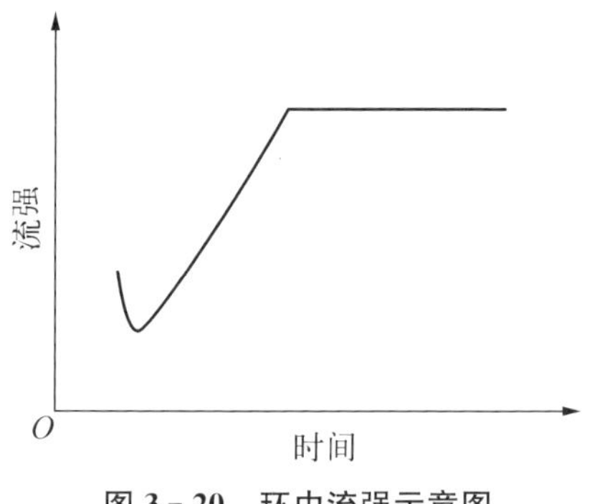

图 3－20　环中流强示意图

磁场上升过程中不可避免地产生涡流来抵抗磁通的变化，这些涡流会在真空室、组成磁铁的硅钢片等处产生，因此会导致各种类型磁场的产生和发热[13-15]。如图3－21所示，这种效应在不同的磁场强度和磁铁中不同的点，其影响都不太一样。此外，还有各种磁场变化过程中的不一致性导致束流轨道、工作点等的变化，这些都需要通过电源进行校正。

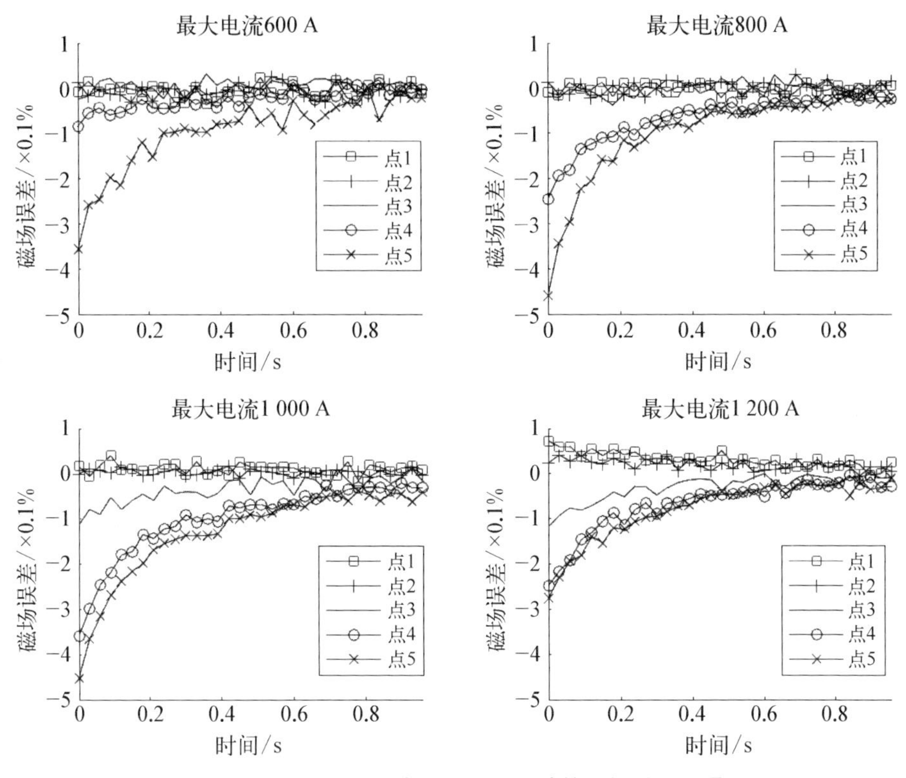

图3－21　不同磁场电流下涡流导致的二极磁场误差

3.6　束流引出

在达到治疗能量后，质子束流从同步加速器中引出。被引出的粒子通过静电切割器、静磁切割磁铁以及它们之间的元件进入输运线，有些装置还会采用兰伯森(Lamberson)磁铁来代替静磁切割磁铁从垂直方向将束流引出。束流引出的方式主要有单圈快引出和慢引出，前者将所有束流单次全部引出到输运线，后者是通过共振的办法，使得束流不停地进入输运线。治疗要求束流时间长度可控、均匀且可快速开关，一般采用慢引出才能提供可持续一段时间的引出束流，并在控制下能够满足治疗要求。

除了第一台专用质子治疗装置——美国洛马林达大学的同步加速器采用二阶共振慢引出外，其他同步加速器都采用三阶共振慢引出。三阶共振慢引出是在水平工作点靠近三阶共振线时，利用共振驱动六极磁铁产生共振。

三阶共振慢引出原理如图 3－22 所示。同步加速器的工作点在三阶共振线附近时，在共振六极磁铁的作用下，每三圈都受到同一个力的作用，逐渐形成稳定区和非稳定区。进入非稳定区的粒子沿着一定轨迹向外扩散，其扩散速度取决于六极磁铁强度和工作点到三阶共振线的距离等因素。在合适的位置安装静电切割器使得扩散的粒子进入静电切割板的孔径后受到电场的作用，与环内的粒子进一步分开，分开后的粒子进入其后的静磁切割磁铁后引出到高能输运线上。粒子从静电切割器到输运线的路径称为引出轨道，这些引出元件的布局、三阶共振相空间的分布需要和磁聚焦结构布局统一考虑[16]。静电切割器、静磁切割磁铁的强度都有限制，也还有最小厚度的要求。图 3－23 给出了一个引出元件和引出轨道的示意图。

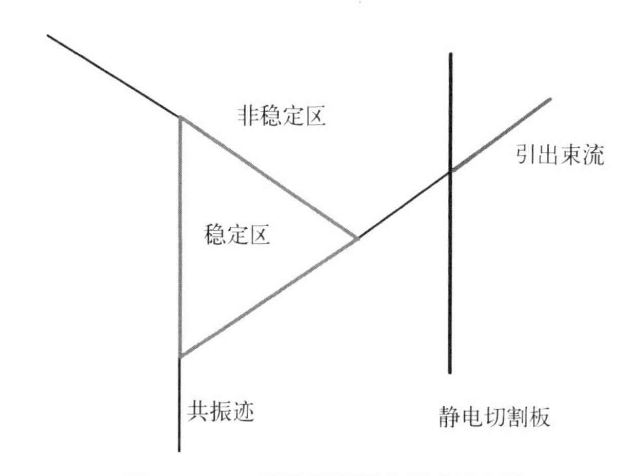

图 3－22　三阶共振慢引出原理示意图

三阶共振慢引出还需要考虑引出效率的问题，加速器内的闭轨畸变、工作点、相空间分布、引出通道等都会造成引出效率的降低，都是在调试过程中需要考虑的问题。如六极磁铁强度的矢量和会影响引出粒子的偏角，闭轨畸变影响粒子的中心轨迹和进入静电切割板的角度，切割板的高度会影响进入其中粒子的比例，等等。

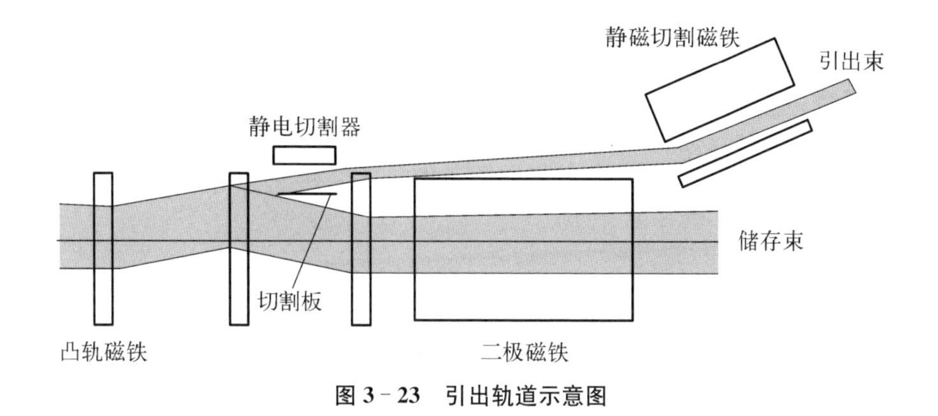

图 3-23　引出轨道示意图

3.7　引出流强控制

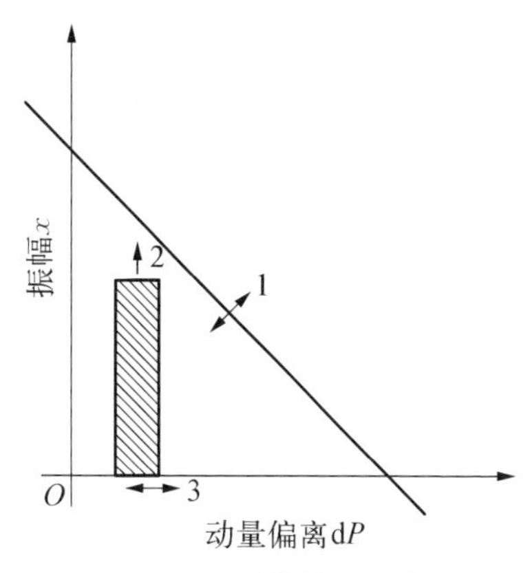

图 3-24　引出控制示意图

引出流强的控制是质子治疗加速器的关键，点扫描要求引出束流平稳、开关迅速。稳定区的大小和工作点到共振线的距离及共振六极磁铁的强度有关，控制粒子进入非稳定区的速度就可以控制引出流强。控制引出流强的方式主要有两种[7]：减小稳定区或扩大束流发射度[17]。图 3-24 给出了三种方法。减小稳定区是其中的方法 1，包括改变共振六极磁铁强度或改变工作点，压缩相空间稳定区三角形面积，从而使得稳定区外围的粒子进入共振区。然而增大六极磁铁强度或使粒子的工作点逼近三阶共振线(如 JPARC 和三菱公司的方法)[18-19]方法的实现需要改变环束流的光学参数，对束流参数有一定影响。目前国际上的医用同步加速器一般采用扩大束流发射度，将工作点设置在共振线附近，通过激励使粒子进入共振区。激励分为两种，一种方法是纵向激励(见图 3-24 中的方法 3)，如奥地利的 MedAustron、意大利的 CNAO 使用感应器和纵向随机电场使得粒子得到加速(或者减速)，从而改变粒子的工作点，控制粒子进入共振区的速度；另一种方法是使用射频激出器的横向电场激励[17]，使粒子发射度增长而被“打”出稳定区，如图 3-24 中的方法 2。射频激出器产生横向的高频激励电场，在高频电场频率和粒子的工作点相同时，环内的粒子发生共振，其发射度不断增大，从稳定区不断进入非稳定区。控制射频激出器的激励强度和开关就能控制引出束流,改变激励的强度就可以改变束流进入非稳定区的速度,稳定区的大小也决定了激励的难易程度。这样可将引出流强的范围控制在零点几纳安到十几纳安。需要关断引出时则将激励关断,但是已经进入非稳定区的粒子和由于纵向振荡还不断进入非稳定区的粒子并不能马上停止,因此关断需要一定的时间。射频激出器配合高频的开关使得束流关断所用时间小于 10 μs[20]。

慢引出是个复杂的共振系统,受诸多因素的影响,包括电源纹波、工作点、共振六极磁铁强度、高频腔电压、射频激出器激励源的参数如扫频周期和带宽等[21-23]。引出束流的纹波,在很高的采样频率如兆赫兹下,能达到 100%。但是一般的点扫描时间在毫秒量级,在这个时间尺度上纹波为 20%左右。为了加快关断速度和更好地关断束流,还可以辅以快四极磁铁调整同步加速器的工作点,以增大稳定区,需要引出时再将工作点移回来,但是当工作点移回来时,会有大量粒子被瞬间引出,形成尖峰(spike)。为了提高引出流强的稳定性,人们研究了很多参数如色品,以及不同的激励方式,如扫频、双扫频、单频,还有白噪声激励等的影响[24-26]。引出流强如图 3-25 所示。

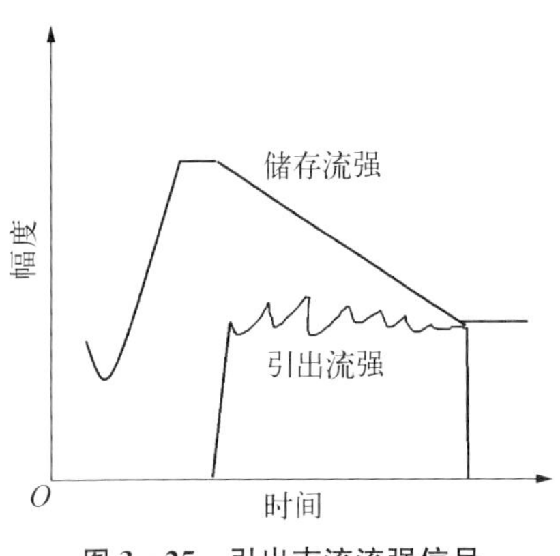

图 3-25　引出束流流强信号

此外,随着引出的进行,环内粒子数减少,为了保持同样多的粒子进入非稳定区就需要更强的激励,但是很难控制到比较均匀的束流。很多装置采用了反馈系统来控制引出流强,以达到稳定的状态[27-29]。反馈的时间尺度一般在毫秒量级,通过改变工作点或者射频激出器的激励强度来使探测器上的流强保持稳定。同步加速器引出流强不稳定的情况较为适合剂量驱动的点扫描或者不关断束流的快速扫描(raster scanning),而不太适合时间驱动的线扫描(line scanning)。点扫描由于每两点之间要进行束流关断,也增加了反馈控制的难度。

3.8　同步加速器的技术系统

同步加速器的技术系统包括注入器(一般含离子源)、磁铁、电源、高频、注入引出、真空、束流测量等系统,要将这些技术系统串在一起还需要定时系统、控制系统等。

3.8.1　离子源

离子源是产生质子束的装置，它通过弧放电，电离氢气而获得质子束。用作注入器的离子源必须是强流离子源，因为运行经验表明，直线加速器出口的束流强度往往只有离子源出口处的1/3左右。

离子源是加速器极为重要的部分。除要求其提供符合要求的束流外，尤其要考虑治疗装置进入实际治疗阶段的运行，其可操作性、某些部件的寿命以及可维护性显得相当关键。

离子治疗装置中涉及重离子的用电子回旋共振(ECR)或者潘宁(PIG)源的较多，如德国GSI的一台离子治疗装置就使用了两台ECR源；而质子治疗装置多数使用双等离子体源或者微波离子源，如AccSys公司的注入器产品提供的即为双等源，后接一单透镜和射频四极场(RFQ)加速器匹配。

不同离子源的区别在于产生等离子体的机制不太相同，等离子体产生后被磁铁线圈产生的磁场限制在狭小的空间内。等离子体中的质子在加、减速电极形成的加速电场作用下获得初步向前的速度，并离开离子源。

3.8.1.1　双等离子体源

双等离子体脉冲源不但能产生强束流，而且还具有束流的光学性能好、可靠性好等优点。双等离子体源的结构如图3-26所示，当阴极和阳极之间加上脉冲电压后，即形成低压弧放电。在热阴极和阳极间置一中间电极，并在它

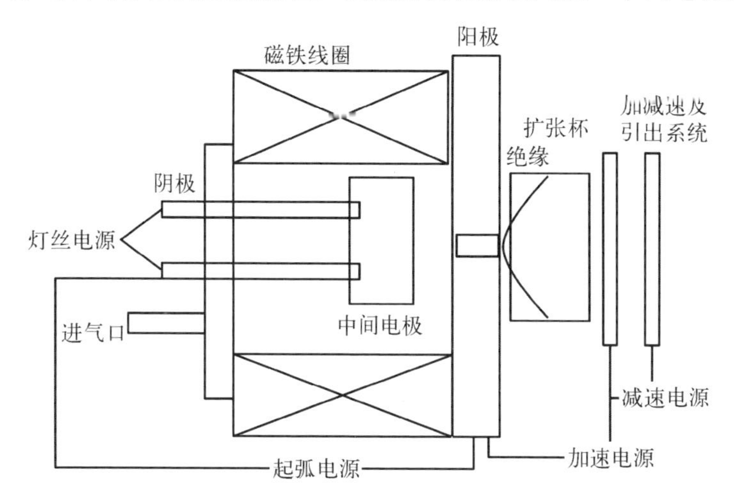

图3-26　双等离子体源结构示意图

的外部安装励磁线圈。这样,在中间电极的静电作用及处在中间电极和阳极之间的非均匀磁场的作用下,弧放电将集中在两个主要的区域:围绕着阴极的区域与围绕着阳极的区域。氢气经弧放电后产生的电子和离子在这两个区域内各形成一团密集的等离子体,分别称为阴极等离子体和阳极等离子体。高密度的阳极等离子体中的离子和电子经过很小的阳极孔进入扩散区域,然后在负极性的引出电极作用下,将强流离子束拉出。

离子源的阴极灯丝可用镍丝网制成。灯丝的寿命对于整台加速器的运行效率具有重要的意义。为提高它的寿命,可在直热式的灯丝表面覆盖一层氧化物,如氧化钡等,以减小灯丝在高温(如 900℃左右)下的蒸发。灯丝电流在 30 A 左右,其功耗为 75 W 左右,最高寿命可达 2 000 h。在中间电极上可加偏压,使它处在阳极和阴极之间的中间电位上。这个电极的存在使阳极附近的磁场很强,从而使磁场分布不均匀。中间电极和阳极可用软钢制成,它们之间用陶瓷环绝缘。这两个电极均需冷却,经验表明,它们之间的最佳距离为 8 mm 左右,这一距离可使等离子体的振荡保持最小。阳极孔径可为 1.3 mm 左右,阳极等离子体通过该小孔进入扩张杯区,若采用较大的扩张杯,则在扩张杯区需有一个小磁场,使等离子体能顺利地向外输运。在阳极孔附近镶一钼块,可使线圈产生的磁场仍有一部分进入扩散区。这一区域的结构设计应使离子流在扩张杯壁上的损失最小,且在等离子体的发射面上磁场强度可以忽略。若励磁线圈为 1 500 匝,则励磁电流可为 1.5 A 左右。引出电极可用不锈钢制成。弧脉冲宽度决定了离子源引出束流的脉冲宽度,这个脉冲宽度及脉冲重复频率均由质子直线加速器决定,并可通过定时系统加以调节。

3.8.1.2 微波离子源

微波离子源也能达到质子治疗加速器的需求。微波离子源主要是靠微波电场直接电离稀薄气体中的原子产生离子从而形成等离子体的。等离子体需要通过磁铁进行约束。永久磁铁微波离子源具有结构紧凑、低能耗的优点,也无需高压绝缘(没有励磁线圈)。电子回旋共振(ECR)源也是微波离子源的一种,结构如图 3-27 所

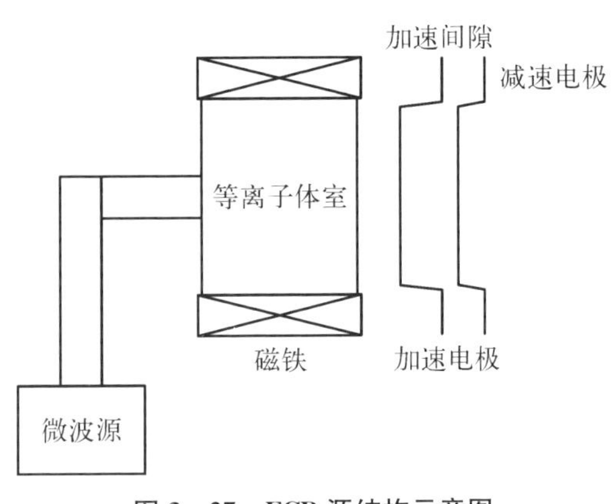

图 3-27 ECR 源结构示意图

示,其优点是通过电子回旋共振极大地增强了离子源的引出流强。与双等离子体源相比,提高了寿命,改善了可维护性,且无灯丝的结构就可忽略灯丝可能造成的引出极和后续加速器污染的危险。

微波离子源[30]主要包括源体、永久磁铁、微波电源、微波发射和测量系统、束流引出系统、真空系统、冷却系统、控制系统和各种电源等。源体包括等离子室、激活磁铁、束流引出系统、冷却系统和气体馈入系统等。

为了缩小体积和减轻重量,采用一个截止腔(cut off cavity)作为等离子室,偏振磁场由永久磁铁产生。等离子室由不锈钢制成,室的内表面覆盖一层氮化硼(boron nitride)内衬,以改善氢分子产生的质子比,等离子室采用水冷或者油冷,2.45 GHz 的微波馈入。为了获得更高的引出束流密度和束流品质,沿等离子室中心轴的磁场分布要均匀,选择多层螺线管结构很容易实现,但会导致体积较大、功耗增加,所以采用永久磁铁(NdFeB)方案产生偏振磁场。为了满足离子源对磁场的要求,NdFeB 环的大小和布置需要由理论和实验决定。引出系统是强流源上常用的加减速三电极结构。三电极之间的距离和各自的孔径可以通过 EGUN 模拟以及参照相关实验室的经验得出。

3.8.2 注入器

由于同步加速器有最低能量的限制,因此需要一定能量的注入器作为供束器,为其提供初步加速后的质子束。治疗用同步加速器要求注入后的粒子电荷量在 20 nC 以上,如果是涂抹注入,20%～30%的注入效率需要注入器的流强在 5 mA 左右,如果是剥离注入,则可以降低到 1～2 mA,脉冲长度则要大于 20 μs,RFQ 加速器能够较好地满足这些条件。因此目前质子同步加速器的注入器一般采用 RFQ 加速器或者用 RFQ 加速器作为注入器的前级加速器,后接一其他类型直线加速器,以获得注入需要达到的能量。RFQ 加速器等的具体原理和类型在第 5 章介绍。

除了直线加速器外,还可以采用静电加速器作为注入器。重离子同步加速器还有采用回旋加速器作为注入器的,但如果作为治疗用质子同步加速器的注入器,则流强稍显不够。同步加速器对注入器的要求主要是足够的粒子数和运行稳定可靠,由于治疗用质子同步加速器的接受度足够大,对发射度等要求较低,但对能散度要求高,因为这种加速器的色散函数一般都很大,能量接受度比较低,在注入器后面往往要安装散束器,将质子束的能散降低。

RFQ加速器一般难以将质子束加速到较高能量，因此经常和其他加速器搭配，国际上的直线加速器搭配主要有RFQ＋漂移管直线加速器（DTL）、RFQ＋射频聚焦交叉指加速器（RFI）、RFQ＋交变相位聚焦加速器（APF）等。

3.8.2.1 射频四极场加速器和漂移管加速器

射频四极场加速器与漂移管加速器组合的质子直线注入器可加速 H^+ 或者 H^- 离子，甚至极化束。脉冲束流可达 25 mA，脉冲宽度为 3～30 μs，脉冲重复率为 0.1～30 Hz，以四翼型结构RFQ加速器作为前级，将离子源引出的质子束加速到 3.5 MeV，后接的DTL负责把束流由RFQ出口能量加速到环注入能量 7 MeV，必要的情况下，在DTL后增加一散束器，以进一步降低注入束流的能散，与环的能量接受度匹配，可以使用双等离子体离子源或者ECR源。

3.8.2.2 射频四极场及交叉指加速器

射频四极场与交叉指加速器组合的质子直线注入器前级加速器仍采用RFQ加速器，后级增能器采用一种利用射频聚焦的交叉指结构。为了改善整个注入器的加速效率，RFQ加速器一般仅将离子加速到 0.75 MeV，后面的增能全部由射频聚焦漂移管（RFD）加速器完成。RFI原意代表交叉指直线结构和整个加速器中均采用射频场聚焦的有效组合。RFD中的每个漂移管分成独立的两块，每块具有不同的高频电位，每块支撑两个“手指”，手指朝内指向漂移管的另一端，形成四指结构，从而在沿加速器轴线附近产生射频聚焦四极场。

3.8.2.3 射频四极场加速器和交变相位聚焦加速器

从20世纪90年代开始乃至更早，日本NIRS等几家研究机构和公司就开始合作，着力研制交变相位聚焦（APF - IH）DTL型离子（$^{12}C^{4+}$）注入器，用于HIMAC的紧凑型计划。这种注入器在RFQ前级后匹配一交叉指H模漂移管结构（利用其分路阻抗大的优点）的加速器实现增能以达到需要的注入能量，而束流的聚焦也同时由加速用射频场一起完成，即所谓交变相位聚焦：每个加速间隙交替选择负或正的同步相位，负同步相位提供轴向聚焦和径向散焦，而正同步相位提供径向聚焦和轴向散焦。与强聚焦原理类似，轴向和径向稳定性可以仅由射频加速场获得。因此，加速腔不再需要额外的聚焦元件，降低了造价，运行时也省略了一些调节参数。

这种加速器的主要优点如下：APF采用纯电聚焦（尽管RFQ加速器和DTL之间的匹配仍有磁聚焦），漂移管中无需永久磁铁磁聚焦，从而降低了电极的加工精度和准确性要求，提高了可靠性；采用共振耦合器方式同时给

RFQ 加速器和 DTL 进行功率馈送，共振结构单一，无需相控，简化了共振频率的控制。缺点是传输效率不高，但是其流强对质子治疗装置来说已经足够了。

3.8.3 磁铁系统

质子治疗设备中的“磁铁系统”一般指低能、高能输运线和同步加速器上的常规磁铁，是相对于注入引出系统的特种磁铁而言的。

质子从低能输运线注入同步加速器以后，需要根据肿瘤治疗的要求进行升能，这个过程所需时间为 0.5～1 s。在升能的过程中，为了维持质子轨道稳定，需要根据能量同步地变化磁场；而在治疗阶段，需要固定磁场，把质子束缓慢引出。所以说，在质子治疗中，磁铁系统经历的磁场是变化的，但是这种变化非常缓慢，可以认为是准静态磁场，因而在磁铁设计过程中据此进行简化。另外，在特定情况和特定区域，这种变化磁场引起的涡流及其附加磁场往往又是不能忽略的，需要在工程和应用中考虑其影响并采取应对措施。

在静态磁场中，在没有电流的区域，磁感应强度 $\boldsymbol{B}$ 的标量势 Φ 满足拉普拉斯方程：

$$\nabla^2\Phi=0 \tag{3-24}$$

考虑到实际应用，在柱坐标系下，拉普拉斯方程的解为

$$\Phi=\sum_n(J_nr^n\cos n\theta+K_nr^n\sin n\theta) \tag{3-25}$$

式中，J_n 与 K_n 为几何常数，由此得到磁感应强度 $\boldsymbol{B}$ 的分量如下：

$$\begin{aligned}B_r&=\sum_n(nJ_nr^{n-1}\cos n\theta+nK_nr^{n-1}\sin n\theta)\\B_\theta&=\sum_n(-nJ_nr^{n-1}\sin n\theta+nK_nr^{n-1}\cos n\theta)\end{aligned} \tag{3-26}$$

每一个不同的 n 对应不同的磁场分布；$n=1,\ 2,\ 3$ 分别对应于加速器磁铁系统的二极磁铁、四极磁铁和六极磁铁磁场分布。在直角坐标系下，正二极磁铁、正四极磁铁和正六极磁铁磁场方程分别如下：

$$\begin{aligned}B_y&=K_1\\B_y&=2(-J_2y+K_2x)\\B_y&=-6J_3xy+3K_3(x^2-y^2)\end{aligned} \tag{3-27}$$

根据洛伦兹方程，磁场对带电粒子的作用力永远与其运动方向垂直，因此磁场力不能对粒子进行加速。

为了强度调节方便，质子治疗装置的磁铁都采用电磁铁[31]。线圈负责励磁，磁轭和磁极头对磁力线进行约束，在气隙处形成特定形状的磁场。线圈电流的正负可以决定磁力线的方向；电流和磁场强度的关系称为励磁曲线。铁芯中的磁场强度是有限制的，当铁芯中的磁场趋于饱和后，磁导率急剧下降，励磁效率变低，因此励磁曲线到达一定磁场后是非线性的。物理设计根据束流包络等提出对磁铁孔径、长度和强度的要求，磁铁的设计就是得到合适的线圈匝数、电流和磁极等的形状以满足对磁铁的强度、间隙和好场区指标等参数的要求。

同步加速器上的磁铁系统包括二极磁铁、四极磁铁和六极磁铁。这些磁铁的工作方式都是动态的，其铁芯都采用硅钢片叠装的方式；这是由于当励磁电流变化时，为了反抗磁通的变化，在铁芯里会产生涡流，这些涡流反过来会产生一个附加磁场，干扰预先设计好的磁场；而很薄的硅钢片加上中间的绝缘涂层可以将这些涡流尽可能减小，使得磁场能够跟上励磁电流的变化，这种磁铁称为“动态磁铁”。涡流还会造成磁铁发热，为此通常需要在磁极上开一些槽来减轻涡流。叠片越薄，其涡流效应越弱，当磁场的变化速度要求更高时，可以采用空心线圈或者铁氧体做铁芯，但是它们的磁场强度会比较低。前面介绍的在接近饱和时涡流造成的磁场延迟也是磁铁设计中要考虑的问题。

考虑到实际的制造和装配，如果磁铁太长可将其分成多块。此外磁铁上有很多结构紧固部件用于装配和准直，保证磁铁的安装公差。磁铁本身由于材料、加工、装配、励磁电源都不可能做到完美，所以实际的加速器设计中存在着好场区（清晰区）的概念，也就是粒子会在这个区域里运动；在磁铁设计的过程中就会规定在这个区域里的磁场误差满足一定要求，磁铁的气隙也就要大于这个区域。

二极磁铁提供转弯力，并随着粒子能量与高频频率一起上升。理想二极磁铁的磁场在气隙内是均匀的，其磁极面形状是两条无限长的平行线。这实际上是做不到的，也没有必要，设计时会根据磁场好场区的要求，在一定宽度进行截断，以安装励磁线圈。

二极磁铁沿束流方向的边缘角的存在会使得不同半径上的粒子“感受”到的磁场长度不同，从而在水平偏转的方向产生聚焦或散焦。这里的边缘角是指二极磁铁端面的法向与束流出入口处切线方向的夹角。最常用的二极磁铁有扇形磁铁和矩形磁铁，它们的边缘角不一样因而聚焦力也不一样。这种聚焦力的强度与弯转半径成反比，所以很多结构简单紧凑的较低能量同步加速器或者输运线通过边缘角的设计作为聚焦结构设计的一个参量。

二极磁铁从结构上有H形、C形以及窗形等设计。H形结构对称牢固，C形真空室安装方便。一般动态磁铁设计成H形，这是因为上下极头之间磁力很强，如果采用C形，磁场变化时的磁力变化容易造成磁间隙的变化。分析磁铁以及开关磁铁会有不同的粒子偏转方向，一般采用C形。校正磁铁是一种较小的二极磁铁，提供较小的校正量，经常加工成窗形，可以方便地将垂直和水平两个方向做在一起，节省安装空间。二极磁铁的线圈有马鞍形和跑道形等不同的形状，为了减少涡流的影响，动态磁铁线圈一般用跑道形。

二极磁铁每个磁极的安匝数 NI 由磁感应强度 B 和间隙 g 以及空气中的磁导率 μ_0 决定：$NI=Bg/2\mu_0$，根据磁铁发热功率的大小，需要确定选择中空通水的铜导线还是风冷实心导线制作线圈。要合理选择线圈的电流、匝数、尺寸和水冷，以得到温升、功率等参数的平衡。

现代同步加速器采用强聚焦机制把束流限制在真空管道内预先设计好的路径上。强聚焦通过四极磁铁来实现。四极磁铁分为两种，一种是水平聚焦垂直散焦，一种是垂直聚焦水平散焦，通过交替安排这两种四极磁铁，让束流形成一种围绕理想轨道的类简谐振动，将其限制在预定的路径上。这两种四极磁铁的形状相同，只是四个线圈的极性即电流方向不同。四极磁铁磁极面形状是双曲线，会根据磁场好场区的要求，在一定宽度进行截断以安装励磁线圈。与二极磁铁类似，每个磁极的安匝数是 $NI=K_2R^2/2\mu_0$，其中 K_2 是四极磁铁的磁场梯度，R 是四极磁铁的孔半径。

前面提到注入束流有一定的动量(能量)散度。有动量散度的束流通过二极磁铁时会使得偏转角度有一个分布，从而形成色散；色散会使得粒子偏离理想轨道。因此，在同步环上需要控制色散减小闭轨误差，而在输运线上往往需要消色散以保证不同能量的粒子轨道和束斑位置的重复性和稳定性。

与二极磁铁类似，四极磁铁对不同动量粒子聚焦强度不一样，存在所谓的色品。前面提到的类简谐振动频率与动量的这种线性依赖关系使得有动量散度的束流通过四极磁铁时类简谐振动频率也有一个分布。一个同步加速器环的类简谐振动频率需要小心控制以保证束流的稳定性，而六极磁铁(这里特指色品校正六极磁铁，此外，在医用同步加速器环上，还有另外一种六极磁铁，是用来激励束流三阶共振慢引出的)就是用来对色品进行校正，从而调节横向类简谐振动频率的。六极磁铁磁极面形状是高次曲线。同样会根据磁场好场区的要求，在一定宽度进行截断以安装励磁线圈。六极磁铁每个磁极的安匝数可以写成 $NI = K_3 R^3 / 3\mu_0$，其中 K_3 是六极磁铁的梯度。

二极磁铁、四极磁铁和六极磁铁的磁极面、磁力线、带正电荷的粒子所受磁场力方向如图 3-28 所示，H 形二极磁铁结构三视图如图 3-29 所示。

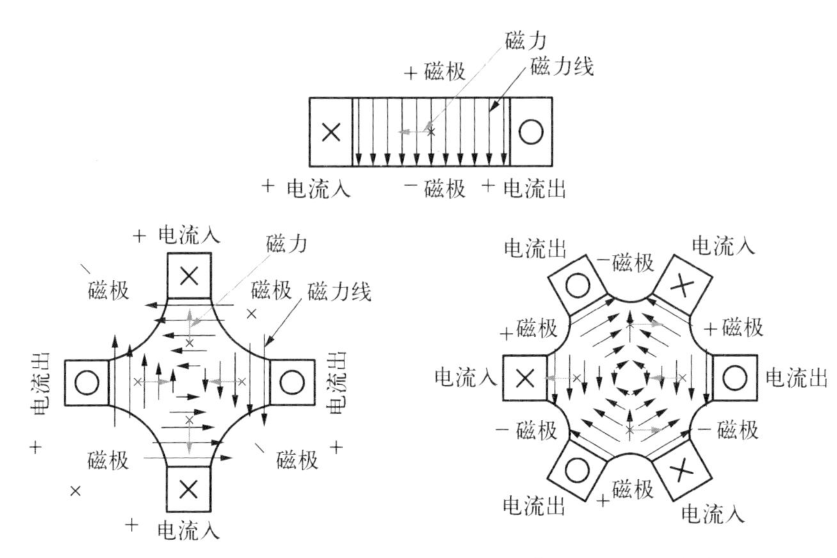

图 3-28　二极磁铁、四极磁铁和六极磁铁的磁极面、磁力线、带正电荷的粒子所受磁场力方向

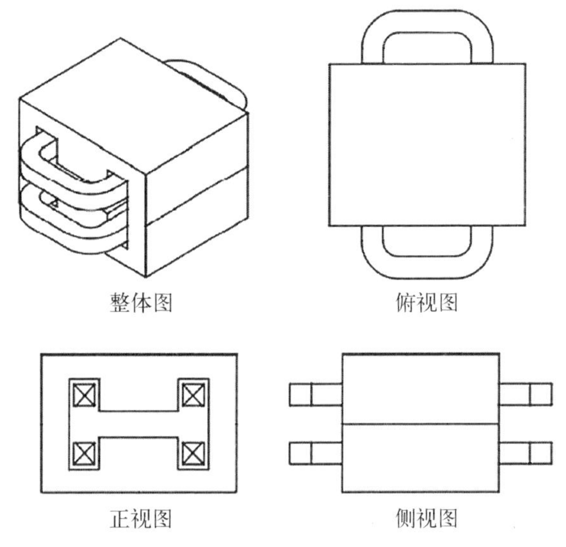

图 3-29　H 形二极磁铁结构三视图

3.8.4 电源系统

电源系统是加速器不可或缺的系统，为加速器中的各类部件提供电流或电压激励。现在的加速器基本上都采用了数字调节的脉宽调制型(pulse width modulation，PWM)开关电源，具有智能、高效的特点[32-33]。伴随着加速器技术的发展，磁铁电源也经历了几次重大技术进步，从功率变换技术上经历了线性电源、可控硅电源到开关电源三次更新，实现了效率、高功率密度等方面的重要突破。控制方式上，完成了从模拟调节到数字化调节技术的转换，从而实现了控制方式、精度、重复性的大幅度提升。

按电力电子学科的习惯，凡用半导体功率器件作为开关，将一种电源形态变换成另外一种电源形态的主电路称为开关变换器；转换时用自动控制闭环稳定输出并有保护环节的则称为开关电源，开关电源的主要部分是直流-直流(DC-DC)变换器，目前普遍采用的开关电源的脉宽调制型方式具有固定开关频率、脉宽调节的特点；开关电源还存在固定脉宽、动态调节工作频率的模式，称为变频调节。

由于电源所用的磁芯材料的工作磁通与频率成反比，工作频率越高，磁性元件体积越小，从而开关电源的体积越小。现在的开关电源工作频率通常都在20 kHz以上，新型开关功率器件甚至可以工作在兆赫兹，相对于工频50 Hz而言差距甚大，所以有效提升了电源变换器的功率密度。开关功率半导体器件，如绝缘栅双极型晶体管(IGBT)、金属-氧化物半导体场效应晶体管(MOSFET)、碳化硅器件、氮化镓器件等只工作在开通和关断两种状态，开通和关断速度非常快，通常都在微秒以内。

电源系统作为加速器的一个重要组成部分，还必须配合其他系统一起协调工作，如图3-30所示，包括联锁保护系统、控制系统、公用设施系统、磁铁系统以及定时系统。定时系统为动态电源提供触发信号；电源系统为磁铁提供必要的励磁；联锁保护系统检测磁铁的温度和水流继电器信号并进行判断，必要时切断电源电流，保护磁铁；公用设施系统为电源提供必要的水电风；控制系统实现对电源的遥控遥测，对电源的运行状态进行监测并保持一定的记录，为电源的检修和维护提供必要的数据，同时电源还具有联锁功能，在必要的条件下，可以实施紧急关机。

根据加速器工作的需要，磁铁电源主要分为三类：① 静态单向磁铁电源，这种电源不需要输出波形，如低能输运线电源、注入器静态切割磁铁电源、高能输运线电源及治疗端等相关的磁铁电源；② 双向输出电源，如校正电源，扫

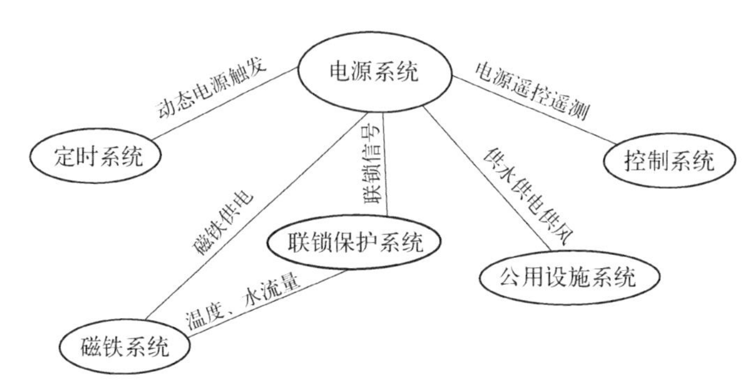

图 3-30　磁铁电源相关系统

描电源等；③ 动态电源，主要是质子环主电源，包括二、四、六极磁铁电源，输出为可编程波形。

静态单向磁铁电源变换器通常采用降压式变换器(Buck)斩波器拓扑，具有功率器件少、结构简单、工作可靠等特点，如图 3-31 所示。

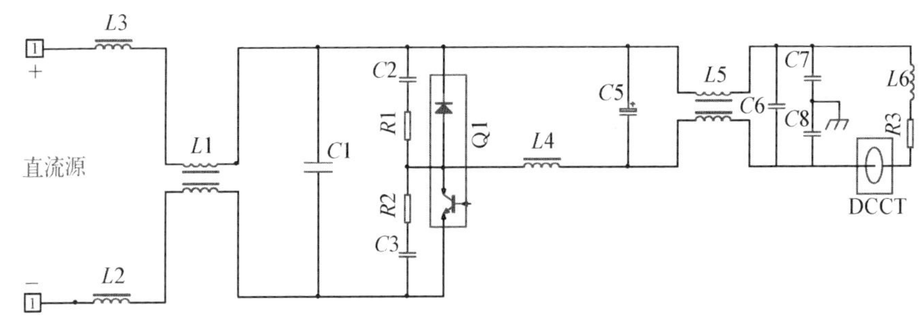

图 3-31　Buck 变换电路

双向输出电源通常采用 H 桥拓扑，具有电流连续平稳换流、结构简单、工作可靠等特点，如图 3-32 所示。

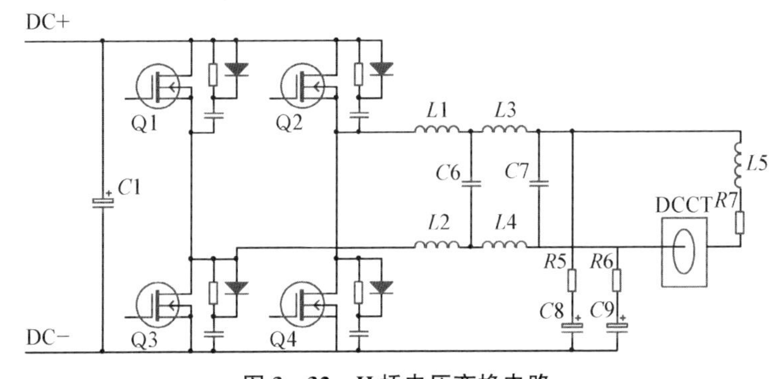

图 3-32　H 桥电压变换电路

动态电源采用两级调节结构，以抑制输入功率波动，降低输出纹波和精确控制输出波形，通常有输入功率调节、储能电容、2Q逆变器、反馈控制等几大功能模块。图3-33所示为动态电源主电路拓扑。

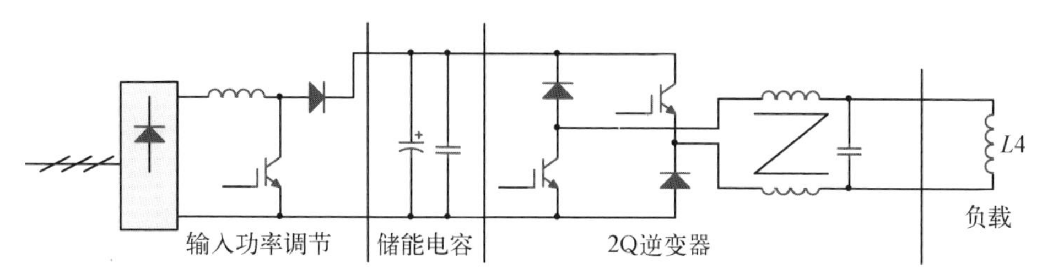

图3-33　动态电源主电路拓扑

目前的加速器电源主要由模拟、数字两种控制方式来控制反馈回路的参数（比例积分微分PID）、电流输出Io(S)、输出回路特性G(S)和反馈回路特性H(S)，其优缺点如表3-4所示。模拟电源控制如图3-34所示，数字电源控制如图3-35所示，H(Z)反馈回路特性。有时在某些特定情况下也会采取模拟和数字混合控制的方式。

表3-4　电源控制方式性能对比

方　式	灵活性	通用性	重复性	抗干扰能力	漂　移	波形存储
模拟调节	低	差	差	弱	有	无
数字调节	高	好	好	强	无	有

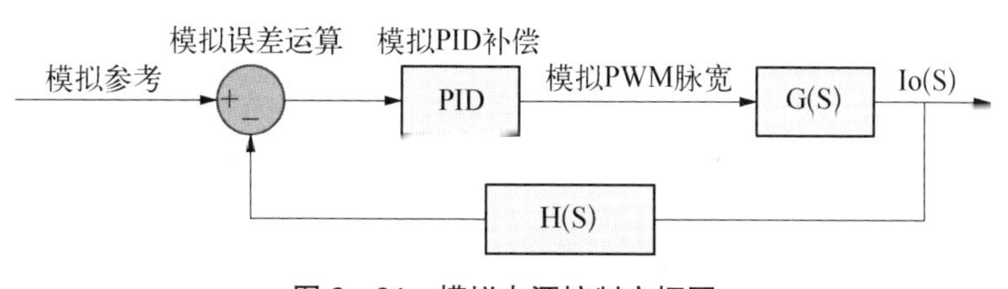

图3-34　模拟电源控制方框图

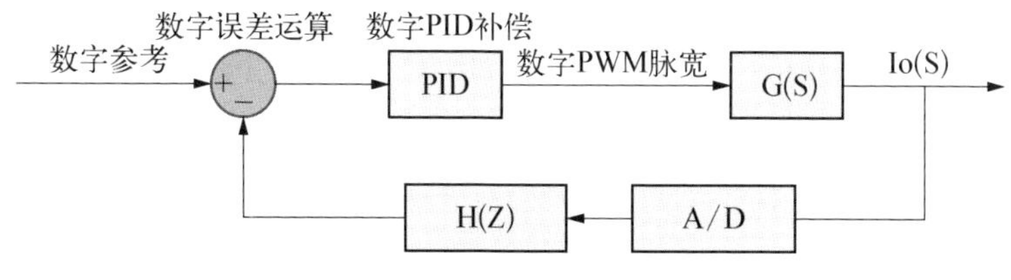

图3-35　数字电源控制方框图

采用了数字信号处理器(A/D,模拟数字转换)后,电源的反馈控制和智能通信就可以集成在一块卡上完成,电源参考电流用的是数字给定,大大提高了给定参考信号的抗干扰性能。采用数字化技术之后,PID 参数调整可以十分方便地通过软件进行修改,包括输入限幅,给定上升斜率,输出最大占空比,电压前馈等的设定和修改同样非常方便,硬件设备无须改动。这些修改对于模拟系统而言,需要通过更换器件才能实现,这是比较麻烦的。

通常情况下,加速器电源还具有以下功能:

(1) 电源通过“本地”和“远控”两种工作模式以满足将来电源的验收、调试和运行。电流反馈通常采用直流电流传感器(DC current transducer, DCCT),如上海光源研制生产的高精度电流传感器的精度就达到 1 ppm① 水平。

(2) 电源具有针对输出过压、输出过流、冷却水故障、功率器件故障、器件过热、输入缺相、输入过压、输入过流、熔断器故障、外部输入联锁、主回路接地检测等的保护信号。同时电源也会输出一定的联锁状态信号。

电源通常采取分级保护策略,一级为严重故障,执行则立即切断电源主电路并有联锁保护动作;二级为预警故障,电源仍保持正常运行,待维护时进行检查和维护排查。发生任何故障都有声光报警。

通常情况下,电源的负载都为磁铁,工作时都会储存大量能量,因此这种电源设计时都需要考虑能量的泄放和储存。

作为医用加速器系统,电源的设计还必须符合通用电气设备安全规范 GB 4793.1—2007 和医用电气设备电磁兼容标准 YY 0505—2012。

3.8.5 高频系统

从注入器通过低能输运线注入质子环的束流能量很低,一般只有几个兆电子伏特,而治疗需要的能量通常为 70~250 MeV,这就需要在质子环内把束流加速到治疗需要的能量。只有电场才能加速或减速带电粒子,使粒子增加或者减少动量(能量),而磁场只能使粒子偏转。

高频系统就是为粒子加速提供电压的,一般主要由高频腔、功率源以及低电平控制器组成。作为质子同步加速器,由于注入束流能量低,加速腔须具有较宽的频率变化范围。一般用基波对束流进行加速,其高频系统的频率范围由能量范围和同步加速器环长共同决定,高频的峰值腔压由加速过程决定。

---

① 1 ppm 代表百万分之一。

比如质子治疗装置环长为25 m，注入能量为7 MeV，引出能量为235 MeV，那么频率范围为1.4～7.4 MHz，高频腔腔体峰值电压为1.5 kV。由于是宽频范围，高频腔一般采用单间隙的同轴线型谐振腔，有的采用磁合金加载。高频发射机则可以采用比级间调谐稳定的宽带不调谐的工作模式或者采用偏置电压调节的方式；高频低电平控制线路采用基于直接数字式频率合成器（direct digital synthesizer，DDS）的高频信号处理线路。这种高频腔结构如图3-36所示。扫频工作过程中最高的高频频率是最低的5～6倍，加载材料选用国产纳米晶软磁合金材料，材料高频性能在工作频率范围内具有稳定的介电常数值。高频腔采用低品质因数Q与宽带不调谐工作模式，系统工作于中心频率为4.0 MHz时，高频腔品质因数Q值约为0.4，当腔压为2 kV时，功率损耗约为6 kW，当高频系统工作于高端及低端频率时，功率损耗不大于10 kW。

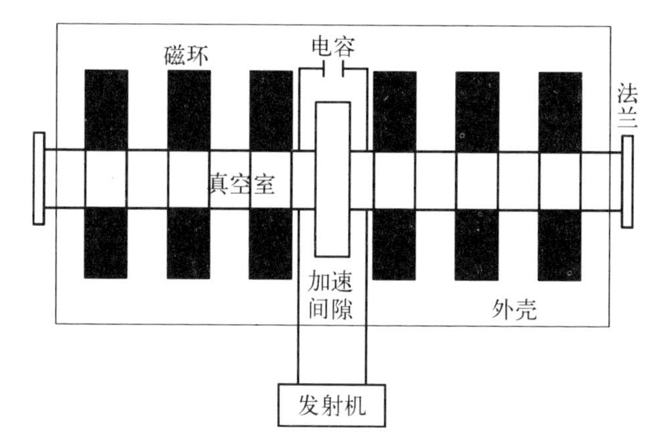

图3-36　高频腔结构

高频功率源则可以采用全固态高频功率放大器。由于磁合金加载腔无载品质因数Q值低，为0.4～0.5，且工作于非谐振状态，即无选频功能，功率源与高频腔之间的阻抗匹配变得十分重要。功率源工作频率设计为1.0～8.0 MHz，功放模块采用线性放大，即工作在深甲乙类状态，由于直流损耗大，为保证系统工作稳定，功率源冷却采用水冷方式。

高频系统的低电平控制要实现以下几个功能：① 在外部的触发信号到达后，按照设计要求实现频率和幅度的上升；② 在上升的过程中，稳定住高频信号的幅度和相位，并满足每次升能（ramping）过程的频率一致性；③ 保护高频系统的硬件免受高功率的损坏；④ 记录丢束前后瞬间（如1 ms）的高频系统数据，并据此分析各高频信号发生变化的时间关系从而判断发生故障的原因。

3.8.6 注入引出系统

注入系统由静电切割器、静磁切割磁铁和凸轨磁铁组成。引出系统由静电切割器、静磁切割磁铁、射频激出器和凸轨磁铁组成。引出系统的凸轨磁铁不是必需的，根据设计需要布置。

静电切割器主要是利用很薄的切割板将注入束或引出束与储存束初步分离开。静电切割器依靠在切割板和阴极之间加上高压以提供使束流偏转的电场。切割板一般很薄以减少束流引出时在其上面的损失。储存束流在切割板及其固定机构之间的通道内没有电场的区域中通过；而引出束流在切割板和加了高压的阴极之间的通道内通过，由电场提供其所需要的偏转角度。因为静电切割器电压很高，其一般置于真空室内。典型静电切割板厚度从几十微米到几百微米，电压可高达300 kV，电场强度可达10 MV/m。切割板局部温度可达几千摄氏度，因此常使用耐高温的金属材料制作。静电切割器结构和电场分布如图3-37所示，图中g指切割板间隙，三维结构如图3-38所示。

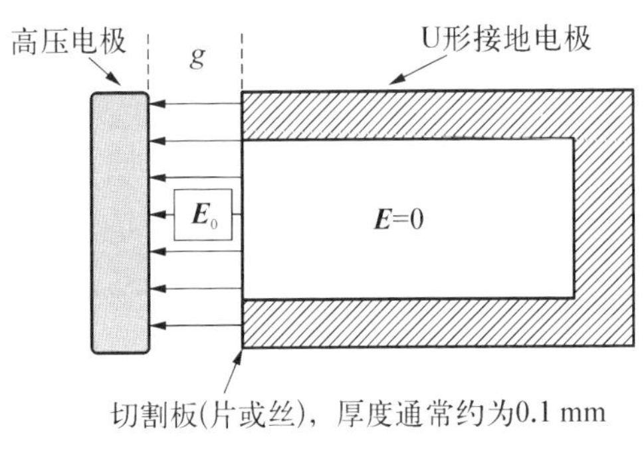

图3-37 静电切割器结构和电场分布

静磁切割磁铁[34]与二极磁铁类似，只是有一侧非常薄，可以放置于注入束

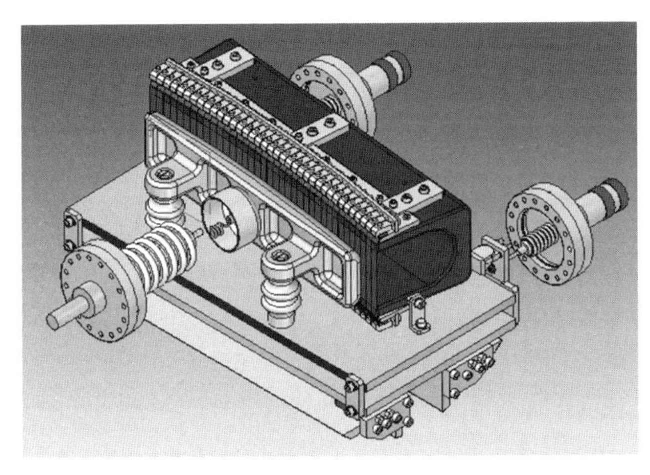

图3-38 静电切割器三维结构(彩图见附录)

和储存束或者储存束和引出束之间。典型的静磁切割磁铁的切割板厚度从几毫米到几十毫米，线圈电流从几百安培到几千安培，功率损耗可以达到上百千瓦，因此其水冷结构往往很复杂。静磁切割磁铁基本结构和磁场分布如图3-39所示，蓝色区域磁场强度低，红色区域磁场强度高，三维结构如图3-40所示。

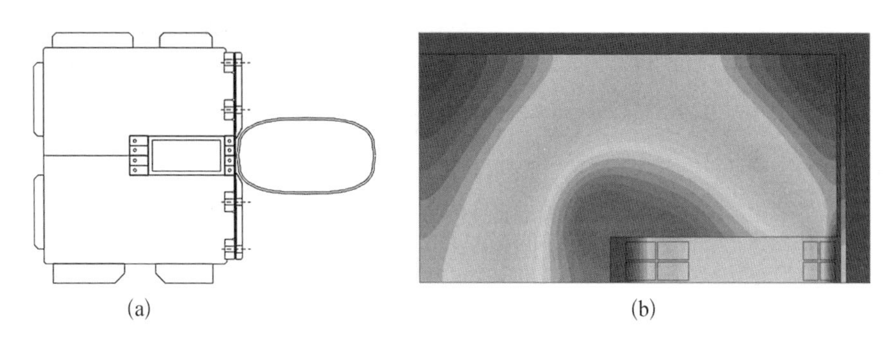

图3-39 静磁切割磁铁结构和磁场分布(彩图见附录)

(a) 磁铁结构；(b) 磁场分布

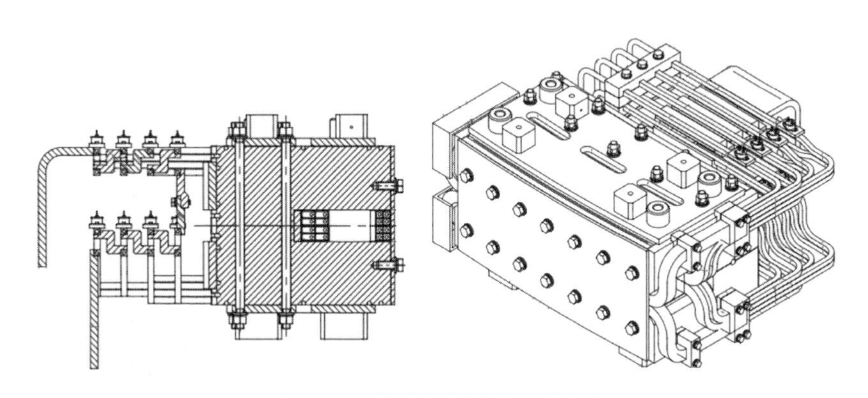

图3-40 静磁切割磁铁三维结构

凸轨磁铁是一种小的二极磁铁。因为要较快响应注入时磁场的变化，凸轨磁铁的铁芯采用铁氧体作为磁轭，线圈匝数较少(甚至单匝)；其结构多采用窗形，使用陶瓷真空室(可镀膜或不镀膜，视应用场景而定)以减小磁场衰减和畸变。每块磁铁配备独立的励磁脉冲电源。凸轨磁铁的三维结构和磁场分布如图3-41所示。

射频激出系统为质子束扩散提供激励，从而控制束流引出的强度，是慢引出控制的重要系统。射频激出的频率一般需要覆盖束流横向振荡频率，使其产生共振而发射度不断增大。因此，射频激出系统按照功能划分，主要包括射

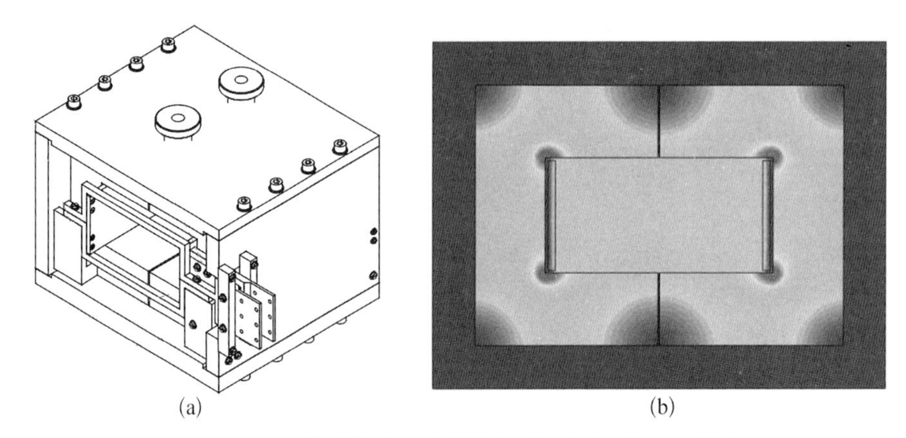

图 3-41　凸轨磁铁的三维结构和磁场分布(彩图见附录)

(a) 三维结构;(b) 磁场分布

频激出控制器、频率信号(FM)发生器、电压控制放大器(VCA)、射频(RF)开关、RF 放大器(RFA)、信号调理及射频激出电极。慢引出射频激出控制总体结构如图 3-42 所示。射频激出控制器根据治疗控制系统的流强设置及能量设置计算系统输出信号的中心频率和计算带宽,并控制 FM 发生器产生相应的信号。在获取流强反馈信号后,进行前馈、反馈控制系统输出信号的幅度,在束流开(beam on)时发送给射频激出控制器,在此信号的作用下,可以启动或停止束流的引出,同时将相应的状态发送给治疗控制系统。射频激出控制

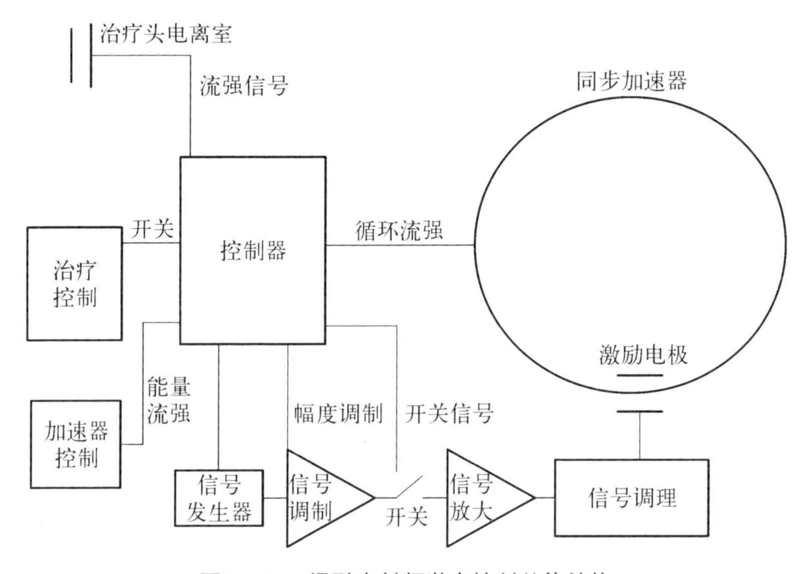

图 3-42　慢引出射频激出控制总体结构

器通过射频开关(RF on/off)、信号控制 RF 开关(RF switch)使治疗流强可以快速切断(即在无束要求期间不引出粒子)。射频激出控制器根据设置流强及反馈流强来达到稳流控制的目标。RF 放大器将低电平的调频及调幅后的 RF 信号的功率放大,然后送给信号处理电路进行阻抗匹配及滤波处理(所需频带内的全通滤波器),最后将处理过的信号送给横向射频激出电极。对于稳流控制,流强信号的监测反馈是比较重要的一个环节,加速器中的循环流强主要用来研究在束流引出过程中,储存束流与系统输出信号幅度以及频率的关系,可以确定前馈控制过程的相关参数。输运线流强用来做慢引出系统前期的反馈控制调试,同时也可作为最终流强控制的参考流强之一。治疗头流强为慢引出系统进行稳流控制的实时反馈流强,是最重要的参考流强,控制目标就是使得该流强与设置流强一致。

3.8.7　真空系统

真空环境是保持加速器运行的基础,只有足够好的真空,束流才能达到加速器的能量流强和寿命,此外真空中残余气体的存在会降低束流寿命并引起束流的不稳定。因此,合理的真空度可以保证束流稳定运行、维持束流强度和空间分布。

真空系统主要由质子束运动的真空室以及分隔不同段的阀门、法兰、抽真空的真空泵、测量真空度的真空规以及相应的控制系统组成。由于同步加速器的工作特点,需要很多种真空室造型,所以就要有很多真空连接形式。比如主环真空室采用矩形真空室的结构,由于其尺寸大,一般用壁厚为 3 mm 的不锈钢材料来减少变形。为降低真空室对磁场的衰减,要用低磁导率 316L 不锈钢;引出时储存束和引出束的距离很小,那么质子环慢引出直线节真空室要做成特殊形状,如图 3－43 所示。由于凸轨磁铁和扫描磁铁磁场变化快,其真空室采用陶瓷结构以减小涡流损耗,扫描磁铁真空室由于束流被分散开,需要做成喇叭型,如图 3－44 所示;由于旋转机架是旋转的,它的真空室与高能线真空室连接时就存在一个旋转密封的问题,通常采用磁流体密封装置来解决这一问题。

真空泵的布局要考虑抽速和真空室的流导以满足真空度要求。离子泵通过电流来监测气压的分布。高真空规用来进行真空测量并提供保护信号送至控制系统。全环的泵、阀、规的控制电源均根据就近原则尽可能靠近设备,并具有遥控和就地控制两种功能。

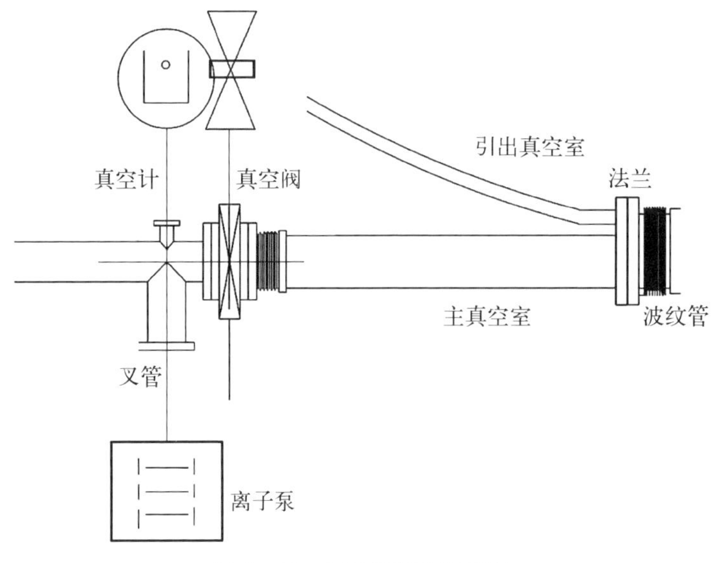

图 3-43　慢引出特殊真空室

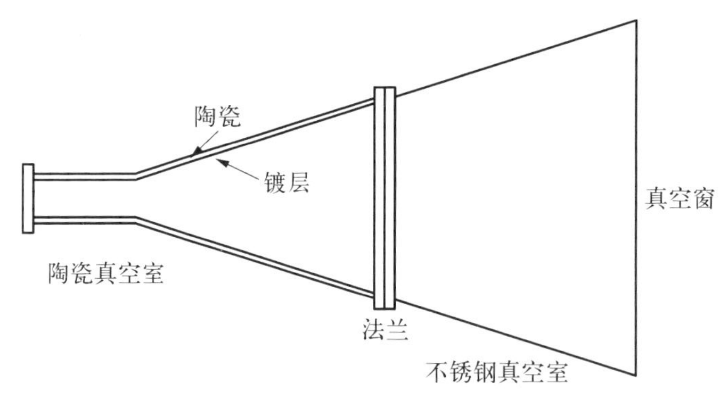

图 3-44　扫描磁铁真空室

3.8.8　束测系统

束测系统的主要任务是为加速器调试及正常运行提供各种束流参数。束测系统具有能量测量、电荷量测量、束流截面测量及位置测量、平均流强测量、束流截面测量、位置测量、工作点(tune)测量,以及根据不同的位置和不同的束流特征进行测量等功能[35]。

高能输运线束流是漂移束,注入器的束流相对于同步加速器来说也相当于漂移束;同步加速器工作时序划分为注入、升能和引出阶段。在升能阶段,束流为聚束束流(bunched beam);在注入和引出阶段,束流为有限长漂移束流。由于聚束束流和漂移束流的信号及频谱特征有所不同，束测系统所对应的方案也不一样。

电荷量测量系统一般采用法拉第筒实现。采用足够厚度的铜作为阻挡材料，束流入射面采用锥形结构来抑制散射的二次电子，如果需要还可以加上反向电压来抑制，如图3-45所示。从结构可以看出，法拉第筒是阻挡性测量手段，一般做成可移动式的，采用电动或气动，再通过放大电路将收集到的电流信号放大，就可以用示波器等手段进行采集。

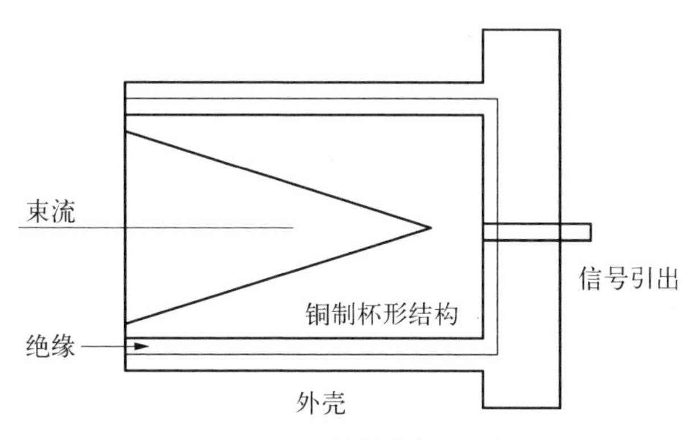

图3-45　法拉第筒探头结构

束流截面测量系统用于测量输出束团截面及位置，主要采用阻挡性荧光靶，结构如图3-46所示。根据束流的强度，可以选择不同发光效率的靶片。束流截面探头可分为真空机械组件和光路组件两大部分，其中真空机械组件用于靶片的定位、运动控制及真空密封，光路组件用于引出荧光的传输及图像获取，一般采用反射镜和电荷耦合器(charge coupled device, CCD)相机的组合。通过采集到的荧光图像和靶片的位置关系来计算束流的尺寸和位置。有的也采用多丝或者单丝扫描来测量不同位置的丝上由于束流穿过而形成的电流信号来重建束流的形状。

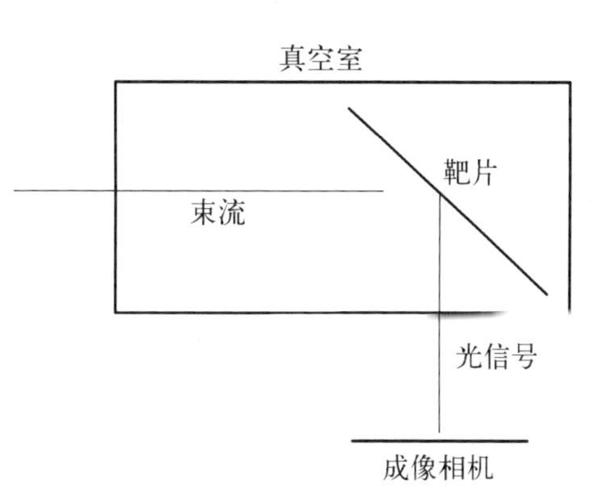

图3-46　荧光靶探测器结构

平均流强测量系统主要应用于同步加速器，这是由于粒子在多圈运动中形成了环流，可以用电流传感器测量。通过反抵线圈产生的磁场和被测电流产生的磁场相抵消来得到被测电流的大小，一般响应速度在几十到上百微秒的量级。

同步加速器位置测量系统一般采用束流位置探测器(beam position monitor，BPM)，位置测量系统由 BPM 探头和 BPM 电子学组成。在束流通过时，同一位置的两个或者四个相对电极上会感应出电流信号，电流信号的强弱与束流到电极的距离有关。因此电流信号经采集处理后就可以得到束流的位置信号，一般要求束流长度较短才能够将感应信号较好地分离和采集，因此只能应用于聚束束流。对于常规的感应束团电荷纵向分布变化的纽扣型 BPM 而言，输出信号大小反比于束团长度的平方，由于同步加速器环中的束团长度为几米，速度低(0.1～0.7 光速)，束团的时间长度在几十到几百纳秒，此时感应信号将弱至无法测量。故一般 BPM 探头都采用三角形(水平方向 1 个、垂直方向 1 个，有的水平和垂直用同一个 BPM)，这种探头输出信号强，线性度好，水平或垂直方向需要不同的探头，如图 3－47 所示。在较高的采样率条件下就可以将束流每圈的位置采集到，经过傅里叶变换后就可以得到束流的横向振荡频率。

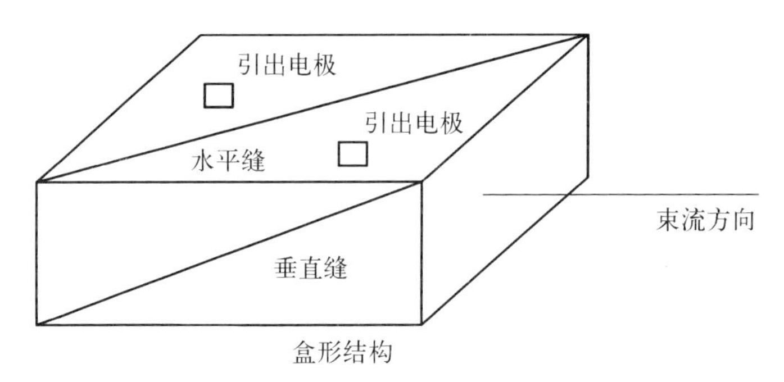

图 3－47　三角形 BPM 探头示意图

3.8.9　定时系统

由于同步加速器的特性，需要在定时系统的控制下，各系统有序协同工作，控制质子从产生到照射至患者的肿瘤部位，定时系统会产生一系列的时序来规定这些设备的启动时间。质子治疗同步加速器的定时精度要求在亚微秒级即可，比同步辐射光源、自由电子激光装置的要求低很多。

能够产生时序的设备很多。GIS、HIT 和西门子的定时系统都是与加速器控制系统集成在一个名为 DCU 的硬件单元里[36]。定时信号是主定时模块通过 RTB 总线广播给所有接收端，RTB 总线硬件结构是 CAT5＋双绞线，数据协议是自定义的。奥地利质子重离子装置 MedAustron、兰州重离子装置、国产首台质子治疗装置的定时系统都采用事件定时系统。

事件定时系统以全数字化技术实现，高速的光纤网络为传输介质，数据通信率达 2.5 Gb/s。全部定时触发脉冲和时钟信号以事件码形式从定时源发送到各个被触发设备的接收端。

定时系统按照工程实现划分为系统软件构架、系统硬件构架、不同治疗模式下注入时序以及与其他系统的接口。软件有上层控制软件、设备驱动软件、实时数据库和界面。定时系统按照工程实现划分为系统软件构架、系统硬件构架、不同治疗模式下的时序以及与其他系统的接口。

主定时源(即事件发生器 EVG)采用万用模块欧罗卡(VME)系统，其他接收模块皆为独立模块。治疗室的治疗控制系统通过软件触发和实时修改部分延时参数。事件发生器在接收到触发后，按照一定的时钟将存储在它内部的事件码按顺序发送出去，所有的事件接收器(EVR)同时接到相同事件码，然后针对各自需要的事件码进行解码和映射输出定时触发信号。质子装置的注入和引出相对光源是一个慢过程，EVG 和 EVR 的延时都是精确可调的，所以整个光纤网络可以采用不等长结构。

图 3-48 给出了一个定时系统工作示例，每个时间点都有对应的事件码，在治疗控制系统的指令下，对加速器各系统实时控制，精确输出束流。在不同能量层中，治疗控制系统实时给出 RFKO 开、束流开、束流关、RFKO 关 4 个信号。RFKO 开和 RFKO 关信号代表一个能量层的 RFKO 开启和关断的信号，由治疗控制系统实时发送事件码给定时系统，RFKO 开关次数完全由治疗控制系统发送事件码的次数决定。定时系统会把不同能量层对应的事件码序列存储到 EVG 板卡的闪存中，然后根据收到的治疗控制系统给出的能量层序号下载相应的事件码序列到 EVG 的事件存储器中，通过定时系统的双向传输光纤网络将 RFKO 触发的事件码实时发送到 EVG，EVG 收到这两个事件码

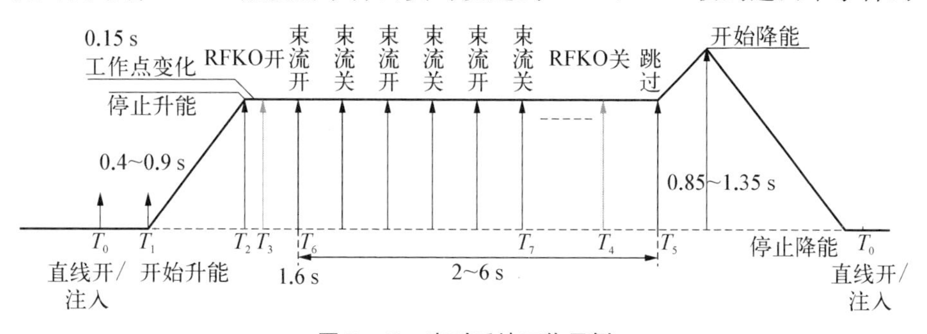

图 3-48　定时系统工作示例

后立即发送出去，相应的 EVR 接收到事件码后映射输出给 RFKO。“跳过”是束流急停信号，当定时系统接收到该信号后，EVG 在发送完当前注入周期的所有事件码后立即停止发送事件码，即加速器设备处于能量周期的零点等待触发。

3.8.10 控制系统

控制系统提供了整个装置的网络连接、服务器以及控制界面，并将加速器系统的所有设备接入网络和控制室，还承担一些诸如模式切换、自动运行等方面的任务。

质子治疗对束流的品质包括能量、流强、发射度、稳定性以及自动化都有很高的要求，而加速器控制系统(accelerator control system, ACS)的合理设计和精确实施是保证整个治疗系统安全稳定运行的关键之一。目前加速器控制系统技术本身已经非常成熟，在国内外有着大量的成功案例，特别是类似同步辐射光源这样的大型用户装置的超高开机率及供束率已经证明了控制系统的可靠性。然而对于质子治疗加速器控制系统而言，即使在现阶段对于控制系统本身也是一个挑战，虽然整个加速器控制系统的规模相对于类似上海光源这样的大型同步辐射加速器来说较小，但在可靠性、稳定性要求上远高于上述通用加速器，特别是操作方式的不同，需要在治疗过程中几乎完全自动运行，其自动化程度远高于普通加速器控制系统。由于需要与治疗控制、治疗计划等相关系统接口，控制系统需要在确保稳定可靠的基础上提供最大化的扩展性与灵活性，并且在确保用于治疗所需的安全可靠的基础上达到较好的性能价格比。

加速器是质子治疗装置的核心部分，是提供整个治疗装置稳定束流的来源，而可靠的加速器控制系统是整个质子治疗装置控制系统的基石。因此，从控制系统的软硬件环境、系统架构等方面需与治疗控制系统、治疗计划系统等统一考虑，特别是系统的运行环境，包括网络系统、服务器系统等不能孤立地只是从加速器控制的需求出发，而要从整个治疗装置的全局出发加以周到地设计，以确保无缝地接入各系统。在控制系统设计原则上，灵活性是最重要的一点，但是可靠性又是质子治疗装置的核心要求，因此，一个良好的设计是整个系统成功的关键。特别是针对医学治疗装置的设计目标，需要大量的实时自动化过程，相对于传统加速器控制系统来说是全新内容，需进行特别设计。

目前大部分加速器控制都采用了分布式控制系统，每个装置都有其特定的控制系统构架。应用于各大加速器实验室的实验物理及工业控制系统

(EPICS)或者其他不同的控制系统类型都在质子治疗装置中有应用。分布式控制系统的构成如图 3-49 所示。

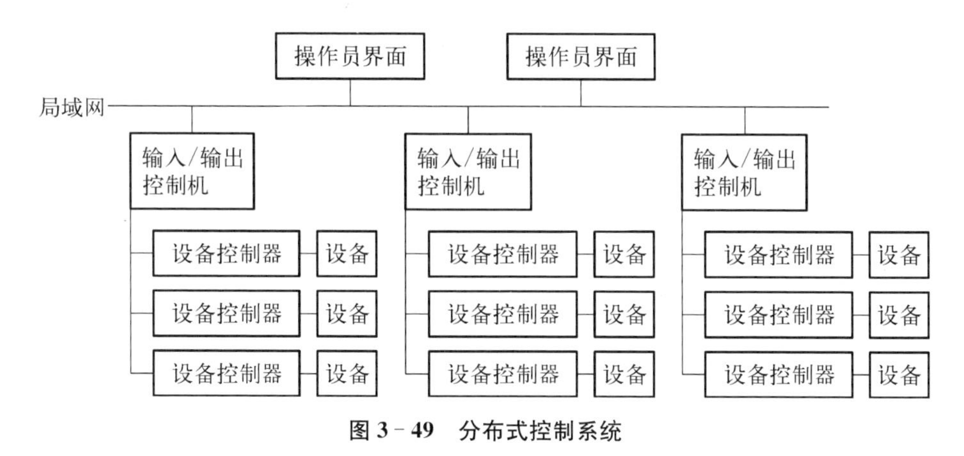

图 3-49　分布式控制系统

质子治疗装置在运行时一般会分为很多模式，比如治疗模式、维护模式。在治疗模式下，加速器控制系统是治疗系统的一个从属系统，加速器控制系统需完全按照治疗控制系统的指令运行，根据治疗控制系统的散射或扫描模式相应地调整加速器各项参数，此时，加速器控制系统将被设置为治疗模式，并自动进入与一系列治疗模式相对应的自动化过程。此时，ACS 将完全处于被指令的自动化工作模式，其他操作 ACS 的任何指令将被禁止，并在独立的安全联锁系统的监控下，完成对加速器以及输运线的自动控制。在维护模式下，ACS 则开放给工作人员任意使用。

3.8.11　安全联锁系统

作为一个使用较高能量质子治疗患者的医疗装置，确保装置的安全使用非常重要，安全方面的需求体现在装置的设计、建造和运行的整个生命周期中。

质子治疗装置的安全保护需求，包括以下几方面：

(1) 防止装置现场所有人员受到过量电离辐射；

(2) 防止患者在治疗中受到错误的剂量照射和错误的部位照射；

(3) 防止设备受到过热、辐照损伤和活化的损害。

装置的安全保护功能设计主要体现在两个方面：

(1) 在设计建造中采取安全防护措施，比如辐射屏蔽设计；

(2) 建立安全联锁系统。

安全联锁系统是针对装置运行过程中的安全问题而专门设计的独立的控制子系统。安全联锁系统对安全相关执行系统与设备的控制优先级高于其他控制子系统，在接收到安全控制指令后，执行系统与设备必须无条件立刻执行所要求的安全动作。在没有检测到安全风险的状态下，安全联锁系统对常规控制系统来说是透明的，不会干扰常规控制功能的正常运行。

针对装置的三大方面需求，装置的安全联锁系统可以划分为三个相互独立又相互联系的系统：治疗安全联锁系统(TSS)、辐射安全联锁系统(PPS)、加速器安全联锁系统(MPS)。

1) 治疗安全联锁系统

治疗安全联锁系统(TSS)负责患者在治疗过程中与安全相关的联锁需求，从区域划分上，TSS也有明确的边界，即TSS的覆盖范围限于治疗室内。TSS对PPS和MPS有接口联系，TSS按照尽可能在治疗控制系统内部和治疗室内完成安全保护的原则设计，当必要时，TSS必须通过接口传递信号给PPS和MPS，由PPS和MPS执行进一步的安全保护动作。另外，TSS需要从PPS和MPS获取状态信息，这些状态信息是允许治疗实施的前提条件之一。

综上所述，TSS主要的内容包括以下三个方面：

(1) 实时监测束流参数及其他与患者安全相关的状态信号；

(2) 治疗室调度匹配、治疗附件匹配的监测；

(3) 建立安全联锁系统，控制治疗室内的执行机构，输出联锁信号至PPS与MPS或束流闸等关键设备，控制治疗室外的执行机构。

2) 辐射安全联锁系统

辐射安全联锁系统(PPS)负责除了治疗室以外的所有区域的人身辐射安全相关的联锁需求，主要的内容如下：

(1) 建立各区域的门禁与搜索系统；

(2) 建立各区域的环境剂量监测系统与环境剂量安全联锁系统。

3) 加速器安全联锁系统

加速器安全联锁系统(MPS)属于加速器控制系统的一个独立子系统，其设计定位在于两个方面：首先MPS负责在加速器总体内建立确保加速器设备运行安全的联锁系统；其次是统筹加速器各系统、各运行模式下的束流运行许可管理，为治疗总体提供一个统一集成的设计和接口界面。

三个安全联锁分系统在安全联锁的层面需要统一设计规划，确定各自负责的范围和要求，以及相互之间的接口和协同关系，还有各分系统的具体实施。三个系统之间的关系如图 3-50 所示。

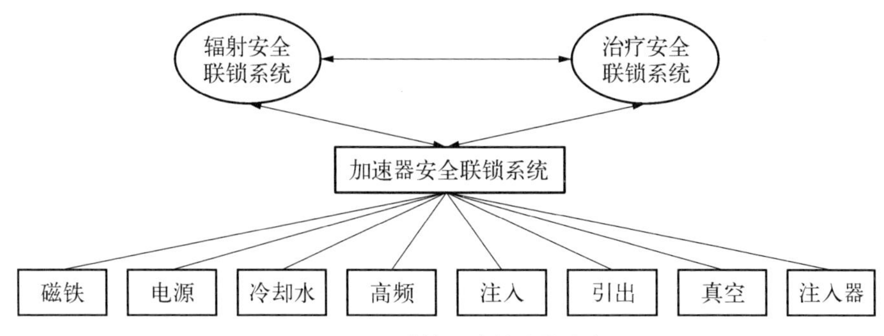

图 3-50　联锁系统的结构分布

参考文献

[1] Hiramoto K. The synchrotron and its related technology for ion beam therapy[J]. Nuclear Instruments and Methods in Physics Research Section B, 2007, 261(1-2): 786-790.

[2] Schippers J M, Seidel M. Operational and design aspects of accelerators for medical applications[J]. Physical Review Accelerators and Beams, 2015, 18: 034801.

[3] Chao A. Reviews of accelerator science and technology Vol. 2[M]. Singapore: World Scientific Publishing Company, 2009: 157-178.

[4] Lee S Y. 加速器物理学[M]. 2 版(英文影印版). 上海：复旦大学出版社，2006.

[5] 国智元. 高能环形加速器物理[R]. 北京：2004 年核技术及应用研究生暑期学校，2004.

[6] 刘祖平. 粒子横向运动线性动力学[R]. 扬州：全球华人物理和天文学会第四届加速器学校，2006.

[7] Bryant P J, Badano L, Benedikt M, et al. Proton-ion medical machine study[R]. France: CERN, 1999.

[8] Hiramoto K, Umezawa M, Matsuda K, et al. Compact proton synchrotron for cancer treatments[C]//Proceedings of the 1997 Particle Accelerator Conference, Vancouver, Canada, 1997.

[9] Weng W T. Space charge effects: tune shifts and resonance[C]//Proceedings of the 153American Institute Of Physics Conference, Stanford, U. S., 1984.

[10] Yang Y H, Zhang M Z, Li D M. Simulation study of slow extraction for the Shanghai Advanced Proton Therapy Facility[J]. Nuclear Science and Techniques, 2017, 28(9): 120.

[11] 唐靖宇，邱静，王生，等. 北京散裂中子源 RCS 注入系统物理设计和研究(英文)[J]. 高能物理与核物理，2006(12): 1184-1189.

[12] Dome G. Thoery of RF acceleration[R]. Switzerland: CERN Accelerator School, 1987.

[13] Moritz G. Eddy currents in accelerator magnets[R]. Bruges: CERN Accelerator School-Magnets, 2009.

[14] Zhang M Z, Zhang M, Xie X C, et al. Eddy current effects in a high field dipole[J]. Nuclear Science and Techniques,2017, 28(12): 59 - 64.

[15] 张满洲,李浩虎,李德明.上海质子医疗装置的涡流效应[J].强激光与粒子束,2011, 23(5): 1357 - 1360.

[16] Steinbach C. Beam optics at resonant extraction septa[C]//Proceeding of 1992 European Particle Accelerator Conference, Berlin, 1992.

[17] Noda K. Slow beam extraction by a transverse RF field with AM and FM[J]. Nuclear Instruments and Methods in Physics Research A, 1996, 374: 269 - 277.

[18] Nakanishi T, Furukawa T, Yoshida K, et. al. Slow beam-extraction method using a fast Q-magnet assisted by RF-knockout[J]. Nuclear Instruments and Methods in Physics Research Section A, 2005, 553(3): 400 - 406.

[19] Onuma S, Ichikawa T, Mochiki K, et al. Development of spill control system for the J-PARC slow extraction[C]//Proceedings of 2009 International Conference on Accelerator and Large Experimental Physics Control Systems, Kobe, Japan, 2009.

[20] Furukawa T, Noda K. Fast beam cut-off method in RF-knockout extraction for spot-scanning[J]. Nuclear Instruments and Methods in Physics Research A, 2002, 489: 59 - 67.

[21] Nakanishi T. Dependence of a frequency bandwidth on a spill structure in the RF-knockout extraction[J]. Nuclear Instruments and Methods in Physics Research A, 2010, 621: 62 - 67.

[22] Furukawa T, Noda K. Contribution of synchrotron oscillation to spill ripple in RF-knockout slow-extraction[J]. Nuclear Instruments and Methods in Physics Research A, 2005, 539: 44 - 53.

[23] Noda K, Furukawa T, Shibuya S, et al. Source of spill ripple in the RF-KO slow-extraction method with FM and AM[J]. Nuclear Instruments and Methods in Physics Research A, 2002, 492: 241 - 252.

[24] Mizushima K, Shirai T, Furukawa T, et al. Making beam spill less sensitive to power supply ripple in resonant slow extraction[J]. Nuclear Instruments and Methods in Physics Research A,2011, 638: 19 - 23.

[25] Mizushima K, Shirai T, Furukawa T, et al. Reduction of uncontrollable spilled beam in RF-knockout slow extraction[J]. Nuclear Instruments and Methods in Physics Research A, 2009, 606: 325 - 329.

[26] Noda K, Furukawa T, Shibuya S, et al. Advanced RF-KO slow-extraction method for the reduction of spill ripple[J]. Nuclear Instruments and Methods in Physics Research A, 2002, 492: 253 - 263.

[27] Furukawa T, Noda K, Uesugi T H. Intensity control in RF-knockout extraction for

scanning irradiation[J]. Nuclear Instruments and Methods in Physics Research B, 2005, 240: 32-35.

[28] Mizushima K, Furukawa T, Shirai T, et al. Reliable beam-intensity control technique at the HIMAC synchrotron[C]//Proceedings of 2012 International Beam Instrumentation Conference, Tsukuba, Japan, 2012.

[29] Furukawa T, Noda K, Muramatsu M, et al. Global spill control in RF-knockout slow-extraction[J]. Nuclear Instruments and Methods in Physics Research A, 2004, 522: 196-204.

[30] 宋执中,于金祥,郭之虞,等. 永磁微波离子源[J]. 核技术,2006(2): 90-92.

[31] Zickler T. Basic design and engineering of normal-conducting, iron-dominated electromagnets[R]. Bruges: CERN Accelerator School: Specialized Course on Magnets, 2009.

[32] 张占松,蔡宣三. 开关电源的原理与设计[M]. 北京: 电子工业出版社,1998.

[33] Marneris I, Brown K A, Glenn J W, et al. Booster main magnet power supply improvements for NASA space radiation laboratory at BNL[C]//20th Particle Accelerator Conference, Portland, USA, 2003.

[34] Barnes M J. Beam transfer devices: Septa[R]. Bruges: CERN Accelerator School: Injection & Extraction Magnets I, 2009.

[35] Badano L. Beam diagnostics and monitors for the PIMMS synchrotron[R]. Switzerland: CERN, 1999.

[36] Peters A, Schoemers C, Mosthaf J M. Major upgrade of the HIT accelerator control system using PTP and TSN technology[C]//Proceedings of 2019 International Conference on Accelerator and Large Experimental Physics Control Systems, New York, USA, 2019.

第 4 章
回旋加速器

在早期的加速器中，带电粒子仅被加速电场加速一次，因此粒子的最终能量主要受到高压技术的限制。回旋加速器是第一种圆形加速器，带电粒子在其中做回旋运动。

4.1　回旋加速器概述

回旋加速器按照其加速原理，一般可以分为经典回旋加速器、同步回旋加速器和等时性回旋加速器。根据磁铁结构的分布还可以分成扇形聚焦回旋加速器和分离扇回旋加速器等类型；根据磁铁励磁线圈种类还可以分为超导回旋加速器、常温回旋加速器。这些回旋加速器的概念是随着对束流的需求一步步发展起来的。

1）经典回旋加速器

劳伦斯在 1929 年构想的首台“将轻离子多次加速到高速度的装置”，在 1931 年伯克利的加利福尼亚研究室建造成功[1]，称为经典回旋加速器。这个实验室现在称为劳伦斯-伯克利国家实验室。他研制的“11 in”(1 in=2.54 cm)回旋加速器具有直径为 28 cm 的磁极面，能产生 0.001 μA、1.22 MeV 的质子束。所有早期回旋加速器均采用平的磁极，所以沿磁极半径增大的方向要求磁场缓慢下降以便获得足够的聚焦，这与加速到相对论能量要求磁场沿径向增长之间出现了矛盾，因此必然会存在能量极限。

2）同步回旋加速器

调频回旋加速器(FM 回旋加速器)也称为同步回旋加速器，首台该类型加速器是 1945 年建成的。基于单独由 V. I. Veksler[2] 和 E. M. McMillan[3] 发表的文章，这种类型的回旋加速器确实有沿径向下降的磁场以增加轴向聚焦，但为了达到相对论能量，在粒子加速过程中需要降低高频加速电场的频率。它加速的粒子与加速电场之间具有稳定的相位关系，在加速过程的任何时刻，粒子的相位围绕着由高频系统频率准确给出的相位做振荡。频率的变化是比较慢的，为 50～4 000 Hz，因此，加速过程较慢，且高频加速电压不需要非常高，通常为 10～40 kV，所有这些特点使调频回旋加速器易于建造和运行。调频回旋加速器的缺点是束团在整个频率变化周期中被加速，而在这个束团被引出前，不能加速其他的束团，所以它所提供的束流是脉冲的，占空比低，平均流强低。

伯克利国家实验室的 184 in 同步回旋加速器是世界上的第一台调频回旋加速器，也是由劳伦斯建造的，它的质子束流能量达到 200 MeV，α 粒子束的能量达到 400 MeV。调频回旋加速器达到最高能量的是苏联圣彼得堡的机器，其能量高达 1 000 MeV。目前，人们已经失去了对调频回旋加速器的研究兴趣，但世界上仍然有几台在运行。

与等时性回旋加速器相比，同步回旋加速器无须调变方位角，其平均磁场可以更高，因此同样能量的同步回旋加速器体积较小，在超导加速器时代，同步回旋加速器又引起重视，并应用于质子治疗。

3）扇形聚焦等时性回旋加速器

1950 年，通过提高中子通量，扇形聚焦回旋加速器，即方位角调变场(azimuth variation field, AVF)回旋加速器得到迅速发展。

为了使加速器达到更高能量及平均流强，人们建议采用交变梯度和螺旋形叶片。由于同步回旋加速器平均流强的限制，人们再次考虑 L. H. Thomas 的想法[4]，即使用 AVF 以增强聚焦。该类型加速器在 20 世纪 50 年代末期取得了突破进展：1957 年第一台 AVF 回旋加速器在荷兰的代尔夫特建成，其使用的方便性、束流品质和束流强度很快得到改善，满足了用户的特别需要和日益增长的多用途要求，可产生不同品种、能量可变的束流。

对于高能回旋加速器，需用螺旋形磁极以产生足够的聚焦。在加拿大粒子与核物理国家实验室(TRIUMF)的 520 MeV 回旋加速器中，螺旋角高达 70°，几乎达到实际可能达到的极限。束流强度一般受到离子源引出流强和引出区束流损失的限制。灵活性和多用性的一个典型例子是瑞士 PSI 的 72 MeV 回旋加速器 Injector - I。它是一台典型的 AVF 回旋加速器，粒子在加速器中被加速 500 圈，引出区的圈间距为 0.3～3 mm；它的磁极直径为 2.5 m，有 4 个 55°的螺旋叶片，气隙为 240 mm，磁铁总质量为 470 t；高频加速系统用 180° D 形盒，频率在

4.6～17 MHz 范围内可调，也可用 50 MHz，这主要取决于被加速的粒子类型；它可提供能散度约 0.3%的质子束、氘核束、α 粒子束和重离子束。它的 20%的束流时间用于注入 590 MeV 的回旋加速器，40%用于核物理，核化学与原子物理、放射性同位素生产、癌症治疗各占 10%，其他多种辐照应用占 10%。

4）分离扇等时性回旋加速器

1963 年，H. A. Willax 提出分离扇等时性回旋加速器[5]，分离的磁极间的自由空间可用于安装高功率、高品质因数（Q 值）的高频腔，以代替安装在磁极间的 D 形盒。这种结构下高频系统可以提供非常高的加速电压，束流有大的圈间距，因而能较容易引出且束流损失小，这是加速器获得强流束的必要条件。

磁极间的空隙也提供了安装平顶腔的可能性。平顶波高频系统的思想是通过将常规 RF 加速电压的余弦峰值压平，使加速能量与束团中单个粒子的相位几乎无关。在常规余弦电压上，加上幅值约为加速电压幅值的 11.5%的三次谐波，可实现平顶波加速的作用，降低滑相或空间电荷效应导致的束团能散。1981 年，瑞士 PSI 的科学家首先报告了 590 MeV 的回旋加速器上平顶波系统的运行状况[6]。

由于几何结构的原因，分离的扇形磁极不能扩展到回旋加速器的中心区。因此，分离扇等时性回旋加速器需要单独的预加速器，即注入器，以将具有一定初始能量的束流注入轨道的最内圈。

目前，运行中的大型分离扇回旋加速器有十多台，有强流的，也有高能重离子的加速器。在后一种情况中，在注入器和主加速器之间，粒子被剥离以增加预加速粒子的电荷态，从而达到更高能量，例如法国 GANIL 的回旋加速器设施。

5）超导回旋加速器

在相同磁刚度条件下，超导磁铁重量约降低至常温磁铁重量的 1/15。H. G. Blosser 在德国 MSU 建造了第一台超导回旋加速器，1982 年出束；这是一台 $k=500$① 的超导回旋加速器，能量范围可与 GANIL 的大型回旋加速器相比较，但引出区半径仅为 67 cm，远小于 GANIL 回旋加速器的 300 cm；质量为 100 t，也远小于 GANIL 的 1 700 t[7]。医用加速器常需要考虑占地、承重等条件。典型的医用加速器是安装于底特律（美国）Harper 医院的一台 50 MeV 的氘核回旋加速器，该加速器用于中子治疗，由于其体积小，可直接安

① 回旋加速器中，对于给定的主磁铁磁场，加速到最终能量的带电粒子，每原子质量单位的能量 W/A 正比于荷质比的平方 $(q/m)^2$，这个比例系数用 k 来表示，表征了回旋加速器的磁铁规模与加速能量。

装在癌症治疗设施的旋转照射架中。

4.2 回旋加速器基本原理

在回旋加速器中，质量为 m，带电荷 q，以速度 $\boldsymbol{v}$ 在磁场 $\boldsymbol{B}$ 中运动的粒子，其运动方程由洛伦兹力和牛顿方程给出：

$$\boldsymbol{F}_{\mathrm{L}} = q(\boldsymbol{v} \times \boldsymbol{B})$$
$$\frac{\mathrm{d}(m\boldsymbol{v})}{\mathrm{d}t} = \boldsymbol{F}_{\mathrm{L}} \tag{4-1}$$

在如图 4-1 所示的柱坐标系中，有

$$\frac{\mathrm{d}(m\dot{r})}{\mathrm{d}t} - mr\dot{\theta}^2 = q(r\dot{\theta}B_z - \dot{z}B_\theta)$$
$$\frac{\mathrm{d}(mr\dot{\theta})}{\mathrm{d}t} + m\dot{r}\dot{\theta} = q(\dot{z}B_r - \dot{r}B_z)$$
$$\frac{\mathrm{d}(m\dot{z})}{\mathrm{d}t} = q(\dot{r}B_\theta - r\dot{\theta}B_r) \tag{4-2}$$

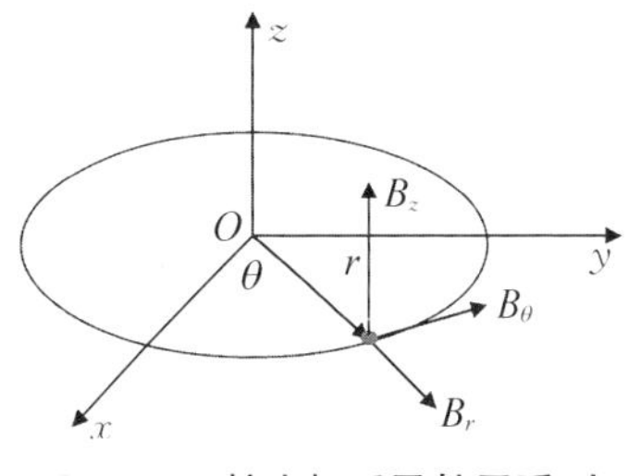

图 4-1　柱坐标系及粒子受到的磁场作用示意图

首先考虑在均匀磁场（沿轴向）中质量 $m = m_0$ 的非相对论粒子，为方便起见，B_0 取为沿 z 的负方向，即 $B_z = -B_0$，那么运动方程简化为

$$m_0(\ddot{r} - r\dot{\theta}^2) = -qr\dot{\theta}B_0$$
$$m_0(r\ddot{\theta} + 2\dot{r}\dot{\theta}) = q\dot{r}B_0$$
$$m_0\ddot{z} = 0 \tag{4-3}$$

结果是在垂直于轴向磁场方向的平面中一个闭合圆轨道上，轨道半径 R 与粒子角速度 ω 由下式给出：

$$R = \frac{p}{qB_0}$$
$$\omega = \frac{q}{m_0}B_0 \tag{4-4}$$

即在非相对论条件下（粒子动能远小于其静止能量时），对于质量为 m_0、电荷为 q 的给定粒子，ω 仅与 B_0 有关。对于给定的场，轨道半径 R 正比于动

量 p。如果用质量数 A 表达 m，用电荷态 Z 表达 q，则

$$
\begin{aligned}
m_0 c^2 &= AE_{\text{amu}} \\
q &= Ze
\end{aligned} \tag{4-5}
$$

式中，e 是电子的电荷，E_{amu} 为与一个原子质量单位(amu)等价的能量，原子质量单位定义为^{12}C质量的1/12，质子的质量有 $A=1.007\,276$ 个原子质量单位，据此，我们得到准确的频率为

$$
f=\frac{\omega}{2\pi}=\frac{ec^2}{2\pi E_{\text{amu}}}\left(\frac{Z}{A}\right)B_0 \tag{4-6}
$$

如果 B_0 单位为特斯拉(T)，则粒子回旋频率为

$$
f=15.356\,122\left(\frac{Z}{A}\right)B_0 \tag{4-7}
$$

式中，f 的单位为MHz。为了重复加速，必须使粒子轨道回旋频率与加速的射频电压共振，共振条件是高频系统的频率 f_{rf} 等于粒子回旋频率或其高次(h)谐波的频率：

$$
f_{\text{rf}}=h\,\frac{\omega}{2\pi} \tag{4-8}
$$

如果考虑粒子加速的相对论效应，用相对论参数 β 和 γ 重写运动方程：

$$
\begin{aligned}
m &= m_0\gamma \\
p &= m_0\beta\gamma c = qRB \\
\omega &= \frac{v}{R}=\frac{qB}{m_0\gamma}
\end{aligned} \tag{4-9}
$$

式中，β 和 γ 与粒子的速度 v、光速 c 和总能量 E_{total}(静止能量与动能之和)的关系为

$$
\beta=\frac{v}{c},\ \gamma=\frac{E_{\text{total}}}{m_0c^2} \tag{4-10}
$$

由此可见，在加速过程中，磁感应强度必须随相对论质量而增长，以保持角速度为常数，所以磁感应强度 B 为半径 r 的函数：

$$
B(r)=B_0\gamma(r) \tag{4-11}
$$

假定中心化的圆轨道半径为 r，$\gamma^2=1+\beta(r)^2/[1-\beta(r)^2]$，则 $B(r)$ 可表示为

$$B(r)=B_0\sqrt{\left(1+\frac{\beta(r)^2}{1-\beta(r)^2}\right)} \tag{4-12}$$

式中，$\beta(r)=\frac{\omega}{c}R$，$\frac{\omega}{c}=\frac{ec}{E_{\mathrm{amu}}}\left(\frac{Z}{A}\right)B_0$。因为相对论校正取决于荷质比 Z/A，所以给出的场形 $\boldsymbol{B}(\boldsymbol{r})$ 仅能适合于单一类型的粒子，这就需要使用强的垫补线圈以调整 $\boldsymbol{B}(\boldsymbol{r})$，才能适应加速各种不同粒子和可变能量的需要。

在这里需要指出，随半径增加的磁场将使束流在垂直方向(轴向)散焦，为了获得轴向聚焦力，现代等时性回旋加速器引入了沿方位角方向的交变场。即磁场是半径 R 和方位角 θ 的函数，磁场的一般形式 $\boldsymbol{B}(\boldsymbol{r},\theta)$ 是 θ 的多重对称函数(由于稳定性的要求，应高于三重对称)，粒子轨道是闭合轨道，如果用 B_{av} 和 R_{av} 表示磁场和半径的平均值，上述各个方程仍然有效，这里 B_{av} 是闭合轨道上的平均场，R_{av} 定义为

$$R_{\mathrm{av}}=\frac{L}{2\pi} \tag{4-13}$$

式中，L 是一个完整回旋周期的长度。

在等时性回旋加速器中，所有粒子在所有半径上有相同的回旋加速频率，这就意味着等时性回旋加速器没有相聚焦特性，因此，磁场与射频频率的准确调谐十分重要，一般需要一组垫补线圈或垫补磁铁以调节不同半径的磁场，磁场的调谐精度与加速圈数 n、谐波模式 h 有关，如果实际磁感应强度大小 B 与等时场 B_0 之间的误差为 $\Delta B = B-B_0$，则由此而引起的相位漂移(滑相)表达如下

$$\Delta(\sin\phi)=2\pi hn\frac{\Delta B}{B_0} \tag{4-14}$$

式中，ϕ 是束流与加速粒子的射频场之间的相位差，如果滑相 ϕ 超出 $+90°\sim-90°$ 的范围，粒子将被减速而丢失。如果粒子回旋运动于高次谐波模式，即 $h>1$，中心区和加速结构的几何形状必须适应所选的谐波模式 h。因为粒子仅在射频周期的一部分中能被接收和加速，所以回旋加速器的束流是一些束团，时间结构与射频频率相关，如果不考虑微观结构，回旋加速器的束流可认为是连续波束流，这是相对于同步加速器而言的，同步加速器中的束流是脉冲的微观结构，脉冲微观结构由其射频加速系统确定。

简而言之,带电粒子束流在磁场中的回旋频率与粒子特性、磁场强度有关,与动量无关(忽略相对论效应),所以可通过调节加速粒子的周期性振荡电场,作用于磁场中的加速间隙上,使粒子得到循环加速。在等时性回旋加速器中,粒子与电场维持相位不变,粒子在电场接近峰值时进入加速间隙而被加速,这个过程通常也称为共振加速。圆形轨道的半径主要与粒子动量有关,因此,加速粒子沿螺旋形轨道向外旋转直到磁场边缘,随后从磁场中引出,其基本原理如图 4-2 所示。所有被加速的粒子构成束流,在一个相同电场周期中被加速的粒子称为束团。而在相对论情况下,在加速过程中,磁场强度必须随被加速粒子的相对论质量而增长,以保持粒子回旋运动的角速度为常数。而随半径增加的磁场使束流在垂直方向(轴向)散焦,因此现代等时性回旋加速器需要引入沿方位角变化的交变场。第一台经典等时性回旋加速器的磁场沿半径下降,虽然具有轴向聚焦力,但因受滑相限制,其加速能量被限制为非相对论的。回旋加速器内加速过程中不同的粒子能量对应了不同的轨道,引出轨道决定了最终引出粒子的能量[8]。

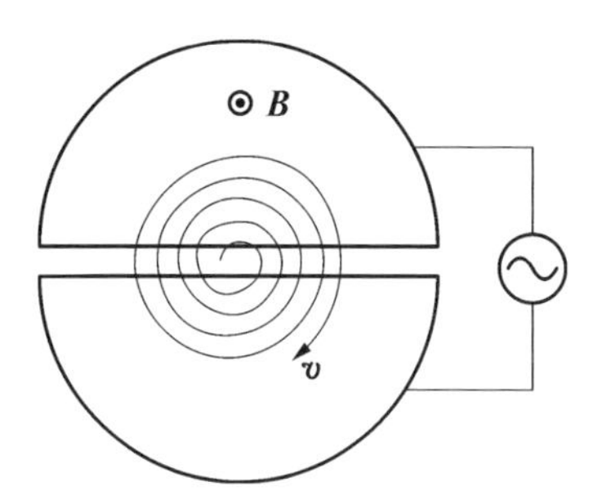

图 4-2　回旋加速器的基本原理图

4.3　回旋加速器的聚焦和轨道稳定性

回旋加速器设计与运行需要考虑的一个重要问题是束流轨道稳定性。在回旋加速器中,构成束流的粒子在其路径中必须维持聚焦,而能量高于几个兆电子伏特以后,电场不能提供足够强的聚焦作用,只能利用磁场对束流聚焦。

在处理聚焦特性时可引入平衡轨道的概念。通常,具有固定能量的粒子在对称磁场中存在闭合运动轨道,该轨道称为静态平衡轨道。静态平衡轨道与磁场沿方位角的变化 $\boldsymbol{B}(r, \theta)$ 相关。在加速过程中,粒子沿类似于螺旋形的路径运动,前一个平衡轨道向下一个过渡的过程由能量增益决定。聚焦用偏离静态平衡轨道的粒子运动方程计算,这些粒子绕平衡轨道振荡,这种振荡称为自由振荡。自由振荡分为相干和非相干振荡两种,相干振荡用于描述束团作为一个整体偏离且绕平衡轨道振荡的情况;非相干振荡描述束团中单独的粒子相对束团中心的运动情况。

几乎在所有的回旋加速器中,粒子每绕加速器回旋一周,它绕平衡轨道的振荡都大于1次，即径向有较强的聚焦。沿方位角变化的场对径向聚焦的贡献并不重要。共振会扰乱轨道，较小的磁场扰动会使束流立即变得不稳定，这种情况发生在磁铁的中心和等时性回旋加速器的磁极边缘。

在均匀分布的磁场中，当磁场沿径向下降时，在轴向有聚焦作用，但聚焦力是比较弱的，且与磁场的等时性要求，即磁场沿半径随质量的相对论效应而增加相矛盾。在方位角方向调变的磁场中才有比较强的轴向聚焦，当调变的磁场的峰、谷区随半径呈螺旋形时，其螺旋形分布的磁场会提供额外的轴向聚焦力，这样的轴向聚焦基本原理如图4-3所示，轴向聚焦力来源于磁场的径向分量(B_r)和角向分量(B_θ)，图中内半径轨道的轴向聚焦力主要来源于磁场的调变度，外半径轨道聚焦力除调变度以外，还有来自螺旋形磁场分布提供的轴向聚焦力[8]。

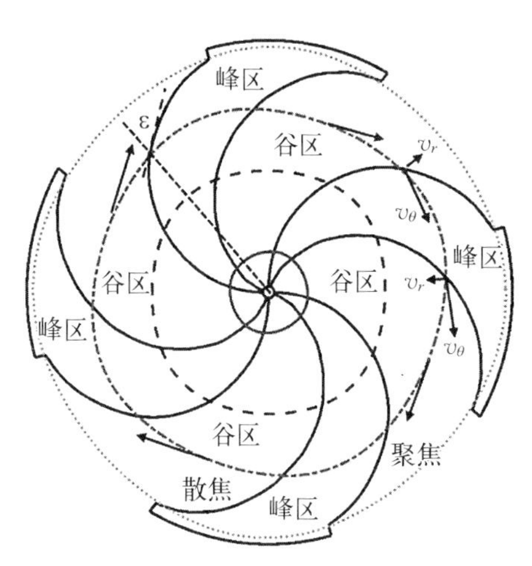

图4-3 扇形聚焦回旋加速器中的平衡轨道

4.4 回旋加速器主要子系统

回旋加速器的主要子系统包括主磁铁、高频、离子源与中心区、引出等系统。

4.4.1 主磁铁系统

回旋加速器的磁场通常由电磁铁产生，在中国原子能科学研究院1958年建成的我国首台回旋加速器——Y-120回旋加速器(见图4-4)中，主磁铁是H形的，磁极采用单块磁铁，极头为圆形，这是一个典型的经典回旋加速器主磁铁结构。Y-120回旋加速器于20世纪70年代经过改造，在上下圆形磁极上增加了3对螺旋形叶片(形成了与分离扇回旋加速器类似的方位角方向调变场)，9对谷线圈(用以调节谐波场并增加调变度)，6对同轴线圈垫补等时场，这样，加速器既保证了磁场的等时性，又提供了垂直即轴向聚焦作用。

20世纪90年代发展的小型回旋加速器(有的能量高达200 MeV甚至更高)，为了克服像Y-120回旋加速器的磁场调变度小以及分离扇回旋加速器

图 4 - 4　1958 年建成的我国首台回旋加速器(Y - 120 回旋加速器)[8](彩图见附录)

的磁铁安装误差从而导致一次谐波大的不足，引入了"深谷区"的概念，即大幅增加产生方位角方向调变场的叶片的高度，加拿大粒子与核物理国家实验室(TRIUMF)和比利时 IBA 公司在这方面做了许多创新工作，图 4 - 5 给出了比利时 IBA 公司的回旋加速器结构，它全面地描述了现代小型回旋加速器的各个组成部分。

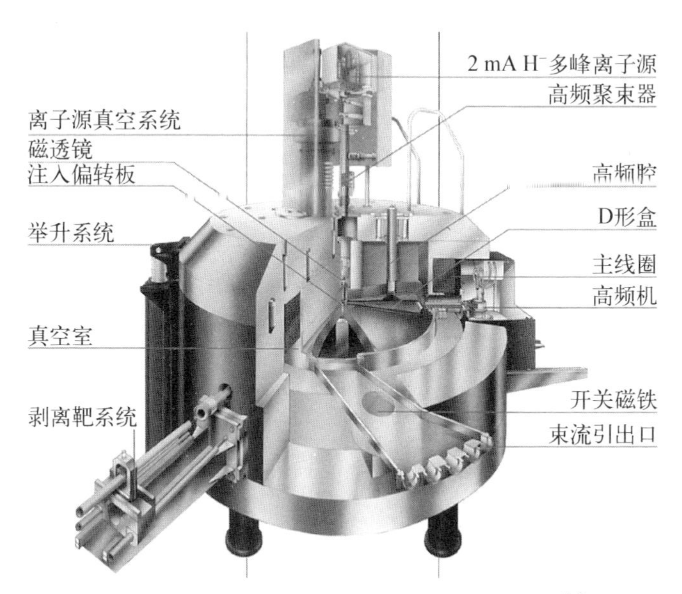

图 4 - 5　比利时 IBA 公司的 30 MeV 紧凑型回旋加速器结构[9](彩图见附录)

回旋加速器的磁铁体积和重量与磁场强度和最高能量有关，对于采用铜线圈励磁的常温磁铁，加速质子的能量为 30 MeV 的回旋加速器典型磁极直径约为 1.5 m，而能量为 100 MeV 的回旋加速器的典型磁极直径约为 4 m；在分离扇回旋加速器中，平均场低，能量为 72 MeV 时的典型轨道半径是 2 m，能量为 600 MeV 时的典型轨道半径为 4.5 m。采用超导线圈的磁铁结构有相当高的磁场，磁铁重量明显减小，大约只有常温磁铁的 1/15。

4.4.2 高频系统

回旋加速器的高频系统通常由功率源、传输线、功率耦合、高频腔体、调谐机构、低电平控制等部分组成。

考虑到经典回旋加速器的磁铁结构，加速电极由中心向外扩展至引出半径，形成两个加速间隙以及间隙间的高频屏蔽区。因而，每个 D 形盒至少在一阶上呈电容性，这就需要一个电感来构成谐振回路。虽然从回旋加速器旋转频率、谐波次数、加速电压等理论设计要求和主磁铁的紧凑型、分离扇、超导等结构设计特点来看，高频谐振腔已经有了十分多姿多彩的结构设计，出现了形式多样的设计结果，但从高频的角度看，归纳起来主要仍只有两类腔型，即同轴线谐振腔和波导结构谐振腔。

在 70 年的发展历史中，几乎所有的回旋加速器腔体都是类“同轴线”的；直到 1990 年前后，日本的 RCNP 常温磁铁分离扇和 RIKEN 超导磁铁分离扇加速器才采用了波导结构的腔体。同轴腔的工作模式是 TEM 模式，其振荡模式简单，具有稳定的场结构，无色散，无频率下限，频率范围宽，频宽比可达 2∶1，甚至 3∶1。当然，为了防止出现高次模，要求同轴线谐振腔横截面的尺寸不宜过大；另外，内导体也增加了损耗。这就决定了同轴线谐振腔与波导结构腔体相比无载品质因数 Q_0 较低。

在所有的经典回旋加速器中，D 形电极插入主磁铁的磁极之间，呈电容性，而延伸到主磁铁外部的短路传输线呈电感性。也就是说，D 形盒是开路的 $\lambda/4$ 同轴线谐振腔的一部分。C. Pagani 画出了几种 $\lambda/4$ 谐振腔的常用结构如图 4-6 所示[10]，我国第一台回旋加速器 Y-120 的高频谐振腔（见图 4-4）就是这种类型谐振腔的一个实际应用。根据相同的基本思想，不少回旋加速器中 D 形电极是 $\lambda/2$ 同轴线谐振腔的高压中心导体。当磁铁设计（如超导或分离扇回旋的情况）允许或要求 RF 腔往垂直方向扩展时，更好的解决方案是采用 $\lambda/2$ 同轴腔体。此时 D 形电极电容产生的电流被两个对称的短路端平分，减小了腔的功率损耗；另外，关于束流平面对称的腔体，其加速场没有轴向分量。无论从束流动力学角度看，还是从高频角度看，$\lambda/2$ 同轴谐振腔有其明显的优点。

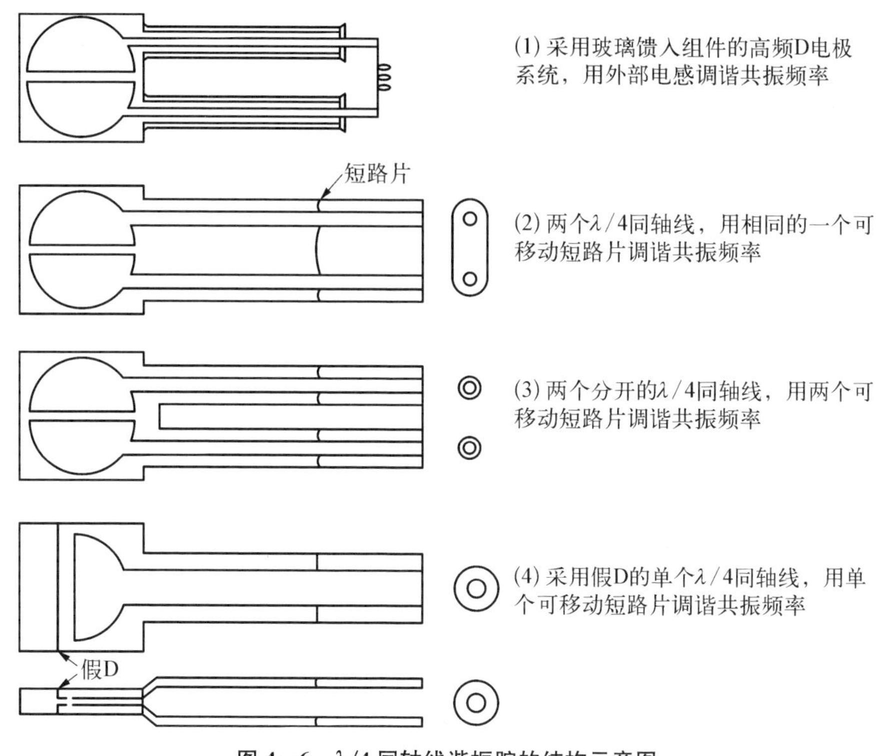

图 4-6　$\lambda/4$ 同轴线谐振腔的结构示意图

据不完全统计，采用波导结构谐振腔的回旋加速器只有几台。这些回旋加速器是分离扇形的，是加速器组合中的"末级"，在加速器的中心区有足够大的空间以安装这种不同类型的谐振腔。这种腔实质上就是矩形波导空腔谐振器，运行在基模 H_{101}，有单加速间隙，沿加速间隙电压呈正弦分布，所以中心区需要有足够大的空间以便使注入束流在第一圈有足够高的加速电压。P. Sigg[11] 认为波导结构谐振腔的优点如下：可适当选择腔体的高、长比例使得一些高次模与基模的高次谐波不发生重合；与传统同轴腔体相比较，波导腔可获得更高的 Q 值和并联阻抗。通常，同轴腔体的加速电压很少超过 200 kV，而无载品质因数往往低于 20 000；瑞士 PSI 实验室环形加速器中的波导结构腔体则能够获得 32 000 的无载品质因数，在 2000 年前后改进设计后达到了 48 000；由于波导腔体的并联阻抗非常高，因此可利用相对较少的驱动功率获得高达 1 MV 的峰值加速电压。

以比利时 IBA 公司的 C235 回旋加速器为例，其高频频率为 106.5 MHz，采用 4 次谐波加速，即高频频率是粒子回旋频率的 4 倍。通过布置在主磁铁磁极谷区的 2 个高频腔获得加速，共提供 4 个加速间隙，两个高频腔在回旋加速器的中心由中心区彼此连接。每个高频腔的高频电极（Dee 板）由 2 个内杆支撑在底板上。通过改变这些内杆的直径，就可以获得谐振频率和径向间隙电压分布的微调。射频功率由一个 100 kW 的四极管产生，通过同轴线和电容耦合器馈入 2 个高频腔中。高频系统主要参数如表 4-1 所示。

表 4-1　C235 常温回旋加速器高频系统主要参数[12-13]

参数名	值
高频频率/MHz	106
高频谐波数	4
高频腔数/个	2
加速电压(中心—引出区)/kV	55～150

4.4.3　离子源与中心区

不同类型的加速器采用不同的注入方法，回旋加速器根据其结构特点常采用水平注入或轴向注入。回旋加速器的注入系统将来自离子源或上一级加速器的束流注入回旋加速器的中心区，回旋加速器还可作为注入器，将束流注入分离扇增能回旋加速器的内半径上。水平注入（或称为径向注入）主要采用的技术手段有摆线注入、剥离水平注入和中性束流水平注入。摆线注入是利用在磁铁峰区和谷区中磁场的差别将束流沿磁极边缘注入加速器的中心区，该注入方式在目前建造的回旋加速器中已不再使用。剥离注入方法是利用带电粒子通过剥离膜时电荷态升高，进而运动轨迹改变的原理，将离子注入加速平衡轨道。由于电荷态升高后的离子回旋半径减小，可以被加速到更高的能量。重离子的这种注入方式已成功应用于从串列加速器到超导回旋加速器的束流注入中。中性束流注入方法是沿着加速器中心平面与磁场正交方向注入合适动能的中性束流，在磁铁中心附近，束流通过一个电荷转换器变成离子束，从而被回旋加速器加速。轴向注入方法是将束流沿加速器磁铁的中心轴注入回旋加速器内部，再利用偏转元件使之进入中心平面的加速轨道中。由于水平注入方法的传输效率比较低，所以轴向注入成为紧凑型强流回旋加速器和超导回旋加速器的首选方案。轴向注入可分为中心注入和偏心注入。两者都是垂直注入，但一个是沿着回旋加速器的旋转对称轴注入，另一个是偏离对称轴注入。大部分回旋加速器的设计都采用中心轴向注入，但部分加速器由于设计上的一些考虑（如中心区参数调整等）会采用偏心注入方法。

质子治疗回旋加速器要求结构紧凑，主磁铁磁场较高，但对于流强的要求并不高，通常引出流强不超过 1 μA 就足以满足质子治疗所需的流强。因此质子治疗回旋加速器通常采用内部潘宁离子源（见图 4-7），产生质子且被高频电压“拉”出并俘获后继续加速。

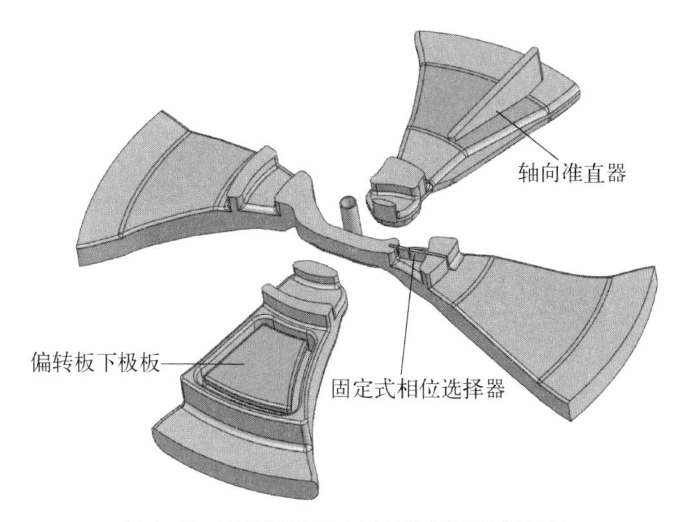

图 4-7　离子源及中心区结构（彩图见附录）

质子治疗回旋加速器的中心区容纳产生质子的内部离子源；中心区与高频腔体头部连接，因此中心区的电极电压随高频场振荡，导致从离子源引出的束流有随时间变化的结构。在磁场聚焦不够的情况下，离子源和电极之间以及头几个加速间隙中的电场为质子束提供了足够的轴向聚焦。此外，中心区还具有一个或多个狭缝，用于使注入的质子束与回旋加速器的接收相宽匹配。

由于主磁铁磁场较高，且需要集多种功能于一个结构非常紧凑的区域，因此质子治疗回旋加速器的中心区设计非常重要。在使用内部离子源的回旋加速器中，中心区系统对离子源处初始能量接近零的粒子进行加速、聚焦，并使粒子逐渐过渡到加速区中平稳加速的状态，是完成最终加速重要的第一步。对于带有内部离子源的回旋加速器的中心区设计，需要优化从离子源到 RF 相位的匹配、纵向接收、垂直聚焦和束流对中。

粒子在中心区受到强烈的相位聚焦和电聚焦作用，导致中心区束流动力学对电场分布比较敏感，尤其是在离子源出口和前几个加速间隙处，因此中心区电极形状的设计需要仔细考虑，在经过三维电场的数值计算和束流轨道的计算后，反复调整才能确定。电极柱主要用来规划电场分布以及获得合适的径向和轴向聚焦力，并且也起到限制高频相位的作用，以便于束流从加速器中引出。中心区的磁场分布对轴向束流动力学也有一定影响，随着粒子能量的增大，轴向电聚焦作用迅速减弱，此处磁场没有足够的调变度，需要中心区磁场平均场维持缓慢下降的趋势(沿着径向负的场梯度)提供轴向聚焦。此外，中心区的设计还要兼顾引出的要求，保证通过中心区的粒子在引出设计的接收范围内。考虑到质子治疗用的超导回旋加速器的中心区域磁场更强，结构更为紧凑，因此对中心区设计的挑战很大。

中心区设计首先要计算中心区电极结构的电场，将电场与计算或测量得到的磁场代入束流跟踪程序中，给出束流轨迹、聚焦等结果，然后再根据结果优化起始相位、中心区电极结构、离子源位置、卡束狭缝位置与尺寸等，更新电场后迭代跟踪束流，迭代数次后给出最终的设计结果。

以 C235 为例，首先根据磁场的有限元模型预先计算中心区域。在磁场测量阶段，根据测得的磁场数据再次进行计算，考虑了包括谐波校正线圈的影响以及使用射频组件的实际电极尺寸数据，高频频率已固定为从最终磁场垫补所获得的值。最后，还包括了对远离中心区域计算(对于区域 $0.08\ \text{m}<r<0.4\ \text{m}$ 的半径)与封闭轨道结果之间一致性的检查[14]。垂直的电聚焦由前四个加速间隙提供。超过此第一圈后，对应于中心磁场鼓包后，负的磁场梯度将提供较弱的垂直聚焦，需要由中心区电聚焦提供轴向聚焦力。从 $r=0.1\ \text{m}$ 开始，磁场具有峰/谷区结构，并且聚焦变为交变梯度类型，此时轴向聚焦才主要由磁聚焦提供。

4.4.4 引出系统

回旋加速器的引出过程一般比较困难，一方面是因为在引出区磁场下降得非常快而丧失了等时性条件，另一方面是因为束流品质在边缘场的作用下会变差。另外，随着加速能量的提高，束流在引出区的圈间距往往比较小($R\sim\sqrt{W}$)，又受到引出区空间的限制，这些因素都导致了回旋加速器引出过程比较困难。回旋加速器引出要在保证引出束流品质的同时获得尽可能高的引出效率。为了提高回旋加速器的引出效率，既要求在引出区有大的圈间距，还要求引出的束流在径向有小的包络。为了不同研究和应用领域的需要，人们发展了多种不同类型的回旋加速器，其引出机制和引出设备也要相应地适应这些不同加速器的技术特性和特定用途。回旋加速器的引出一般有剥离引出、直接引出、共振进动引出、再生引出和自引出等几种方法。

通常用于材料特性、辐射生物学效应研究，或用于核物理研究的正离子回旋加速器需要有好的束流品质和高的分辨率，但是往往不需要很高的束流强度，因此大多采用共振引出的方法。当然，对于电荷态比较高的重离子，只要有足够的电子可剥离，也可以采用剥离方法引出。长期以来，在相当于质子能量 20 MeV 以上的回旋加速器中，引出方法研究主要集中在如何增大引出前的圈间距，从而实现单圈引出。基本思想是结合加大每圈的能量增益，利用磁或电的谐波扰动，使束流偏离加速轨道而到达引出偏转板入口，这些引出方法总称为共振引出法。在回旋加速器中，大部分正离子的引出都采用共振引出的方法。在生产短寿命放射性核素等应用方面，基于短寿命核素本身“寿命短”的特点，同时为了有效降低生产成本，回旋加速器必须有高的束流强度。加速正离子生产同位素的紧凑型回旋加速器，引出束流强度一般限制在 100 μA 左右(分离扇回旋加速器能够达到更高的束流强度)。这样的回旋加速器内部束流斑点只有几平方毫米，能量在 30 MeV 的束流即可在很小的斑点上产生 3 kW 的功率，容易造成引出元件的损坏。如果希望机器运行有很高的可靠性，采用共振引出的电极几何结构就限制了最大的引出束流强度。高流强负离子源的出现使人们可以通过剥离引出更高流强的束流。在通常的应用中，如果对引出束流品质的要求没有像在基础研究中那么高的话，则采用剥离引出的方式可以引出 500 μA 以上的强流束。

在质子治疗 230～250 MeV 的回旋加速器中，每圈能量增益带来的圈间距有限，通常采用共振和进动来增加圈间距。一方面，加速器在边缘场区经过 $\nu_r=1$(ν_r 为回旋加速器加速的带电粒子束团在加速过程中，围绕参考粒子的轨迹做径向振荡的频率相对于回旋运动频率的比值)的共振，在此位置加入一次谐波可以有效增大束流的振荡振幅；另一方面，经过共振后 ν_r 迅速下降到 0.8 附近，此时进动产生的圈间距较大。在不加入一次谐波情况下，束流经过 $\nu_r=1$ 时并无太大变化，经过边缘场时受梯度下降影响，圈间距有所增大，但束流包络也迅速增大，束团并无明显圈间距。而在加入一次谐波后，共振束流振荡振幅增加，并通过进动作用产生明显的圈间距。

进动的束流通过静电偏转板和磁通道，引出能量大于 230 MeV、流强达数百纳安的质子束，并保证束流通过导向磁铁以及聚焦磁铁被引出到束流管道中。此外，引出系统设计还包括各引出部件的相关高压、真空、机械和控制的设计。以 C235 加速器为例，引出系统包含以下元件[15]：

（1）静电偏转板。静电偏转板可位于磁铁谷区，也可位于磁铁峰区，包括高压电极、切割板和接地外框，切割板的厚度一般为 0.1～0.3 mm。其轮廓形状是根据测量磁场计算的引出束流轨迹的形状获得的。

（2）梯度校正器。该设备用于校正束流离开磁极边缘时遇到的非常陡峭的场梯度。它完全是被动元件（无源导磁材料），其影响在磁场测量时就已经包含在测磁数据中了。

（3）永磁四极磁铁组。尽管存在梯度校正器，但引出的束流在横向和轴向两个平面中依然可能强烈发散。因此，在主磁铁的主线圈之间可安装由永磁材料制成的双单元四极透镜组。C235 在圆周上有 16 个矩形永磁磁体，并通过合适的铁圈将其与线圈磁场隔开，每个永磁四极透镜的长度可以 10 mm 为步长进行调节。

（4）由外部线圈构成的一组双单元四极透镜。

在引出过程中，不能期望在偏转板的入口处束流就已经具有圈分离的结构，束流的一部分将不可避免地撞击到切割板（septum），但是损失的束流功率极低。跟踪仿真表明，在束流对中的情况下，可以获得较高的引出效率。如果发生束流非对中，则必须将切割板小心地放置在径向束流密度较低的位置，以便获得与对中情况等效的效率。由于径向振荡频率接近共振线，所以引出区域的某些位置径向束流密度下降非常明显，便于放置切割板。

虽然人们对 C235 常温回旋加速器的引出系统开展了精心设计，但由于初始磁铁设计小的磁气隙带来的挑战，其引出效率多年来只有约 50%，直到 2011 年后，IBA 与俄罗斯杜布纳联合核子研究所（JINR）合作的 C235 - V3 系列的常温回旋加速器对引出进行了大规模优化后，标称的引出效率才达到或超过 70%[16]。

为了测量束流强度并查看束流行为，束流探针和诊断设备也是很重要的，应当提到的配套设备还有真空室与真空泵、电源与配电系统、控制系统、安全联锁和放射性防护等。这些子系统的内容这里不详细介绍。

4.5　质子治疗用回旋加速器的主要类型

由于医用加速器主要关注规模，对引出质子流强要求较低，因此除了采用螺旋扇形磁极的常温等时性回旋加速器和超导等时性回旋加速器得到广泛使用外，采用超导强磁场的超导同步回旋加速器也再次引起重视。

4.5.1 常温等时性回旋加速器

商业化的质子治疗设备通常选取 230～250 MeV 作为加速器所产生质子的能量范围。相应的磁刚度以及常温线圈可以实现的最大平均磁场值就决定了磁极尺寸。然后根据所需的磁场值并考虑可能的绕组技术和冷却要求来确定线圈位置和尺寸。最后，磁轭的尺寸则是非磁饱和带来的线圈低功率损耗与加速器整体尺寸减小之间的折中。IBA C235 主磁铁的主要参数如表 4－2 所示。

表 4－2 C235 主磁铁主要参数[17]

参数名	值
加速能量/MeV	235
平均磁感应强度(中心/引出)/T	1.7/2.15
引出半径/m	1.08
引出区域磁感应强度(峰区/谷区)/T	3.09/0.98
谷区气隙高度/cm	60
峰区气隙高度(中心—引出半径)/cm	9.6～0.9
磁极扇叶数/对	4
线圈安匝数/kA	525
线圈励磁功耗/kW	190
主磁铁总质量/t	210

纯铁的饱和磁场约为 2.14 T，由平均磁场以及峰区的磁场可以看出，磁极已经基本饱和。一方面，这意味着该加速器的励磁功耗相对其他常见的紧凑型常温回旋加速器要高；另一方面，大半径处的磁场不容易提高，为了保证等时性并避免励磁功耗过高，大半径特别是引出区域磁气隙只能做得很小（峰区在引出区域的气隙高度只有 0.9 cm），这对于布置引出元件、改善引出效率是不利的，也间接导致很长时间内生产批次的 C235 回旋加速器的引出效率只有约 50%。此外，正如设计者所指出的，C235 主磁铁与大多数经典回旋加速器主磁铁的主要区别之一是铁和线圈对于主磁场的各自贡献占比不同。在大多

数经典回旋加速器磁体中，线圈尺寸是从所需的中心平面磁场值、功耗和工程考虑因素得出的。在这些磁铁中，通常会避免磁饱和，因为它会增加励磁所需功率。磁场对线圈尺寸和位置的依赖性很小。然而对于 C235 而言，其主磁铁更像是一块未采用超导线圈的超导磁铁，即通过特殊的间隙形状以及铁和线圈对整个磁场的不同贡献来实现高的磁场值，进而满足质子治疗加速器对于设备紧凑性的需求。其中铁是磁饱和的，因此与传统常温回旋加速器磁体相比，C235 主磁铁的磁场值更多地取决于线圈的尺寸和位置。当然，采用这种设计理念的好处也是显而易见的：高磁场带来了加速器整体结构的小型化（直径只有 4.3 m）；常温线圈设计避免了设备研制初期面临的与超导磁铁相关的技术风险。

回旋加速器基本的静态束流动力学计算可以给出加速器工作路径图（轴向振荡频率 Q_V 与径向振荡频率 Q_H 的关系），以评估、识别在加速过程中必须穿越的共振及其对束流品质的影响。众所周知，回旋加速器相关研究文献表明，回旋加速器的主谐波分量（对应中能的质子治疗加速器，通常为四次谐波）驱动的耦合共振具有潜在的危险。在 C235 中该共振在加速能量为 139 MeV 时发生，平均半径为 0.88 m。理论上，在 C235 的主磁场中，由于引出系统而导致 4 对扇叶磁极带来的 4 折方位对称性被破坏，但相对于中心平面具有完全的镜像对称性。因此，所有描述磁场的多极分量不会有偏斜分量，这种情况下即使场的谐波分量确实与谐振的谐波分量一致，也无法激发诸如 $Q_H-Q_V=1$ 的耦合共振。然而，实际上在 C235 上早期进行的调束试验表明，在中心区域和半径为 0.8 m 左右的区域发生了束流的轴向偏移，这表明存在较大的偏斜谐波分量，导致轴向与径向耦合共振被激发。由于不可避免地会产生共振穿越，因此必须改变局部的工作路径，使其快速穿过共振线。可以通过在两个不可移动的磁极边缘上增加一个小的（截面尺寸为 9 mm×4 mm）纯铁校正棒来实现局部磁场与工作路径校正。校正磁场已通过 TOSCA 计算进行了仿真，通过闭合轨道计算获得了它们在磁极边缘的精确位置，并在测试中证明了校正的有效性[18]。

4.5.2 超导回旋加速器

相对于常温回旋加速器，用于质子治疗的超导回旋加速器采用超导线圈为主磁铁励磁，由于引入了超导线圈、低温系统，整个加速器系统的复杂性增加了，而且超导线圈磁场占中心平面磁场的份额很高，导致线圈位置对于束流动力学的影响较大，但带来的好处也是显而易见的。首先，超导线圈提供的磁场更强，相同能量的超导回旋加速器尺寸可以做得更加紧凑，加速器重量大为减轻，整个厂房的规模与造价也可以相应减小。利用超导技术使得加速器小型化甚至被认为是降低质子治疗成本、推广质子治疗技术的关键。此外，从提升加速器性能角度来讲，由于采用了超导线圈，主磁铁磁极的气隙高度可以做得大一些，这对于设计磁场测量系统，特别是降低引出系统设计难度，提升引出效率非常有好处。

目前，唯一成熟的基于超导回旋加速器的质子治疗装备是瓦里安的250 MeV超导回旋加速器的治疗系统[19]；刚刚研制成功的有住友重工的230 MeV超导回旋加速器系统；国内在研的基于超导回旋加速器的质子治疗系统包括中国原子能科学研究院的CYCIAE－230/CYCIAE－250超导回旋加速器系统、杜布纳联合核子研究所与合肥等离子体物理研究所合作研发的SC200，以及华中科技大学的250 MeV超导回旋加速器等，主要指标如表4－3所示。

表4－3 目前已建成或在研、在建的质子治疗用超导回旋加速器指标

参 数	瓦里安	住友重工	中国原子能科学研究院	合肥等离子体物理研究所	华中科技大学
能量/MeV	250	230	230/250	200	250
流强/nA	～800	1 000	300～1 000	—	500
磁感应强度/T	～2.4	～3.1	～2.3 / 2.35	～2.9	2.45
超导材料	NbTi	NbTi	NbTi	NbTi	NbTi
加速器直径/m	3.1	2.8	3.2	2.5	—
频率/MHz	～72	～95	～71	～90	～74

1）主磁铁结构

超导回旋加速器基本都采用了4对扇叶磁极结构，主要基于如下考虑：轴向空间电荷效应带来的流强限制可以近似认为与轴向共振频率的平方 Q_z^2 成正比，少的叶片数在中心区有更高的调变度，有利于提高轴向共振频率，进而有利于束流强度的提高；另外，选取少的叶片数意味着需要加工的部件少，谷区有更多的空间安装高频系统、束流测量装置等。但高能量质子束的引出要求较多的叶片数，这是由于半整数共振对回旋加速器最高能量带来的限制，即要求被加速粒子在 $N/2$ 截止带之前被引出。因此，为了引出区远离该半整数共振带，回旋加速器选择4对扇叶片最为合适，谐振模式可取 $h=2,\ 4,\ 6,\ \cdots$ 当然，四叶片主磁铁在中心区的调变度比三叶片磁铁略低，但这可以通过电聚焦来补偿，而且对于质子治疗加速器所需的流强并不高，空间电荷效应并不明显。

2）超导线圈与低温系统

目前国际上在研或市场上可售的商用质子治疗超导回旋加速器采用的低温制冷方式主要分为如下两种：无液氦传导冷却系统（住友重工的 230 MeV 超导回旋加速器等），液氦零挥发系统（瓦里安的 250 MeV 超导回旋加速器、中国原子能科学研究院的 CYCIAE－230/CYCIAE－250 超导回旋加速器、合肥等离子体物理研究所的 SC200 超导回旋加速器）。无液氦传导冷却系统是利用 GM 制冷机的冷头传导冷却线圈，其优点在于无需液氦等冷却媒质，运行方便；缺点在于线圈温度分布不平衡，且失超后的线圈能量无法通过冷媒质释放，对失超保护系统要求高。液氦零挥发系统中，超导线圈浸没在液氦中，液氦蒸发后通过与超导线圈的 4K 低温容器连接的低温氦气/液氦传输管至由二级 GM 制冷机冷却的再冷凝器，重新冷凝为液氦。该设计的优点在于采用液氦浸泡的方式制冷，线圈热传导均匀，超导线圈热稳定性要比直接冷却的好；系统可在停电或制冷机故障下自持一段时间（数小时）；正常工况下制冷机将蒸发的气态氦冷凝，整个系统几乎没有液氦损失。

超导线圈的工作点选择的安全余量较大，工作电流只有不到临界电流的 30%，避免意外失超导致的加速器停机。

3）高频系统

质子治疗用超导回旋加速器加速质子，与加速 H^- 的回旋加速器比较，主磁铁的平均磁场强度提高很大，因此，离子的回旋频率提高很多。为了维持高频功率源对腔体的输出功率的工作频段在 FM 波段上，高频系统的高频频率为离子回旋频率的二次谐波。

对于国际上现有的超导回旋加速器，高频腔体的工作方式可以概括为三种：

（1）以加拿大 Chalk River 实验室为代表的超导回旋加速器，四个高频腔体在中心区采用硬连接，以 π 模式运行。

（2）以美国国家超导回旋加速器实验室（NSCL）、意大利米兰（Milan）、美国得克萨斯农工大学（Texas A&M University）为代表的超导回旋加速器，三个高频腔体采用中心区电容耦合的方式，三个腔体独立驱动，高频相位差 120°。

（3）以密歇根州立大学与德国 ACCEL 公司（MSU/ACCEL）联合研制的 K－250 为代表的超导回旋加速器，其高频腔体采用中心区电容耦合的方式，以 π 模式运行。

超导回旋加速器由于空间紧凑，腔体与腔体之间存在能量的传输，系统倾向于振荡在低储能的π模式对，离子无法加速。既然腔体间的耦合电容无法彻底取消，则可以进行合理利用。以此为出发点，为方便系统模型的建立，可将230 MeV超导回旋加速器的四个高频腔体等效为两组，即将同相位腔体各等效为一组，两个主腔体在中心区硬连接，另外两个副腔体在中心区硬连接，主腔体和副腔体之间存在电容耦合关系。

4.5.3　超导同步回旋加速器

同步回旋加速器根据弱聚焦原理，通常采用整圆周形磁极结构，提高平均磁场不会影响粒子束聚焦，可以克服超导回旋加速器继续提高磁场时面临的调变度的限制。因此，超导同步回旋加速器可以工作在超高平均磁场下，进而可以大大减小装置尺寸。根据初步计算估计，平均磁感应强度约5.5 T的230 MeV质子同步回旋加速器，其直径约为2.5 m，总质量可以控制在约50 t，仅仅相当于目前医院及核医学中心常见的商业化30 MeV医用加速器的规模；而平均磁感应强度约9 T的同步回旋加速器可以进一步降低总质量到25 t，远小于相同能量的回旋加速器、同步加速器。基于超小型超导同步回旋加速器的新一代质子治疗系统，一方面减小了加速器本身的造价，另一方面还可以大大降低辅助设施的造价。根据国外估计，一套商业质子治疗系统(包括加速器、束流线、旋转机架以及辅助设备，不包括厂房)费用需要1亿～1.5亿美元，其中加速器本身的费用只占一小半。降低加速器规模的同时，厂房的面积等也会减少，从而可以大大降低整个治疗系统的建造成本。

国际上一些国家加速器实验室和专业加速器制造厂商也相继提出基于超导同步回旋加速器的质子治疗方案，如表4-4所示。

表4-4　目前拟建或在研在建的质子治疗用超导同步回旋加速器指标

参数	MSU 250 MeV	Mevion 250 MeV	TERA 230 MeV/u	IBA S2C2 230/250 MeV	JINR 250 MeV
流强	20/100 nA	40 nA	<1 μA	20 nA	100/300 nA
磁感应强度	5.5/4.9 T	9 T	5 T	5.64/5.24 T	9.1/8 T
超导材料	NbTi	Nb_3Sn	NbTi	NbTi	Nb_3Sn

（续表）

参数	MSU 250 MeV	Mevion 250 MeV	TERA 230 MeV/u	IBA S2C2 230/250 MeV	JINR 250 MeV
磁极半径	21 in	—	1.1 m	～50 cm	～31 cm
频率	84.27/61.75 MHz	～140/～100 MHz	38/31 MHz	～90/～60 MHz	276/192 MHz
调制频率	1 kHz	—	400 Hz	1 kHz	1 kHz
加速电压	20 kV	—	20 kV(最大)	14 kV(最大)	20 kV
腔体结构	180°—λ/2	180°	180°—λ/2	180°	42°
工作模式	自激	自激	自激	自激	自激

同步回旋加速器和等时性回旋加速器的最大区别在于其磁场不满足等时性，这意味着为了使粒子得到加速，高频频率需要跟随某一粒子回旋频率进行调变，我们把这一粒子称为同步粒子，而其他一定范围内的非同步粒子，均遵循自动稳相原理，围绕同步粒子相位做相振荡，能量和轨道也围绕同步粒子摆动，这一点与同步加速器很类似。

若已知加速电压随能量的变化，可得到同步相位 ϕ_s 随能量的变化。由加速相位可得到加速能量随时间的变化，即得到高频频率随时间的变化。为了防止束流损失，加速器物理设计要求同步回旋加速器的磁场和高频频率曲线匹配。超导技术的引入可以大幅提高磁场，从而减小加速器的尺寸和造价，但同时也增加了频率曲线匹配的难度，表现在以下几个方面：① 高频频率的调制曲线复杂，为非线性结构；② 调制频率较快，腔体频率变化迅速；③ 非线性高调制频率反过来对强磁场的分布也提出更高的要求。更高精度的频率曲线匹配不仅需要高频系统的巧妙设计，也需要改变加速器的磁场分布予以配合。

2003 年，为建立一套低成本的单室质子治疗系统，美国麻省理工学院提出一台磁感应强度为 9 T 的超导同步回旋加速器设计思想。加速器采用 Nb_3Sn 超导材料，超导材料在温度为 4.2 K 时的临界磁感应强度为 15～18 T。相比已建成的回旋加速器，该加速器采用了更强的磁场，包括中心区在内的所有结构都更加紧凑，设计难度很大。但其设计较成功，为后续的包括 IBA S2C2 在内的其他用于质子治疗的同步回旋加速器研制提供了成功的经验。加速器内束流加速圈数为15 000,频率调制从高到低范围为140～110 MHz,束流加速时间周期为130 μs。引出位置的圈间距仅为8 μm,通过再生引出方式,引入5%的微扰磁场,最后20圈的圈间距可增加到5 mm,束流自动进入引出通道内被引出加速器外。

2007年,迈胜医疗系统公司开始对基于上述加速器(基本参数见表4-5)的质子治疗系统进行商业化,2013年该系统于华盛顿斯特曼癌症中心首次投入临床应用。

表4-5　迈胜S250超导同步回旋加速器基本参数

参　　数	数　值
加速粒子	质子
引出能量	250 MeV
引出流强	40 nA
注入方式	内部PIG源
磁感应强度：中心区/引出	8.9 T/8.2 T
高频系统	单180° DEE
引出类型	自引出
加速器直径	180 cm
加速器高度	160 cm
加速器质量	25 t

参考文献

[1] Lawrence E O, Livingston M S. The production of high speed protons without the use of high voltages[J]. Physical Review, 1931, 38: 834.

[2] Veksler V I. A new method of acceleration of relativistic particles[J]. Journal of Physics (USSR). 1945, 9: 153-158.

[3] McMillan E M. The synchrotron-a proposed high energy particle accelerator[J]. Physical Review, 1945, 68(5-6): 143-144.

[4] Thomas L H. The paths of ions in the cyclotron I. orbits in the magnetic field[J]. Physical Review, 1938, 54(8): 580-588.

[5] Willax H A, Zurich E T H. Proposal for a 500 MeV isochronous cyclotron with ring magnet [C]//Proceedings of the International Conference on Sector-Focused Cyclotrons and Meson Factories, Geneva, 1963: 386-397.

[6] Adam S, Joho W, Lanz P, et al. First operation of a flattop accelerating system in an isochronous cyclotron[J]. IEEE Transactions on Nuclear Science, 1981, 28(3): 2721 - 2723.

[7] Blosser H G. 30 years of superconducting cyclotron technology[C]//The 17th International Conference on Cyclotrons and Their Applications, Tokyo, Japan, 2004. Tokyo: Particle Accelerator Society of Japan, 2005.

[8] 张天爵,樊明武. 回旋加速器物理与工程技术[M]. 北京: 原子能出版社,2010.

[9] Bol J L, Lacroix M, Lannoye G, et al. Operating experience with a 30 MeV, 500 μA H^- cyclotron[J]. Nuclear Instruments and Methods in Physics Research Section B, 1989, 40 - 41(2): 874 - 876.

[10] Pagani C, Cavities C. CAS proceedings, CERN 92 - 03[R]. CERN, Geneva, 1992: 501 - 521.

[11] Sigg P. RF for cyclotrons, CAS Proceedings, CERN - 2006 - 012[R]. CERN, Geneva, 2006: 231 - 252.

[12] Verbruggen P. The medical and industrial applications of cyclotrons[R]. Archamps: Joint Universities Accelerator School, 2012.

[13] Karamysheva G A, Karamyshev O V, Kostromin S A, et al. Beam dynamics in a C253-V3 cyclotron for proton therapy[J]. Zhurnal Tekhnicheskoi Fiziki, 2012, 82 (1): 107 - 113.

[14] Vandeplassche D, Beeckman W, Zaremba S, et al. 235 MeV cyclotron for MGH's Northeast Proton Therapy Center (NPTC): present status[C]//Proceedings of the fifth European Particle Accelerator Conference (EPAC96), Barcelona, Spain, 1996.

[15] Kleeven W, Zaremba S. Cyclotrons: magnetic design and beam dynamics[R]. Vösendorf: CERN Accelerator School: Accelerators for Medical Applications, 2015.

[16] Kostromin S. Development of the IBA-JINR cyclotron C235-V3 for dimitrovgrad hospital center of the proton therapy[C]//Proceedings of Russia Particle Accelerator Conference 2012, Saint Petersburg, Russia, 2012. Saint Petersburg: St Petersburg University, 2012.

[17] Galkin R V, Gurskii S V, Jongen Y, et al. C235-V3 cyclotron for a proton therapy center to be installed in the hospital complex of radiation medicine (Dimitrovgrad) [J]. Technical Physics, 2014, 59: 917 - 924.

[18] Jongen Y, Tachikawa T, Satoh T, et al. Progress report on the construction of the proton therapy equipment for MGH[C]//Proceedings of the sixth European Particle Accelerator Conference, Spain, 1996. Stockholm: Institute of Physics Publishing, 1998.

[19] Krischel D W, Geisler A E, Timmer J H, et al. Particle therapy with the Varian/ ACCEL 250 MeV S. C. proton cyclotron[C]//1st Workshop Hadron Beam Therapy of Cancer, ERICE, Italy, 2009.

第5章
直线加速器

束流路径是直线的加速器称为直线加速器，在直线加速器中随时间变化的电磁场使带电粒子加速。1924 年 G. Ising 首先提出了直线加速器的原理，但是由于当时射频技术的限制，这种加速器难以实现。后来 R. Wideröe 在 1928 年首次完成了对直线加速器的验证实验。1946 年 L. W. Alvarez 提出了一种新的、更有效的高频质子加速结构，这种结构是在圆柱形加速腔中加入漂移管阵列而形成的，后来称为漂移管加速器。漂移管加速器的发明大大推动了直线加速器的发展，尤其是质子直线加速器的发展，在此基础上质子直线加速器发展出了不同的加速结构[1]。在 20 世纪 60—70 年代，建造更高流强质子加速器的需求催生了一些致力于相关领域的研究团队，尤其是在美国和苏联。伊利亚-卡普钦斯基理论和实验物理研究所在研究空间电荷效应对束流的影响上取得了重大进展，并提出了用电四极场聚焦的方案，通过空间调制产生纵向分量用于束流的加速。在 1969 年，I. M. Kapchinsky 和 V. A. Teplyakov 发表了第一篇关于射频四极场(RFQ)加速器设计的论文，标志着 RFQ 加速器开始发展。1980 年，美国洛斯阿拉莫斯国家实验室(Los Alamos National Laboratory, LANL)完成 RFQ 加速器的验证性实验，证明了 RFQ 加速器的可行性，推动了 RFQ 加速器在全世界的发展。后来 RFQ 加速器成为低能质子加速的首要选择[2]。

5.1 质子直线加速器概述

直线加速器的加速原理非常简单，就是电荷量为 q 的粒子经过电势差为 V 的两点之后能量增益为 qV，但是由于技术上的限制，在加速器发展的早期难以实现足够的能量增益。随着加速器技术的发展，直线加速器逐渐被重视，现如今已经成为加速器小型化的一个趋势。直线加速器有如下优点[3-4]：

(1) 束流传输率高，注入、引出极为方便。直线加速器中粒子的轨道是直线，所以在加速的过程中极少会出现束流损失，而在注入和引出的过程中一般不需要额外使用注入或引出装置，也就不会出现圆形加速器中注入引出的困难以及因此产生的束流大量丢失的问题，因此直线加速器的传输效率一般都比较高。

(2) 束流的流强高。由于结构的限制，圆形加速器无法达到很高的流强，而直线加速器的脉冲流强可以达到数百毫安，平均流强也能达到 5 mA 甚至更高，可以实现圆形加速器不能满足的高流强需求。

(3) 灵活性好。直线加速器主体往往由多个结构相近的腔组成，因此可以通过调整每个腔的电磁参数来实现不同的目的，比如提高束流品质、调节出口束流的能量等。

(4) 体积小、重量轻、成本低。圆形加速器的半径往往比较大，因此其体积和占地面积都非常大，而直线加速器本身腔体尺寸较小，加之线性的结构占地面积小，整体结构可以更加紧凑，同时可以降低建造成本，所以直线加速器是目前加速器小型化的一个重要方向。

然而质子的质量大、速度低等特点给质子直线加速器带来了许多困难，主要表现在以下几个方面：

(1) 在低能的情况下，质子的速度和速度增长都非常缓慢，以 0.1 MeV 和 1 MeV 为例，0.1 MeV 动能的质子的相对论速度($\beta=v/c$)约为 0.033，而 1 MeV 动能的质子的 β 约为 0.046。可以看到质子的速度非常慢，相对论效应较弱，同时速度增长也非常慢，若采用电子的行波结构来加速质子，不仅结构设计上非常复杂，而且精度要求高，难以加工，所以质子一般采用驻波结构。

(2) 直线加速器的加速单元长度(一般为 $\beta\lambda$)与粒子速度成正比，而质子因为质量大、加速慢，所以在很大的能量范围内质子的速度都是逐渐增长的，比如从 0.1 MeV 到 250 MeV，质子的相对论速度仅仅从 0.033 增长到 0.61，因此不同于电子加速器在电子速度接近光速后可以用相同的结构来加速，质子治疗用直线加速器的整个结构都在不断变化中，这也就给设计、加工等方面带来了复杂性。

(3) 质子直线加速器的工作频率不能太高。一方面，随着工作频率提高相应的加速结构会变小，导致低能下加工困难，难以满足精度要求；另一方面束流中不同粒子渡越时间因子的均匀性也会受到影响。粒子在间隙中被加速时，其能量增益与渡越时间因子成正比，而渡越时间因子 $T(r)$依赖于贝塞尔函数 $I_0(kr)$，其中，r 是粒子沿加速腔轴线的径向偏离，$k=\frac{\omega}{c}\left(\frac{1}{\beta^2}-1\right)^{\frac{1}{2}}$，$\omega$ 为高频加速场的角频率。电子的速度较快，所以 k 约等于 0，$T(r)$与半径无关，但是对于速度较低的质子，其 k 值较大，因为 $I_0(0)=1$，$I_0(1)=0.76$，一般要求 $kr_b\approx\frac{\omega r_b}{\beta c}\leqslant 1$，这样就可以保证束团中不同粒子渡越时间因子的差别小于 25%。要满足上面的关系式，束团尺寸 r_b 和工作角频率 ω 有一定的约束条件，这里除非有更加有效的低能质子束的聚焦手段，否则束团尺寸一般难以减小，所以只能降低工作频率。目前低能质子加速器的频率一般在几百兆赫兹，而用于医疗加速器的 5 MeV 以上部分的加速器频率也只能到 S 波段，不同于电子直线加速器更高的 C 波段、X 波段等。

(4) 空间电荷效应随粒子速度的减小而增大，因为质子的相对论速度 β 远低于 1，所以质子束中空间电荷效应非常大，其等效的粒子间斥力非常大，尤其是在低能下，有较大的可能会导致束流的大量丢失。所以在质子直线加速器中往往需要外加磁场来帮助束流的径向聚焦，由此给质子直线加速器的设计带来了更多的困难。

综上所述，质子直线加速器有其独特优点，同时也在设计、制造等方面存在非常复杂的问题。这也导致虽然直线加速器是基本原理最简单、设想提出较早的结构，但是在加速器发展很长的时间中依旧是圆形加速器占据主流地位，即使是直线加速器，通常也需要用更加复杂庞大的结构作为注入器。

5.2　质子直线加速器基本原理

对于质子直线加速器，由于上节提到的一系列问题，不能像电子那样用行波加速电场来加速，必须采用驻波加速器。谐振腔中的电场分布不随时间移动，而是在“原地振荡”，如图 5-1 所示。图中 z 表示轴线上的位置，E_z 表示轴线上的纵向电场强度，t 表示时间。假定 t_1 时一个质子在这样的场中受到加速作用，那么在 t_3 时它将受到减速作用，这样在一个周期内加速作用和减速作用相抵消，质子的能量不变。为了让谐振腔的场可以用来加速粒子，可以在轴线上加入金属管，将减速场屏蔽（见图 5－2）。这样粒子就可以在加速场中提高能量，在受到减速场之前进入金属管内，这里电磁场强度几乎为 0，粒子近于做漂移运动，等到粒子从金属管中离开后，又可以受到下一周期的加速场作用，如此就可以实现给粒子加速的目的。这些金属管称为漂移管，这种加速结构称为漂移管加速器，因为是 L. W. Alvarez 首次提出的，所以又称为 Alvarez 腔。在漂移管加速器的基础上，为了满足不同能量下质子加速的需求，人们发展出了更多不同的结构。这里我们先以漂移管加速器为例，简述质子加速器的工作原理。

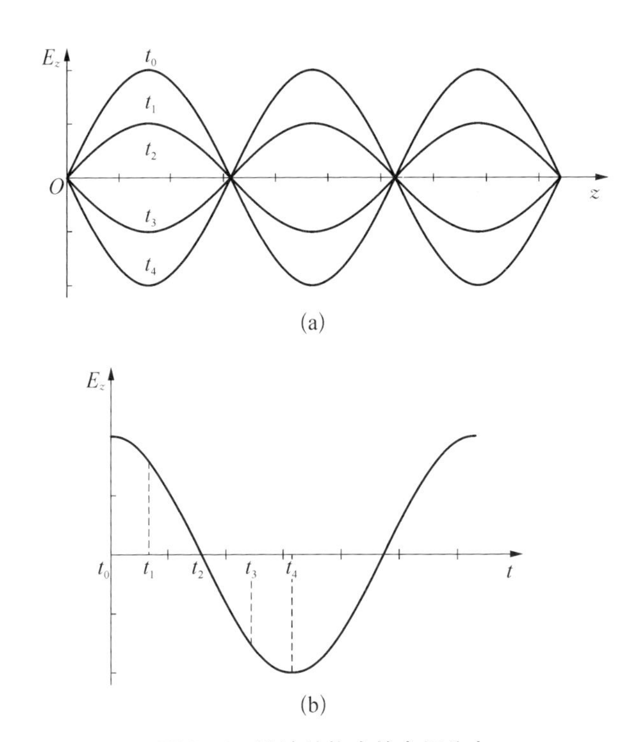

图 5－1　驻波结构中的电场分布

(a) 同一时刻电场沿轴线不同位置的分布；(b) 同一位置电场随时间的变化

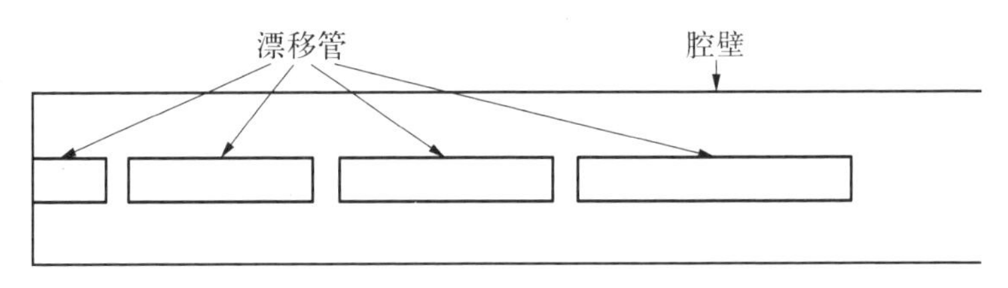

图 5－2　漂移管加速器的基本结构截面图

漂移管间的间隔称为加速间隙，通常将加速间隙及其前后漂移管的一半称为一个单元，在每个单元中质子都可以得到加速，随着质子速度的变化，每个单元，包括其中的漂移管和加速间隙的长度都需要不断地改变，以此与质子的运动相匹配而实现持续加速，所以漂移管加速器是一个准周期的加速结构。漂移管加速器的工作模式是 TM_{010} 模式，一个单元中的电磁场分布如图 5-3 所示，轴线上的电场沿轴线方向，偏离轴线的位置电场存在径向分量，远离漂移管的位置电场的径向分量又将减弱趋近于 0；磁场分布主要呈环绕状。从场分布的情况可以发现，电场除了给质子加速的作用外，其边缘场还有一定的聚焦或散焦作用，通过相位选择可以在一定程度上实现聚焦，但是由于剧烈的空间电荷效应，束流品质仍难以得到保证，严重的可能会导致束流大量丢失，为了给质子束聚焦，一般需额外安装四极磁铁。不同于普通的加速器一般将磁铁放置在腔体之间，在漂移管加速器中，漂移管的存在给安装四极磁铁提供了额外的空间，可以将磁铁放置在漂移管中，既可以在一定程度上减小加速器的体积，又可以实现更好的磁铁分布，提高聚焦效果。

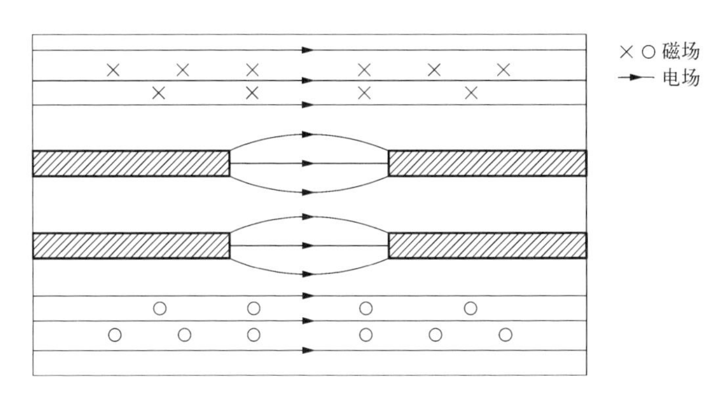

图 5-3　漂移管加速器一个单元以及其中电磁场的分布

接下来我们将进一步讨论质子在加速器中的运动。

5.2.1　质子在直线加速器中的纵向运动

在质子直线加速器中，实际的束团具有一定的长度，因此束团中不同质子的运动是不一样的。其中严格按照设计的路径及速度运动的称为同步粒子，或参考粒子，根据动力学可以得到粒子的纵向运动方程：

$$\gamma_s^3\beta_s^3\frac{d^2(\phi-\phi_s)}{dz^2}+3\gamma_s^2\beta_s^2\left[\frac{d(\gamma_s\beta_s)}{dz}\right]\left[\frac{d(\phi-\phi_s)}{dz}\right]+2\pi\frac{qE_0T}{mc^2\lambda}(\cos\phi-\cos\phi_s)=0 \tag{5-1}$$

式中，γ_s、β_s、ϕ_s 分别是粒子的相对论能量、相对论速度、相位，下标 s 表示同步粒子，E_0 表示单元内的平均加速电场，T 表示渡越时间因子，q 表示粒子电荷量，λ 表示波长。用 W 表示粒子动能，存在关系 $\gamma_s^3\beta_s^3 \dfrac{\mathrm{d}(\phi-\phi_s)}{\mathrm{d}z} = -2\pi\dfrac{W-W_s}{mc^2\lambda}$，令

$$w = \frac{W - W_s}{mc^2},\ A = \frac{2\pi}{\gamma_s^3\beta_s^3\lambda},\ B = \frac{qE_0T}{mc^2} \tag{5-2}$$

可以将式(5-1)改写为

$$\frac{Aw^2}{2} + B(\sin\phi - \phi\cos\phi_s) = H_\phi \tag{5-3}$$

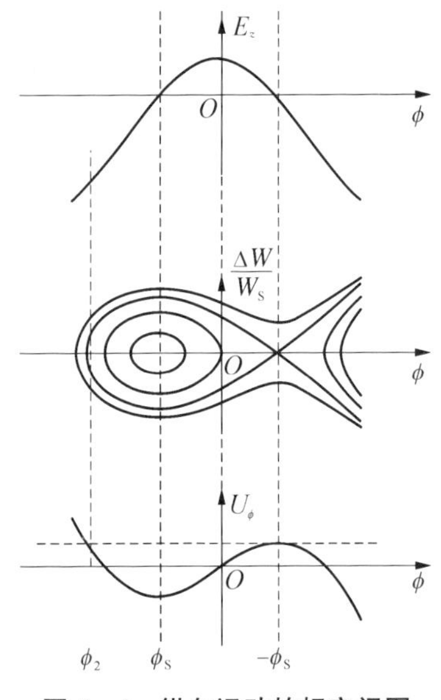

图 5-4　纵向运动的相空间图

系统的哈密顿量 H_ϕ 是一个常量，具体推导过程可参考文献[3]。式(5-3)中第一项与质子束的动能相关，第二项为势能，由此可以得到束团纵向运动的轨迹[见图 5-4 中]，因其类似鱼的形状，一般可以称为“鱼图”。根据势能 U_ϕ 与相位的关系（见图 5-4 下）可知，在 $-\pi \leqslant \phi_s \leqslant 0$ 范围内存在势阱，而在 $-\pi/2 \leqslant \phi_s \leqslant \pi/2$ 范围内存在加速电场，因此质子在 $-\pi/2 \leqslant \phi_s \leqslant 0$ 范围内的纵向运动是稳定的。从场的形状直观来分析也可以得到相同的结果：处于束团头部的质子受到的加速电场较低，因此相对于同步粒子是在减速；尾部的质子受到的加速电场较高，因此相对于同步粒子是在加速。如果选取 $0 \leqslant \phi_s \leqslant \pi/2$ 范围则会导致束团不断被拉长，最终的束流品质会非常差。通过图 5-4 可知，当 $\phi = -\phi_s$ 时，有 $\phi' = 0$，$w = 0$，所以 $H_\phi = B(\phi_s\cos\phi_s - \sin\phi_s)$。

5.2.2　质子在直线加速器中的横向运动

从图 5-3 可以看到，加速间隙两侧(漂移管附近)的电场存在横向分量，因此在加速间隙的入口处，偏轴的质子会感受到电场聚焦力，而在出口处，偏

轴的质子会感受到电场散焦力。在加速场作用下质子束出口能量高于入口能量，出口处感受到的散焦力要弱于入口处的聚焦力，因此总体效果表现为聚焦力。这种综合射频聚焦效果在低能量段加速过程中表现得更加明显，而在质子束能量提高后，这种综合射频聚焦效果则逐渐减弱。

在 x、y 方向描述质子横向运动的一般方程为

$$\begin{aligned} \frac{d^2 x}{dz^2} + K_x(z)x = 0 \\ \frac{d^2 y}{dz^2} + K_y(z)y = 0 \end{aligned} \tag{5-4}$$

式中，K_x、K_y 分别表示质子受到的聚焦作用因子。增加上述分析的加速间隙边缘场的作用，可得

$$\frac{d^2 u}{d\tau^2} + [\theta^2 F(\tau) + \Delta]u = 0 \tag{5-5}$$

式中，$\theta^2 = q\beta G\lambda^2/\gamma mc$ 是一个无量纲参数，表征四极磁铁的聚焦或散焦作用强度；$\Delta = \pi q E_0 T\lambda \sin\phi / mc^2\beta\gamma^3$ 也是无量纲参数，表征加速结构产生的射频聚焦或散焦作用强度；$\tau = z/\beta\lambda$ 是归一化的束流纵向坐标；$F(\tau)$ 是周期性特征函数，特征值为 1、0、-1，分别表示四极磁铁的聚焦、漂移和散焦状态。因为这个方程对 x 和 y 方向均有效，所以式(5-5)中的 u 可以任意地替换为 x 或 y 以分别表达两个方向上的横向运动。

5.3 全直线加速器的组成

全直线质子加速器(all-linac)，顾名思义是指从离子源之后一直到束流引出全部由直线加速器组成的一种质子加速器方案。传统漂移管加速器的工作频率为两百多兆赫兹，对应这个频率加速器腔体内径约为 1 m，同时四极磁铁的存在对漂移管的半径有一定的要求，通常这个尺寸为十几厘米。由于功率源输出和分配的限制，加速器腔体不能过长，一般每个腔体中有二十多至三十多个单元，总长在几米到十几米的范围，整个加速器可以由多个腔体组成。以上是传统漂移管加速器的大致尺寸，对于质子治疗加速器而言，体积还是比较大的，建造成本也高，需要成本更低的方案来满足广阔的需求。由于质子治疗所需要的粒子束流强较低，能量不高，这使得进一步减小加速器体积成为可

能。随着高频技术的发展，以及射频四极场的发明，解决了低能下质子束的聚焦问题，使全直线质子加速器得以实现，这种将近些年新兴的直线加速器技术结合起来的、更加紧凑的质子治疗加速器方案可以更加充分地发挥直线加速器的优点。当然加速器整体设计、建造、运行控制等方面也将比普通加速器更加复杂。

基于直线加速器的质子治疗装置可以分为多室方案和单室方案（见图 5-5）。多室方案是指一台加速器为多个治疗室提供束流，这种方案时间利用率高，只要改变加速器的部分参数就能满足不同治疗室的需求，这样就可以通过合理安排治疗时间来充分利用加速器，比如 TOP-IMPLART 项目[5]和 LIGHT 项目[6]就是这种方案；而单室方案中加速器只为一个治疗室提供束流，这种方案治疗装置整体占地更小，而且在直线加速器部分可以通过束流输运线将其“折叠”，大大减小了体积，采用这种方案的如 TULIP 项目[7]。中国科学院上海高等研究院的研究人员也在基于这两种方案展开设计和研究，目前完成了 S 波段驻波加速腔的研究和设计，利用这种技术可以实现质子闪疗。

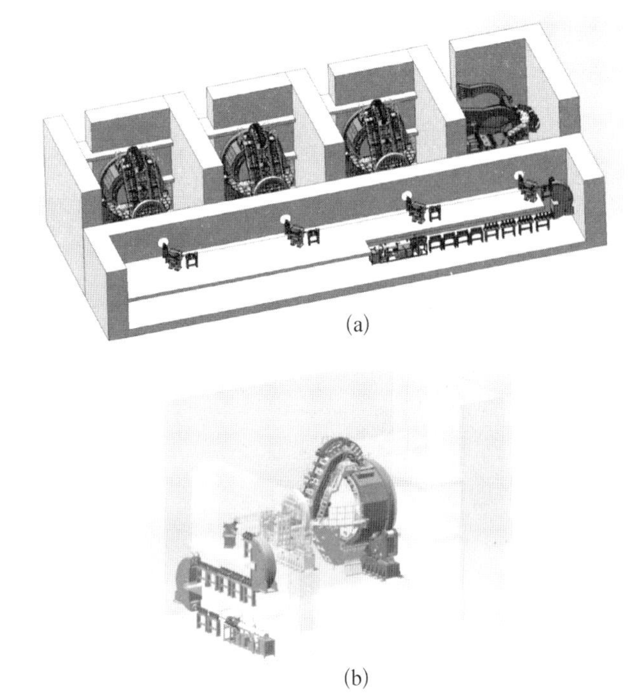

(a)

(b)

图 5-5　质子治疗的两种方案(彩图见附录)

(a) 多室方案；(b) 单室方案

5.3.1　射频四极场加速器

在RFQ加速器发明以前，低能下的质子通常采用倍压加速器来加速，它主要由离子源、高压发生器、加速管三部分组成。这样的结构非常庞大，比如欧洲核子研究中心早期的LINAC2中的倍压加速器，有十几米高，质量达数十吨。而RFQ加速器的发明改变了这一现象。

RFQ加速器之所以在低能质子束加速中起重要作用，是因为它的三点主要功能。

(1) 聚焦：使用电四极场在空间电荷力非常大的低能情形下，效率大大高于传统的磁聚焦。

(2) 聚束：将离子源开始的连续束流以最小的束流损失代价聚束成团。

(3) 加速：把束流从离子源的出口能量加速到足够高，可以满足注入后续结构的需要。

基于以上特点，几米长的RFQ加速器取代了以前体型庞大的倍压加速器等低能下的加速手段，大大减小了加速器的体积，降低了建造成本。

5.3.1.1　四翼型RFQ

四翼型RFQ是射频四极场加速器的主流设计类型之一，主要工作在200 MHz以上的较高射频频率，是轻离子加速的常用注入器结构。四翼型RFQ的结构如图5-6所示，该结构在谐振腔的腔壁上添加四个极头，可以在特定频率下激发出特殊的模式，在这些模式中极头间会形成四极的射频电压[见图5-7(a)]，于是束流在经过这样的通道时，会受到四极电场的作用。由于四极电场的极性会随时间和粒子位置而发生变化，束流每过半个射频(RF)周期会遇到极性相反的四极电场，效果类似于聚焦漂移散焦(FODO)结构，其中的物理与磁四极聚焦一样，利用薄透镜近似可以得到总效果是聚焦的。

而聚束所需要的纵向聚焦与加速所需的场是依靠极头上的纵向调制来实现的。图5-6所示的极头形状是由一种类三角函数确定的，周期为$\beta\lambda$，并且相对的极头"峰谷"都是对应的，而相邻极头"峰谷"错开，即峰对应谷、谷对应峰，在图5-6所标示的某一个位置相邻极头距离轴线分别为a与ma，相对极头距离轴线同为a或ma。错开的"峰"之间会形成斜向的电场[见图5-7(b)]，每隔$\beta\lambda/2$的长度，场的方向变换一次，其中纵向分量可以用来加速粒子，速度为β的束流在这样的场中遇到的始终都是加速场，就如同在标准的π模式的加速结构中一样。

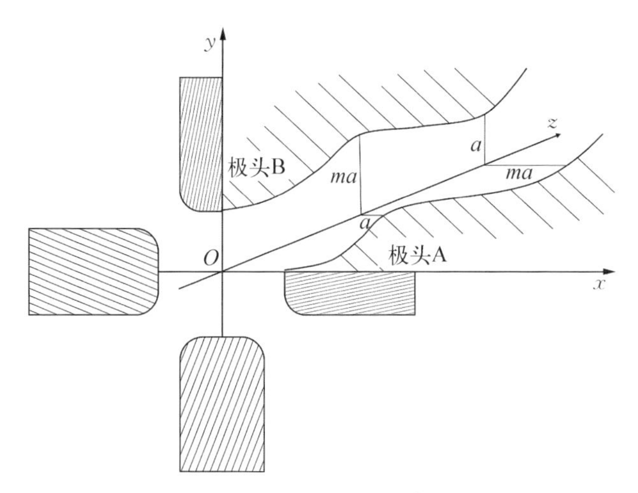

图 5-6　RFQ 结构示意图

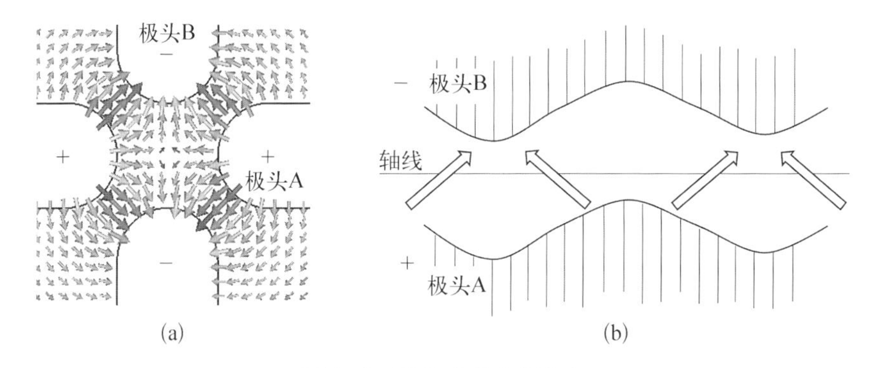

图 5-7　RFQ 中的电场分布

(a) 横截面处电场分布;(b) 相邻极头间电场

要详细分析 RFQ 中的电场分布及其中的束流动力学,首先可以考虑贝塞尔函数系列的横向四极项和纵向正弦项,因为这两项足以表达 RFQ 中最主要的聚焦和加速作用。在柱坐标下将电势写为

$$V(r,\ \theta,\ z)=A_0 r^2\cos 2\theta+A_{10}\mathrm{I}_0(kr)\cos kz \tag{5-6}$$

式中,$k=2\pi/\beta\lambda$。金属电极表面的电压必须恒定,这意味着 RFQ 电极的三维轮廓必须对应于等电位表面 $V(r,\ \theta,\ z)$。这样的表面在横向平面上是双曲线,在纵向呈现特征正弦调制。由分析可得

$$A_0=\frac{V_0}{2a^2}\frac{\mathrm{I}_0(ka)+\mathrm{I}_0(kma)}{m^2\mathrm{I}_0(ka)+\mathrm{I}_0(kma)};\ A_{10}=\frac{V_0}{2}\frac{m^2-1}{m^2\mathrm{I}_0(ka)+\mathrm{I}_0(kma)} \tag{5-7}$$

定义两个无量纲常数：

$$X=\frac{\mathrm{I}_0(ka)+\mathrm{I}_0(kma)}{m^2\mathrm{I}_0(ka)+\mathrm{I}_0(kma)};\ A=\frac{m^2-1}{m^2\mathrm{I}_0(ka)+\mathrm{I}_0(kma)} \tag{5-8}$$

将电势改写成关于时间的完整形式：

$$V(r,\theta,z,t)=\frac{V_0}{2}\left[X\left(\frac{r}{a}\right)^2\cos 2\theta+A\mathrm{I}_0(kr)\cos kz\right]\sin(\omega t+\phi) \tag{5-9}$$

水平和垂直电极上随时间变化的电压分别为 $+\frac{V_0}{2}\sin(\omega t+\phi)$ 和 $-\frac{V_0}{2}\sin(\omega t+\phi)$，在笛卡儿坐标系下，$x=r\cos\theta$ 和 $y=r\sin\theta$，可以将式(5-9)简化为

$$V(x,y,z,t)=\frac{V_0}{2}\left[\frac{X}{a^2}(x^2-y^2)+A\mathrm{I}_0(kr)\cos kz\right]\sin(\omega t+\phi) \tag{5-10}$$

通过对电势的表达式进行微分，笛卡儿坐标中电场的各分量为

$$\begin{aligned}E_x&=-\frac{XV_0}{a^2}x-\frac{kAV_0}{2}\mathrm{I}_1(kr)\frac{x}{r}\cos kz\\E_y&=\frac{XV_0}{a^2}y-\frac{kAV_0}{2}\mathrm{I}_1(kr)\frac{y}{r}\cos kz\\E_z&=\frac{kAV_0}{2}\mathrm{I}_0(kr)\sin kz\end{aligned} \tag{5-11}$$

式中，E_z 为粒子束的加速电场；E_x、E_y 为粒子束的横向聚散焦电场；$\mathrm{I}_1(kr)$ 为一阶修正贝塞尔函数，当 r 很小时，$\mathrm{I}_1(kr)$ 可以近似等于 $kr/2$。如果式(5-10)中相位 φ 为纵向聚束状态，则式(5-11)中第一、二个公式中的右边第一项产生聚焦效果，右边第二项产生散焦效果；反之则产生相反效果。公式中 A 为加速效率，X 为聚焦效率。当 $m=1$ 时，$A=0$，$X=1$，RFQ 变成纯四极传输通道，没有对粒子进行加速。随着 m 增加，在轴上产生加速场。XV_0/a^2 的值是四极梯度，可以度量四极聚焦强度。在 RFQ 中计算束流动力学的最准确方法是计算这些电场的运动方程的数值积分。

其实从纵向的角度来看，RFQ 仍然是由大量小加速单元组成的，但是与传统加速结构相比，质子在低能下 β 非常小，因此 RFQ 中有一些参数可能在每一个单元中都不一样：比如调制参数的大小以及它引起的纵向电场强度的变化；每个单元的长度以及它引起的束流在单元中心的相位变化。所以我们可以进行以下设计：在 RFQ 开始的部分保持极头是平的，然后在一定长度后慢慢加上调制。经过调制之后粒子开始慢慢向 RF 电压为零的相位靠拢，这种聚束过程可以在多个单元中被精细控制，使束流损失非常小，绝大多数的束流都被 RFQ 俘获。形成束团后就可以开始加速了，RFQ 设计可以慢慢修正单元长度以保证束团中心在 RFQ 的波峰上。从功能来分，RFQ 可以分为四段(见图 5-8)。

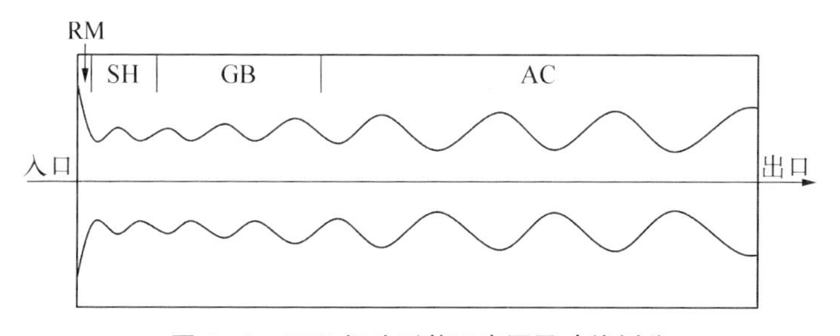

图 5-8　RFQ 极头形状示意图及功能划分

横向匹配(radial matching, RM)段：这部分径向聚焦力在 2～5 个 $\beta\lambda$ 长度内从初始非常低的值增长到更高的终值，让束流无损失地与随时间变化的聚焦力相匹配。

成形(shaper, SH)段：这一段开始调制同步相位和纵向电场，同步相位从 $-90°$ 开始增加，纵向电场从 0 开始增加，正确的参数选择可以在末端“塑造”出下一段所需要的粒子分布，为聚束做准备。

聚束(gentle buncher, GB)段：束团的平均长度在这里不再变化，粒子分布也保持在一个固定状态，而同步相位则被调制为最终的值。

加速(accelerator, AC)段：调制参数在这里变得更大，产生更强的纵向电场，束流能量主要在这一段中得到提升。

决定加速单元对束流动力学影响的三个参数分别如下。

(1) 束流孔径 a：它决定聚焦强度。

(2) 调制参数 m：它决定了电场纵向分量的强度。

(3) 相位 ϕ：它由理想的调制周期($\beta\lambda/2$)和实际的差决定了聚束和加速的效果。

这些参数对于每一个单元都是“独特的”,可以逐单元平滑地变化。除了这些参数,还有一个可以修改的是 RFQ 的电压 V,但是电压的改变是有限制的。通常 RFQ 使用的都是常电压设计。

在设计 RFQ 时,需要为每一个加速单元 i 找到合适的组合 $(a, m, \phi)_i$ 以及合适的电压 V 来满足以下功能:

(1) 将从低能输运线中出来的束流匹配进 RFQ 的聚焦通道中。

(2) 以最小的发射度增长输运束流。

(3) 以最小的束流损失进行聚束,形成与后面的加速段接受度相匹配的纵向发射度。

(4) 将束流从离子源出口能量加速到一定能量,满足后续加速段的注入需要。

(5) 对于一些新型设计,利用 RFQ 最后的几个单元将束流与后续加速段匹配。

这种设计通常由计算机程序完成。这些程序可以从一组输入参数中针对给定的电压确定 (a, m, ϕ) 组合并计算输出束流参数。在确定给定参数集对 RFQ 的其他方面的影响(如 RF 和机械设计以及建造)时,设计师的经验尤其重要,例如提高电压虽然可以增加聚焦强度但也会增加电极之间打火的风险,过小的孔径可能会导致电极加工和对准过程中出现难以校准的误差等。此外,设计人员需要特别注意,在存在实际误差分布的情况下应模拟束流的演化,特别是电极的位置。通常最好的设计不是提供最佳性能的设计(RFQ 短,发射率增长小,束流损失小),而是一种对机械和 RF 错误不太敏感的设计[8-9]。

图 5-9 给出了一个 RFQ 射束动力学设计的例子。这个 RFQ 的工作频

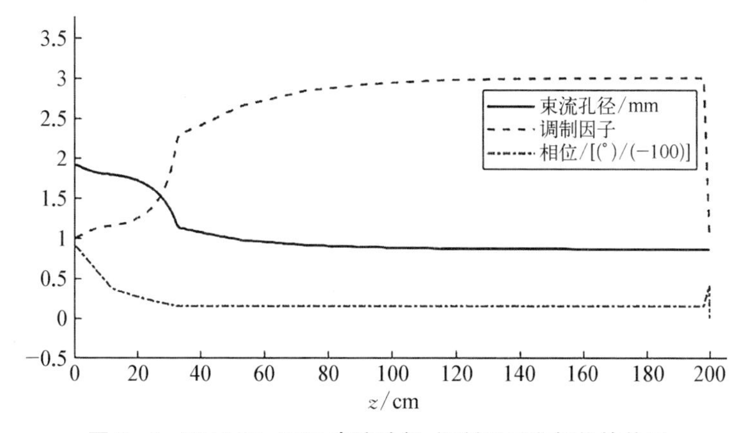

图 5-9　714 MHz RFQ 束流孔径、调制因子和相位的关系

率为714 MHz,将1 mA的束流从50 keV加速到5 MeV。束流在RFQ入口处看到的RF相位为−90°(根据直线加速器的惯例,从波峰算起),但是在聚束过程开始后,相位便逐渐增加,在约35 cm后达到−15°。从入口到这为止,调制因子都非常小,而后面调制因子开始增大,从而提高纵向场并开始实际加速过程,这个加速过程发生在RFQ的后半部分。该特定RFQ的长度出于制造原因不能超过3 m,因此聚束过程发生得相对较快,束流传输效率仅为30%。理论上的束流输运率接近100%是可能的,但以更长的长度和严格的机械要求为代价。

5.3.1.2　四杆型RFQ

四杆型RFQ是另一种射频四极场加速器的设计类型,主要工作在200 MHz以下的较低频率范围,其基本结构如图5-10所示。四个极杆靠导电支撑板的线性阵列充电。在理想的四极结构中,相邻的杆处于相反的电位,而相对的杆处于相同的电位。一对相对的杆连接到相同的板,并且板的连接沿着腔的轴向从一对杆到另一对杆交替。由于相对杆之间的低阻抗路径(相对的杆短接在一起),所以二极模式的频率比四极模式的频率高得多。因此,由二极模式引起的意外简并对于四杆型腔来说不是问题,这有助于提高电场的稳定性。电场集中在极杆附近。支撑板上的电流密度高于四翼型结构的电极上的电流密度,这往往会降低效率,但可以通过减少杆之间的电容来抵消,从而可以减少给定电压下所需的充电电流。空腔的外壁几乎没有电流,并且外壁的设置对谐振频率没有很大的影响。因此,四杆型腔的横向尺寸可以非常紧凑,这对低频结构是有利的。极杆中的调制图案可以很容易地在车床上加工,也可以以较短的电极形式在铣床上加工。在较高的频率下,极杆变得更小,比四翼型电极更难冷却,这对于高频而言是不利的,这也是高占空比的RFQ通常选用四翼型结构的原因。

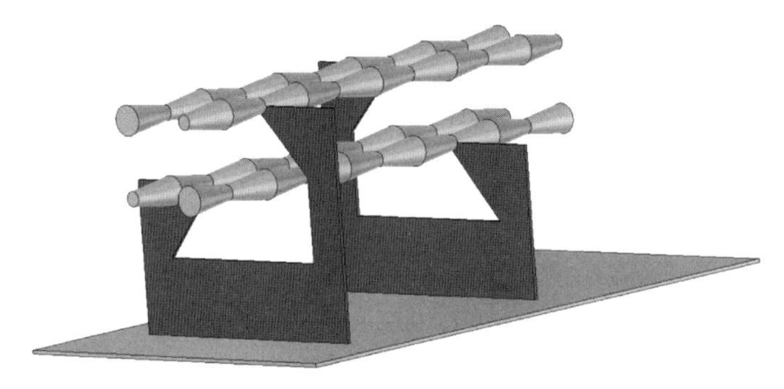

图5-10　四杆型射频四极场内部结构

5.3.1.3　紧凑型 RFQ

从直线加速器的原理看，频率越高，加速器设计越难，在 RFQ 中提高频率也面临着同样的问题，并且高频下很容易导致束流俘获率降低，目前常用的 RFQ 工作频率最高在 400 多兆赫兹。但是，更高的频率可以提高加速结构的加速梯度，减小加速结构的体积，在对流强需求不高的设计中，高频 RFQ 具有足够的吸引力。由 CERN 提出并建造的 750 MHz RFQ 标志着紧凑型 RFQ 的起点[10]，之后这种 RFQ 逐渐成为直线加速器紧凑化的主流。

中国科学院上海高等研究院的研究人员也对紧凑型 RFQ 进行了研究和设计，根据加速器工作频率的不同，RFQ 的频率选择为 714 MHz。在设计中调整了沿 RFQ 的同步相位，以使只有可以注入更高频率结构中的粒子才被加速，而其他粒子则以尽可能低的能量(远低于激活阈值)丢失。表 5-1 列出了主要的 RFQ 参数。

表 5-1　714 MHz RFQ 的主要参数

参 数 名	数 值
输入/输出能量	50 keV/5 MeV
长度	2 m
极间电压	73 kV
最小束流孔径	1 mm
最大调制参数	3
最终同步相位	−15°
最大输出流强	300 μA
束流传输效率	30%
出口能散	±40 keV
RF 频率	714 MHz

这个 RFQ 可以在 2 m 的长度内将质子加速至 5 MeV。由于选择了限制纵向接受度，因此传输效率为 30%。同时这也限制了为加速而捕获的粒子数量，但它还确保了超出接受度的粒子在 RFQ 开始时与 RF 场不同步，从而避免了达到更高的能量并使加速结构活化。这样的一个 RFQ，其截面直径仅为 24 cm，预计质量不到 300 kg(见图 5-11)。

高频 RFQ 的研制推动了质子直线加速器的小型化进程，也为全直线质子治疗加速器提供了有力的基础，几乎成为现在全直线方案必需的选择。

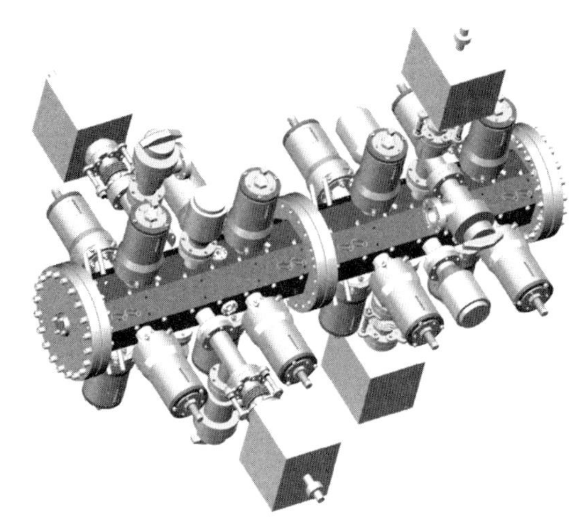

图 5-11　一段 714 MHz RFQ 的机械设计图(彩图见附录)

5.3.2　漂移管加速器

在质子直线加速器中,不同能量段的质子可能会用到不同类型的漂移管加速器,这些加速器具有特别的设计和特性。

对于 β 在 0.1～0.5 范围的质子,交叉指磁波漂移管加速器(IH-DTL)具有加速梯度高、分路阻抗高等优势,在质子直线加速器中的应用越来越广。不同于传统加速器的工作模式(TM_{010}),IH-DTL 的工作模式为横电模式(TE_{110}),这种模式是由漂移管支撑杆的不同排列激发的(IH-DTL 的结构见图 5-12),在这种模式中磁场在很大范围内都是纵向的,横向的电场聚集在近轴的位置。由于漂移管的存在,轴线上的电场具有纵向的分量,这样的纵向分量足以用来加速粒子。在 IH-DTL 中一个单元的长度为 $\beta\lambda/2$,也就是说相邻单元的射频电磁场的相位差是 π,束流在其中的加速类似于 π 模式的加速结构。

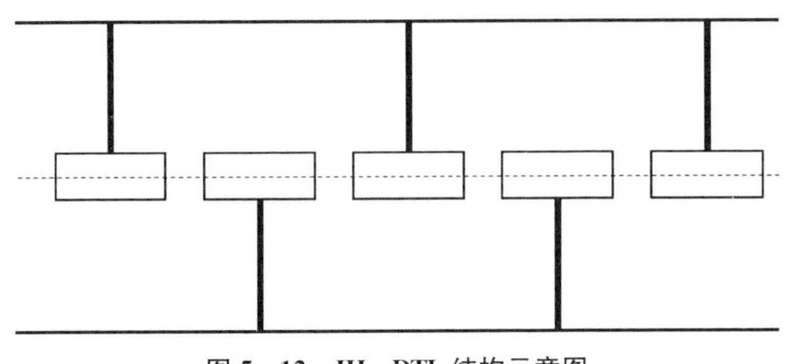

图 5-12　IH-DTL 结构示意图

IH-DTL的束流动力学设计经常采用KONUS(kombinierte null grad struktur)方案,这种方案大量利用电场强度最高的零相位进行加速,可以获得较高的加速梯度。但是由于束流在零相位处的不稳定性,束团会被拉长,导致束流能散、相散的增大,束流品质下降。为了解决聚束的问题,KONUS动力学方案中加入了负相位的单元,一般为−35°左右,利用加速间隙中场的边缘效应实现聚束效果;另外为了解决束流在漂移及负相位聚束过程中的发散问题,还需要增加四极磁铁来实现聚焦,通常为由三块四极磁铁组成的结构。零相位加速、四极磁铁聚焦、负相位聚束这三个部分组成了KONUS动力学方案的基本周期结构(见图5-13)。人们在此基础上发展出了一些其他的动力学方案,主要都是通过选用不同的相位来实现不同的功能。

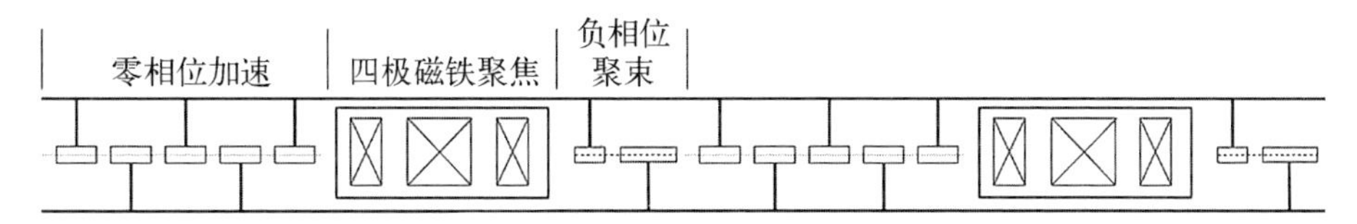

图5-13 KONUS动力学设计周期结构示意图

KONUS动力学设计选用的是"鱼图"中的不稳定区,如图5-14中虚线方框表示的部分,所以在IH-DTL中并不存在同步粒子,在设计的过程中需要注意避免束流快速掉出目标区域,同时要保证束流在纵向和横向的匹配,否则会导致束流大量丢失及输出束流品质过差等后果。

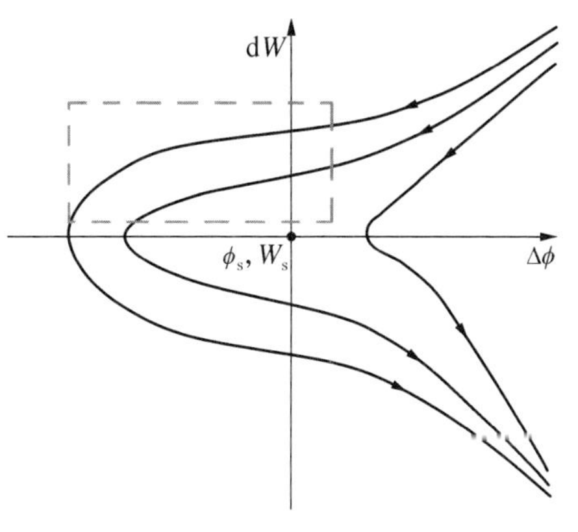

图5-14 KONUS动力学设计在"鱼图"中的位置

对于能量更高的质子束,边耦合漂移管加速器(SCDTL)是更好的选择,它的原理与前面介绍的普通漂移管加速器相似,在结构上略有不同。SCDTL的腔之间在轴线两侧交替地使用耦合腔进行功率耦合,腔体之间的空隙为磁铁提供了空间(见图5-15),可以通过合理的磁铁排列实现束流的聚焦等效果[11]。

SCDTL的主要作用是将从RFQ出来的束流加速到满足注入后续加速段要求的能量,一般为30~70 MeV,这个能量选择依靠加速器的整体设计的取舍来确定。SCDTL的功率要求比耦合腔直线加速器(CCL)的低,总制造成本

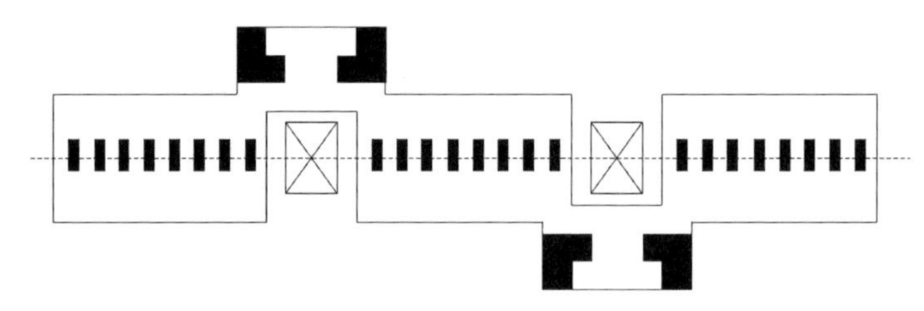

图 5-15　SCDTL 截面示意图

也较低，同时加速梯度也比耦合腔直线加速器的低，使用 SCDTL 将束流加速到过高的能量会增加整个加速器的长度。

5.3.3　耦合腔直线加速器

耦合腔直线加速器由谐振腔的线性阵列组成，耦合在一起以形成多腔加速结构(见图 5-16)。CCL 用于在典型速度范围 $0.4<\beta<1.0$ 内加速电子和质子束。各个腔体有时称为单元，每个单元通常以类似于 TM_{010} 的驻波模式运行。CCL 结构在每个 $\beta\lambda$ 的长度中提供两个加速间隙。CCL 的大多数特性可以从 $N+1$ 个耦合电振荡器的模型中了解，系统将有 $N+1$ 个正常模式，每个模式具有不同谐振腔的特征谐振频率以及相对幅度和相位的特征模式，可以通过解决特征值问题来确定这 $N+1$ 个正常模式的属性。

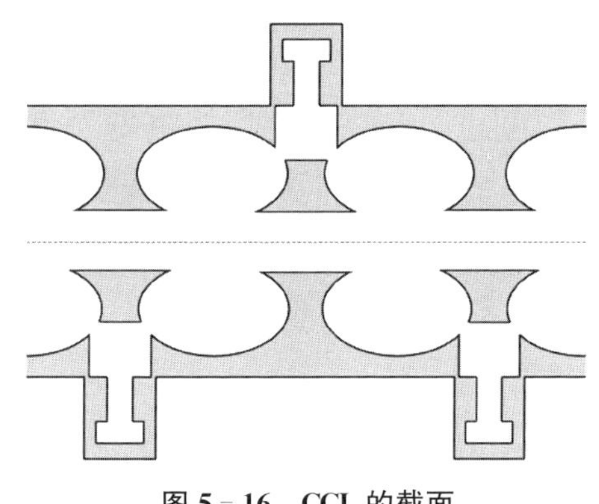

图 5-16　CCL 的截面

图 5-17 给出了三个谐振子耦合的振荡器链。三元阵列中有一个中央振荡器，该中央振荡器的两侧都有互感，用于将粒子耦合到另两个端振荡器。端振荡器的电感仅为中间振荡器的一半，但电容为中间振荡器的两倍，可在零耦合强度范围内提供相等的谐振频率。两端振荡器可以称为“半单元”。一般来说，$N+1$ 耦合振荡器链只是这个三元链的扩展，我们可以从该耦合电路模型中得出这种系统行为的许多细节，包括每个正常模式下单元的相对相位、幅度和色散关系的性质，以及每个单元谐振频率误差的影响和功率损耗的影响。因为该模型适用于一系列耦合谐振腔，所以我们经常将特征向量称为场而不是电流。

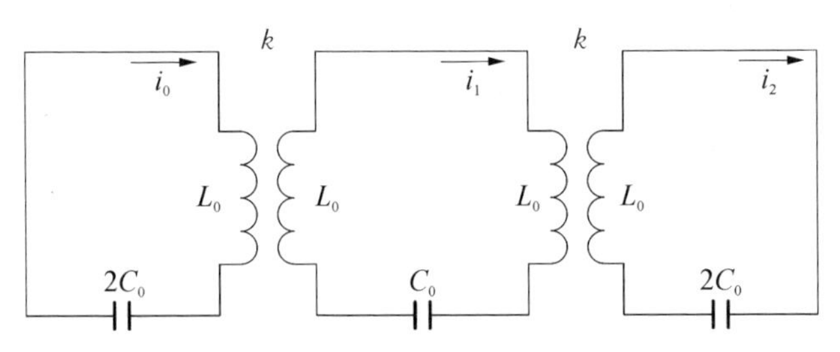

图 5-17　三个谐振子的耦合振荡器链

对于三元电路可以写出方程：

$$
\begin{aligned}
x_0\left(1-\frac{\omega_0^2}{\Omega^2}\right)+x_0 k=0 \\
x_1\left(1-\frac{\omega_0^2}{\Omega^2}\right)+(x_0+x_2)\frac{k}{2}=0 \\
x_2\left(1-\frac{\omega_0^2}{\Omega^2}\right)+x_1 k=0
\end{aligned}
\tag{5-12}
$$

式中，$x_n = i_n\sqrt{2L_0}$，为归一化电流，$k = M/L_0$，为耦合常数，$\omega_0 = 1/\sqrt{2L_0C_0}$，为非耦合情况下单个谐振子的频率，$\Omega$ 是某个正常模式的频率。将方程组(5-12)写成矩阵的形式：

$$
L\boldsymbol{X}_q=\frac{1}{\Omega_q^2}\boldsymbol{X}_q \tag{5-13}
$$

可以得到三组解：

(1) 模式 $q=0$，即 0 模，$\Omega_0=\dfrac{\omega_0}{\sqrt{1+k}}$，$X_0=\begin{bmatrix}1\\1\\1\end{bmatrix}$；

(2) 模式 $q=1$，即 $\pi/2$ 模，$\Omega_1=\omega_0$，$X_1=\begin{bmatrix}1\\0\\-1\end{bmatrix}$；

(3) 模式 $q=2$，即 π 模，$\Omega_2=\dfrac{\omega_0}{\sqrt{1-k}}$，$X_2=\begin{bmatrix}1\\-1\\1\end{bmatrix}$。

其中 $\pi/2$ 模是一个特殊的模式，从电路上看它有一个未激发的谐振子，而如果对它进行微扰分析可以发现，其一阶误差仅体现在这个未激发的谐振子上，所以这个模式对较小的频率偏差是极不敏感的。实际上 $\pi/2$ 模对场的振幅和相位的敏感度也非常低，相对而言是一个非常稳定的模式。

耦合谐振子链的 $\pi/2$ 模式具有独特的属性，比如其对场的幅值和频率偏差极不敏感且与邻居模的间隔是所有模式中最大的，当单元数量很大时，这些特点尤其重要。如果我们可以设计一种合适的几何形状来满足粒子的同步条件，并且这种结构的并联阻抗比较高，那么将这种模式用于直线加速器将很有优势。为了确保在腔的周期性阵列中以 $\pi/2$ 正常模式进行同步，可以选择合适的腔长，以使连续激发腔之间的间隔为 $\beta\lambda/2$，对应于一个 RF 周期的一半。其配置如图 5－18(a)所示，该配置在轴上包含等长的空腔。对于一个 π 型结构，每个 $\beta\lambda$ 有两个激发的加速单元，但是它们被未激发的单元隔开。这种配置不会造成较高的分路阻抗，因为这种模式下场仅集中在可用空间的一半，净功率耗散大于所有单元都可以加速的 π 模式。

在保持高分路阻抗的同时保持 $\pi/2$ 模式优势的更好解决方案是形成双周

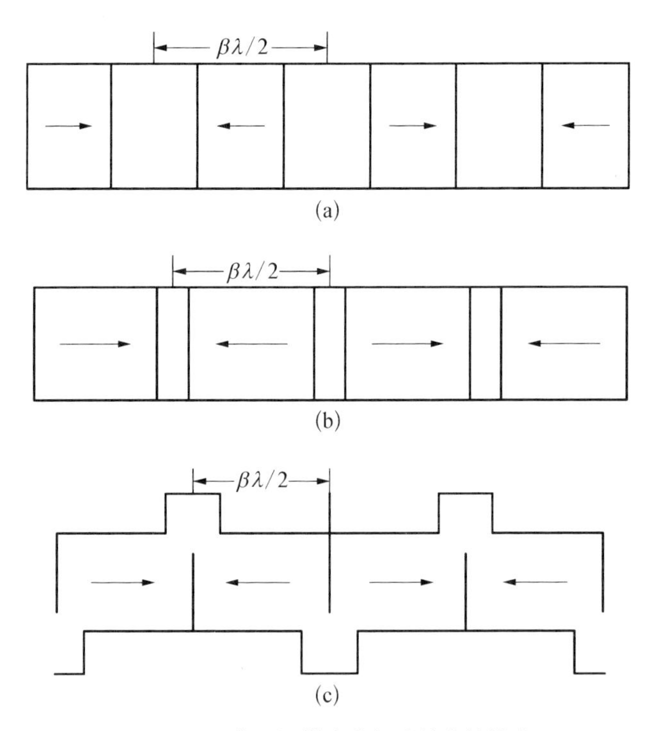

图 5－18　类 $\pi/2$ 模在谐振腔链中的模式

(a) 普通周期结构；(b) 轴耦合双周期结构；(c) 边耦合双周期结构

期链，优化了激励加速腔的几何形状以实现最佳分路阻抗，而未激励的腔也称为耦合腔，占据较小的轴向空间，并以与被激发空腔相同的频率谐振。两个最流行的几何形状是轴耦合和边耦合结构[见图 5 - 18(b)和(c)]，其中轴耦合结构的耦合腔比加速腔占据的轴向空间更小，而边耦合结构的耦合腔已从束流线上移开，束流轴线完全可用于激发的加速腔。对于这两种几何形状，耦合腔和加速腔通过在外壁上切出的狭槽进行磁耦合。这两种解决方案都不仅保留了周期性空穴链的 $\pi/2$ 模式的独特属性，又在一定程度上具备 π 模式的高分路阻抗特征。双周期腔链也可以使用耦合电路模型进行分析。

CCL 在质子治疗的全直线方案中通常负责能量为 70～250 MeV 的部分，因为在此能量范围内 CCL 的加速梯度比较高，所需功率比较低，这一能量段大约包含十几个腔体，出口能量的调节是通过改变 CCL 部分的电磁参数来完成的。

5.3.4　高梯度驻波结构

在能量高于 70 MeV 之后的加速，除了 CCL 以外，还可以用高梯度的驻波加速结构。这种加速结构通常基于经典的 9 腔加速结构，利用驻波微波电场加速质子束。驻波加速结构内部的加速电场只有时间相位，没有空间相位，质子束的加速原理可以由下式表达：$E_z(z,\ t)=E(z)\sin(\omega t+\phi)$，因此，质子束在驻波加速电场中的加速相位随时间而变化，经过一个加速腔所获得的电压不仅与行进距离 L 有关，还与质子束团经过 L 的渡越时间有关：

$$V=E_0 TL\cos\phi \tag{5-14}$$

式中，渡越时间因子 T 为

$$T=\frac{\int_{-L/2}^{L/2} E(z)\sin\left(\frac{2\pi z}{\beta\lambda}\right)\mathrm{d}z}{\int_{-L/2}^{L/2} |E(z)|\,\mathrm{d}z} \tag{5-15}$$

在由 N 个腔组成的结构中，根据边界条件的不同，存在不同数目的特征模式。图 5 - 19 的四种类型可以分为磁边界和电边界两类，其中图(a)的磁边界类型为实际驻波加速结构的等效模型，由加速腔链和两端的漂移管组成，图(b)的电边界和图(c)的磁边界类型存在于冷测实验中，而图(d)的电边界类型则存在于光阴极电子枪中。根据等效电路理论，可以得到图 5 - 19 中四类结构的特征模式数目分别为 N[图(a)]、N[图(b)]、N[图(c)]和 $N+1$[图(d)]，其具体模式分布依次为

$$
\begin{aligned}
&\frac{q\pi}{N+1}, \quad q=1,\ 2,\ \cdots,\ N \\
&\frac{q\pi}{N}, \quad q=0,\ 1,\ 2,\ \cdots,\ N-1 \\
&\frac{q\pi}{N+1}, \quad q=1,\ 2,\ \cdots,\ N \\
&\frac{q\pi}{N}, \quad q=0,\ 1,\ 2,\ \cdots,\ N
\end{aligned}
\tag{5-16}
$$

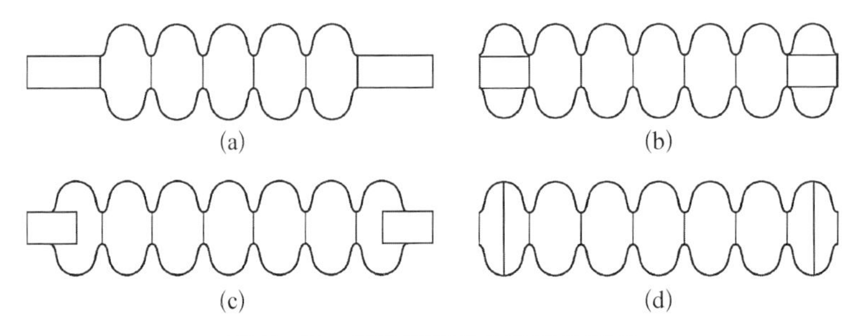

图 5-19　四种类型的驻波腔体模式

因此 9 腔驻波加速结构共存在 9 个特征模式，而最高模式本质上为 $\frac{9\pi}{10}$ 模式，经过两端的腔体修正后成为准 π 模式。

在中国科学院上海高等研究院的质子治疗加速器方案中，用了 5 m 长的 S 波段驻波腔来完成 70～235 MeV 的加速，平均加速场强达到了 50 MV/m。

5.4　质子直线加速器的技术系统

质子直线加速器是由多种技术系统构建成的综合性科学装置，包含了微波系统、同步定时系统、磁铁系统、束流测量系统、束流控制系统、电源系统、真空系统、机械系统和工艺系统等。

1）微波系统

微波系统是质子直线加速器的主体，涵盖了注入器、主加速段和束流测量等部分。微波单元是微波系统的基本单元，若干或者几十上百套微波单元串

联组成了质子直线加速器的装置主体。每套微波单元的结构类似，主要包括脉冲电源、高功率速调管、低电平控制系统、能量倍增器、加速结构和波导系统等。

在质子直线加速器的微波系统中，典型的常温微波单元由微波脉冲功率源驱动，最高重复频率为 100 Hz。经过能量倍增器进行功率倍增后，产生 10 MW 的峰值脉冲功率，通过波导系统传输至加速结构，建立 20～40 MV/m 的加速电场，并以串联方式将质子束加速至更高能量。

质子直线加速器的束流稳定性很大程度上受到微波系统幅度相位稳定性的影响。微波系统幅度相位稳定性主要来自各个有源设备的信号噪声和抖动，如参考信号、低电平系统、固态信号源、脉冲电源和速调管等，这些噪声和抖动经过叠加放大后，最终通过加速电场的幅相抖动作用于质子束，产生纵向和横向的不稳定性。为了获得稳定的质子束，研发人员根据物理需要对微波系统提出相应的幅相稳定性要求。

2）同步定时系统

质子直线加速器是综合性的科学装置，包含了名目繁多的各类设备，需要保证所有设备的运行同步一致，才能有效地加速、测量和控制质子束。同步定时系统提供了质子直线加速器同步运行的技术条件，可以分为同步和定时两项技术。

定时系统产生多路触发信号，做一定分布后以控制质子直线加速器的所有设备，实现统一触发，完成质子束产生、微波加速、束流测量和束流控制的协调一致。定时系统的触发抖动要求实现皮秒级别的稳定性，利用本地设备在触发时间上的冗余度，可以实现质子直线加速器所有设备的精准协作。

3）磁铁系统

质子直线加速器的质子束沿着直线路径传输，因此用于控制质子束路径的磁铁系统较简洁，磁铁数量少。质子直线加速器的磁铁种类分为二极磁铁、四极磁铁和校正子。二极磁铁用于束流能量测量；四极磁铁用于质子束匹配和横向聚焦的 FODO 结构；校正子用于质子束流轨道校正，保证质子束沿着束流中心传输。根据质子直线加速器的物理设计，对不同磁铁提出磁场强度、好场区、均匀度误差和线性度误差等要求，以满足质子束品质的物理要求。在安装时，磁铁的准直度要满足误差要求，以保证所有磁铁的磁中心都在质子束中心线的误差范围内。

4）束流测量和控制系统

束流测量系统是质子直线加速器的眼睛，对质子束的运行状态进行监测，通常分为在线和介入式器件。在线测量设备包括束流流强测量器件ICT和束流位置测量器件BPM,介入式器件主要包括基于YAG(荧光)靶和OTR(渡越辐射)靶的束流界面测量设备。质子直线加速器根据物理需求,对束流测量器件的测量分辨率、响应速度和响应带宽等提出指标要求,以满足质子束测量的需求。

5)其他技术系统

除了上述技术系统之外,质子直线加速器还包括电源系统、真空系统、机械系统和工艺系统等。电源系统为所有磁铁和速调管聚焦线圈提供恒定的直流功率,其稳定性水平将通过各类磁铁影响质子束的稳定性状态。质子直线加速器根据各类磁铁的磁场强度和响应速度要求,对各类电源的功率水平和响应速度提出要求,同时根据质子束的物理要求,对各类电源的稳定性提出相应的指标要求。真空系统由各类真空管道、真空泵、真空阀和真空计组成,在质子直线加速器的质子束管段和微波传输空间建立一个超高真空环境,以满足质子束和高功率微波运行环境要求。质子直线加速器的真空系统通过真空阀分割为几个区域,通过真空计实时监测真空环境,并与联锁系统相连,一旦发生真空泄漏事故,将启动联锁保护并关闭真空阀,隔断真空异常区域,以保护质子直线加速器设备的安全。

机械系统为质子直线加速器提供机械支撑、机械准直和振动隔离等技术支持,保证质子直线加速器在良好的环境下运行,所有束流元件的安装均在束流中心线误差范围内。

工艺系统包含了水、电和气的技术支持,为质子直线加速器的稳定运行提供技术保障。

参考文献

[1] Lapostolle P M. Proton linear accelerators: a theoretical and historical introduction [R]. New Mexico: LANL, 1989.

[2] Vretenar M. The radio-frequency quadrupole[R]. Geneva, Switzerland: CERN, 2003.

[3] Wangler T P. RF linear accelerators[M]. Weinheim: Wiley-Vch Verlag GmbH & Co. KGaA, 2008.

[4] 王书鸿,罗紫华,罗应雄. 质子直线加速器原理[M]. 北京:原子能出版社,1986.

[5] Ronsivalle C, Carpanese M, Messina G, et al. The top-implart project[C]// Proceedings of IPAC2011, San Sebastian, Spain, 2012.

[6] Degiovanni A, Stabile P, Ungaro D. Light: a linear accelerator for proton therapy

[C]//Proceedings of NAPAC2016, Chicago, USA. Geneva: CERN, 2017.
[7] Benedetti S, Grudiev A, Latina A. High gradient linac for proton therapy[J]. Physical Review Accelerators and Beams, 2017, 20(4): 040101.
[8] Young L. Tuning and stabilization of RFQ's [C]//Proceedings of the Linear Accelerator Conference, Albuquerque, New Mexico, USA, 1990. United States: LANL, 1991.
[9] Browman M J, Young L M. Coupled radio-frequency quadrupoles as compensated structures[C]//Proceedings of the Linear Accelerator Conference, Albuquerque, New Mexico, USA, 1990. United States: LANL, 1991.
[10] Vretenar M, Dallocchio A, Dimov V A. A compact high-frequency RFQ for medical applications[C]//Proceedings of LINAC2014, Geneva, Switzerland, 2014. Geneva: CERN, 2014.
[11] Picardi L, Ronsivalle C, Spataro B. Numerical studies and measurements on the side-coupled drift tube linac (SCDTL) accelerating structure [J]. Nuclear Instruments and Methods in Physics Research B, 2000, 170: 219-229.

第 6 章
束流输运线和旋转机架

从加速器引出来的质子束经过束流输运线、旋转机架等设备的传输才能进入治疗室，为治疗提供所需束斑尺寸、位置和角度的质子束。

6.1　束流输运线

这里的束流输运线主要指高能束流输运线，如图 6－1 所示为一台质子治疗装置的布局，每个治疗室前都有二极磁铁，磁铁工作时，质子束流进入该治疗室；不工作时，质子束流可以进入下一段高能输运线。高能输运线的主要作用如下：① 完成横向相空间和纵向相空间中的匹配，调节质子束的束包络和出口的束斑尺寸；② 通过相应的束测设备测量质子束的品质，如流强、位置、尺寸和能量等；③ 实现安全联锁功能；④ 将束流配送到需要的治疗室。输运线主要由四极磁铁和二极磁铁组成。为了约束输运线内的束流尺寸，输运线的设计也要满足强聚焦原理。与在同步加速器和回旋加速器内不同，质子束流通过输运线是单次的。输运线中一般也用 Twiss 参数来描述它的束流光学特性，入口

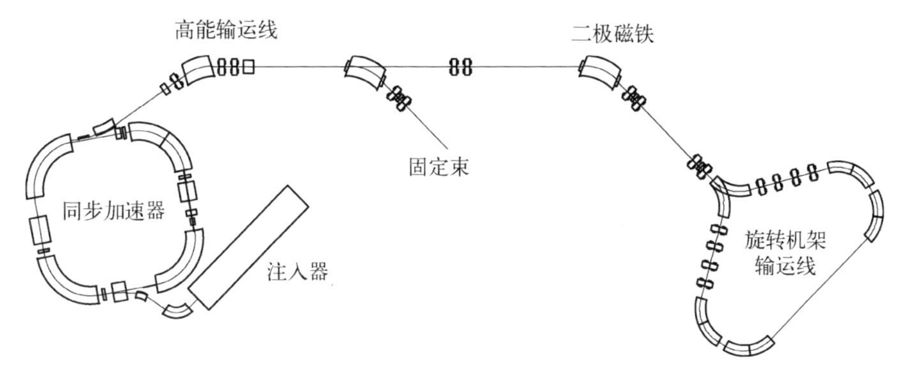

图 6－1　一台质子治疗装置的布局图

的 Twiss 参数由前一级加速器决定,它的出口 Twiss 参数是由下一级加速器或治疗室的要求决定的。由于加速器的不同,使得引出束流的特性不同,输运线的布置也稍有不同。此外还需要一些校正磁铁校正传输过程中的束流位置误差。

根据整个加速器装置的布局要求将输运线分为几个功能段,并粗略地安排各段的长度和确定聚焦结构,一般按照功能分成匹配段和若干重复的延伸段。输运线的设计就是找到合理排布的二极磁铁和四极磁铁的结构。其中二极磁铁是由治疗室等的布局决定的,需要配合加速器和治疗室的位置关系。固定束治疗室的束流方向主要由二极磁铁的位置和偏转角度决定,而旋转束治疗室的束流方向由旋转机架决定。旋转机架起支撑束流输运线的作用,在旋转机架上的束流出口方向与旋转机架的旋转轴垂直,根据治疗要求,旋转机架可以到达不同的角度,希望在等中心或者延伸段的入口和出口处束流成腰,即 Twiss 参数 $\alpha=0$。二极磁铁的造价通常明显高于四极磁铁的造价,束流光学设计要减小在二极磁铁处的束流包络。此外根据需要还要满足消色散条件,即色散函数和色散函数的导数都是零,使得输运线出口的束流位置不受粒子能量偏差的影响。由于色散在二极磁铁中产生和消失,四极磁铁只能改变色散的大小和方向,所以消色散条件是需要二极磁铁配合来实现的。

输运线的束流光学也经常用元件的传输矩阵来设计。由于质子治疗装置在治疗室内用束斑尺寸来要求输运线,因此在设计时也经常用束斑尺寸 σ 的传输来描述:

$$\sigma^2=\langle XX^{\mathrm{T}}\rangle=\langle\begin{pmatrix}x\\x_{\mathrm{p}}\\y\\y_{\mathrm{p}}\end{pmatrix}(x\ \ x_{\mathrm{p}}\ \ y\ \ y_{\mathrm{p}})\rangle=\begin{pmatrix}\varepsilon_x\beta_x & -\varepsilon_x\alpha_x & 0 & 0\\-\varepsilon_x\alpha_x & \varepsilon_x\gamma_x & 0 & 0\\0 & 0 & \varepsilon_y\beta_y & -\varepsilon_y\alpha_y\\0 & 0 & -\varepsilon_y\alpha_y & \varepsilon_y\gamma_y\end{pmatrix}\tag{6-1}$$

式中,X 代表束流坐标,T 表示转秩,x、x_{p}、y、y_{p} 分别为水平位置、水平散度、垂直位置、垂直散度,ε_x 与 ε_y 是水平和垂直发射度,α_x、β_x、γ_x 与 α_y、β_y、γ_y 是水平与垂直方向的 Twiss 参数。

从位置 0 经过一段传输矩阵为 $\boldsymbol{M}$ 的传输后 $X_1=\boldsymbol{M}X_0$,新位置 1 的束斑形状可以写成 $\sigma_1^2=\boldsymbol{M}\sigma_0^2\boldsymbol{M}^{\mathrm{T}}$。这里的发射度由前级加速器决定,根据出口处的束斑尺寸要求就可以确定匹配的 Twiss 参数条件。

四极磁铁的强度和位置分布就是按照需要的匹配条件来确定的。四极磁铁的位置分布有很多常用搭配,如聚焦漂移散焦(FODO)、双透镜(doublet)、三透镜(triplet)等方式,根据不同的传输长度和要求配合使用。有很多设计软件如 transport 等可以利用给定条件进行匹配。

6.1.1　同步加速器的输运线

从同步加速器引出的质子束流尺寸和方向等都不满足治疗的要求,同时为了各个不同治疗室的布局,需要高能输运线对质子束流的尺寸进行调整。同步环慢引出在水平相空间上切削的特点决定了引出束流发射度具有非常明显的不对称性,图 6-2(a)是实空间的束斑形状。垂直相空间中束流具有正常发射度,而在水平相空间中成“棒”状结构,两者发射度相差甚至在 10 倍以上[1-2],如图 6-2(b)和(c)所示。

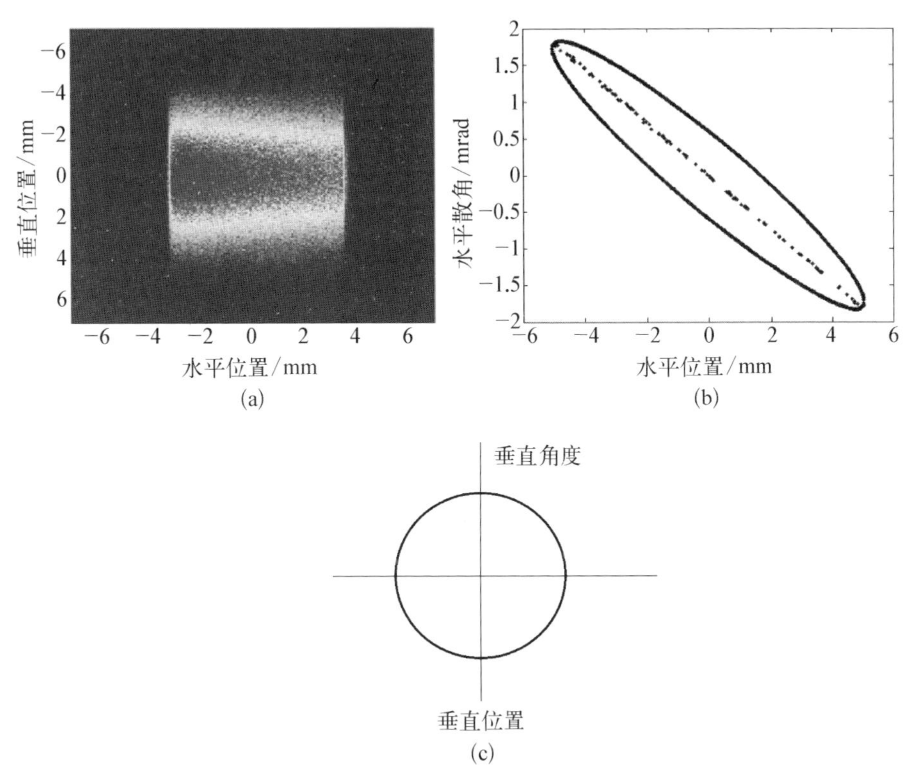

图 6-2　引出束流的示意图(彩图见附录)

(a) 实空间的束斑形状;(b) 未填满的正常相椭圆;(c) 相空间示意图

对这种特殊的发射度情况,束流尺寸的描述一般有两种方法,一种是将其视为未填满的正常相椭圆,其相空间形状由环的磁聚焦结构决定,这时的实空间几乎为矩形,需要从治疗点处到引出点处有适当的相移,如 180°或 360°,在水平和垂直方向就可以实现相同的束斑形状。从图 6-2(b)上可以看出,如果调节相移,就可以让束流在大椭圆内旋转,也能达到调节束斑尺寸的目的。因此就可以在不改变 β 函数大小的同时完成束斑尺寸的调节。另一种是将其视为一个填满的相椭圆,只是其发射度较小,引出后的束流聚焦匹配都按照该相椭圆进行,此时水平包络非常小,在靶点的束斑根据需要进行匹配。

在实际的治疗过程中,治疗计划要求束斑尺寸大小可调,一般情况下半高全宽(FWHH=2.35σ)为 4~10 mm。根据质子环的特点,水平方向引出束流的发射度主要是由引出方法决定的,因此能量的改变基本上不引起束流水平发射度的改变,而垂直方向随着能量的上升发射度不断减小,假设注入后的发射度为 7.5π mm·mrad,那么在 70 MeV 时的垂直发射度约为 3π mm·mrad,达到 250 MeV 时的发射度减小到约 1.5π mm·mrad。根据 $\sigma=\sqrt{\beta\varepsilon}$,如果垂直包络函数最小约为 1 m,则最大包络函数为 12 m,比例为 12 倍,水平方向的最大包络函数则约为最小包络函数的 6 倍,这就需要束流分配线和旋转机架在设计上有足够的灵活性。

6.1.2 回旋加速器的输运线

由于回旋加速器的引出束流能量是固定的,而治疗要求提供不同能量的质子束,因此要在输运线上完成质子能量的变化。一般由降能器(degrader)和能量选择系统组成。

1) 降能器

降能器[3]一般是由不同厚度的材料组成的一组机械结构,质子束在材料内发生碰撞而损失能量,通过的材料越厚,损失的能量就越多,改变束流通过的材料厚度就可以控制输出的质子束能量。机械结构的变化速度很快,可以在 50 ms 内变化一挡。降能器一般还集成了一些束流测量和挡束器等其他元件,进行束流的初步筛选。

2) 能量选择系统

经过降能器后的质子束能散和发射度变得非常大,这就需要能量选择系统(energy selection system, ESS)将其中一部分粒子挑选出来。能量选择系统[4]是一段由两块二极磁铁以及几块四极磁铁组成的消色散节。在第一块二极磁铁后面色散最大的地方安装一个狭缝,将不需要的质子挡掉,只剩下需要能量的质子通过。经过能量选择后的质子数量大幅度减少,到 70 MeV 时甚至只有2%的束流。

经过能量选择器后的质子束水平和垂直发射度基本是相同的，这为后段的匹配提供了方便。

6.1.3　直线加速器的输运线

在直线加速器的不同能量段之间，为了满足前后束流参数的匹配度，或者在加速器的出口处，为了将束流送到治疗头去，都需要对束流的某些参数进行调整，束流输运系统就是为了满足这些要求而设计的。束流输运系统中主要包含磁铁、真空以及必要的束流测量装置，需要实现以下目的：

(1) 对束流进行聚焦。利用电四极磁铁调整束流品质(降低发射度、调节横向发射度形状等)，使其横向相空间分布能够满足后续加速段的接受度要求。

(2) 改变束团形状。通过静电切束器等剪切束团的前后沿，调节束流的脉冲宽度。

(3) 改变束流的运动状态。当需要束流路径发生改变时，可以利用二极磁铁来改变束流方向，匹配前后的直线加速器或离子源。

(4) 监测、反馈束流状态。束流测量装置可以检测束流的流强、位置、形状、发射度等信息，并通过反馈这些信息来及时地调节整个加速器的各项参数，以使加速器在理想的状态下运行。

通常，在质子治疗的全直线方案中，离子源、RFQ、SCDTL、CCL两两之间都有束流输运线，它们一般称为低能输运线(low-energy beam transmitter, LEBT)、中能输运线(median-energy beam transmitter, MEBT)、高能输运线(high-energy beam transmitter, HEBT)。这些输运线都需要经过仔细的设计以满足复杂的需求，在整个加速器中都发挥着重要的作用。

相比而言，直线加速器的输运线是最简单的。由于直线加速器的束流发射度小，且水平和垂直基本对称，因此直线加速器的输运线上束流包络很小，也不需要对发射度做特殊处理，所以输运线的磁铁孔径可以做得很小，从而重量也相对较轻。这对旋转机架来说是非常有利的，直线加速器的旋转机架可以做得很小。

一般来说，直线加速器的输出能量也是不可变的，但是直线加速器是由很多段加速管组成的，这样就可以在不同能量的加速段之后安排相应的引出输运线来提供给不同能量的需求，比如可以分为5～10个能量段引出。不同的加速段给不同的治疗室供束，能量细调靠治疗头上的射程移位器(range shifter)来完成。不同类型肿瘤患者可以安排到不同治疗室去治疗。但是这样做束流的利用率较低，射程移位器的存在也增加了束流的尺寸，从而抵消了直线加速器的优点。有的文献报道，可以通过关掉一部分加速管的高频功率，能够从直线最末端引出不同能量的粒子，这样每个治疗室就可以提供相同的治疗范围。

6.1.4 输运线的技术系统

不同加速器的输运线硬件系统并没有什么不同，主要包括磁铁、电源、真空、束测、控制等技术系统。

输运线的磁铁主要是二极磁铁、四极磁铁和校正磁铁，一般都是静态磁铁，但需要快速调整。能够完成在不同房间切换功能的二极磁铁称为开关磁铁，早期采用软铁材料，随着点扫描技术尤其是重复扫描技术的应用，能量切换时间要求不断提高，对剩磁、磁场调节时间等开始有要求，也开始采用硅钢片叠装的方案。重复扫描要求磁铁在 50～100 ms 的时间内完成 5%左右的磁场变化，这就要求磁铁设计的时间常数足够短。

输运线的电源主要是静态电源，二极磁铁和四极磁铁是单象限电源，工作电流只有正向，校正磁铁是双向电源，需要输出正电流或负电流。电源需要有足够高的电压输出以配合磁铁完成 50～100 ms 时间内变化 5%的目标。通常这些磁铁的电源都是单独供电的，只有少部分采用了消色散结构的二极磁铁或三透镜匹配段的四极磁铁中强度相同的部分可以两块磁铁共用一块电源。输运线的磁铁强度各不相同，为了降低磁铁和电源的制造成本，便于维护，经常将每种类型磁铁和电源统一成一到两种型号。

输运线的真空系统与主环的不同之处主要是在末端采用钛或者聚酰亚胺等类型的薄膜将治疗终端真空与大气隔开。采用的材料要有一定的强度且不容易破，又要尽量薄，对束流的散射小。输运线上还需要在合适的位置设置快阀，在检测到真空变差时迅速切断与阀门之后真空的连接，以保护阀门前面一段的真空。在治疗室之前的开关磁铁处，需要三通岔口真空室来满足束流向不同治疗室切换的功能。

输运线的束测系统主要完成前一级加速器参数的测量和本级输运线的束流调试功能。质子治疗装置的高能输运线流强为 0.1～10 nA，流强较低。输运线的束测元件主要包括法拉第筒和荧光靶探测器，还可能包括二次电子倍增探测器或者硅片探测器。法拉第筒用于束流流强和电荷量的绝对测量，但是会阻挡束流。二次电子倍增探测器或者硅片探测器用于流强的相对测量，用于流强反馈。由于流强较低，束流位置一般用发光能力较强的荧光靶探测器来测量，也是阻挡型的测量，不能用于在线测量。硅片探测器也可用来测量位置，硅片探测器对束流的阻挡作用较小，但有一定的使用寿命。

此外，输运线上还要有必要的安全元件如束流闸、挡束器、踢束磁铁等。在发生故障或者其他意外时，踢束磁铁和挡束器执行快速及时地将束流切断的功能，一般采用失效安全原则，磁场为0时束流无法通过，磁场则需要在百微秒量级将束流切断。有些装置在点扫描模式下需要频繁切断束流时，还使用踢束磁铁充当关断束流的执行元件。束流闸和开关磁铁也可以阻止束流进入治疗室，但响应速度比踢束磁铁慢，一般在10 s的量级。束流闸、开关磁铁和踢束磁铁三者组合实现各种不同的安全逻辑，两两配合形成冗余保护。如在治疗室联锁尚未建立时，不允许束流闸提起和开关磁铁加电；治疗室联锁建立后，发生非辐射防护联锁时，束流闸落下，踢束磁铁不允许加电。

6.2　旋转机架

旋转机架是目前质子治疗装置中最重要的组成部分之一，主要目的是可以给一个仰卧的患者在竖直平面内以任何角度提供质子束，以有效避开重要器官，这就需要旋转机架可以任意角度旋转。设计和制造旋转机架的主要困难在于它巨大的规模、沉重的二极偏转磁铁和聚焦磁铁，同时还要求在很高精度、稳定度和重复性的情况下进行旋转[5-6]。

旋转机架可以配合的治疗方式同样有多种：散束治疗、笔束扫描治疗等。前者在2010年之前被国际上的质子治疗中心广泛采用，是非常成熟的技术。后者在2010年之后被各治疗中心大力发展，现在新建的治疗中心都标配扫描治疗头。旋转机架包括旋转机架上的输运线和旋转机架机械两部分。

6.2.1　旋转机架输运线

旋转机架本质上是为了承载旋转机架输运线而存在的，可以说输运线的长短、形状决定了旋转机架的形状。旋转机架输运线是一种特殊的输运线，将束流从沿其旋转轴方向入射的质子束转变成沿与旋转轴垂直的方向。与高能输运线类似，根据加速器的不同，其输运线的设计也不太相同。

旋转机架需要旋转不同的角度以达到更好的治疗效果，这使得同步加速器的旋转机架和输运线末端的束流光学匹配变得非常困难。旋转机架的束流光学设计首先要实现任意角度下与输运线末端的束流光学系统相匹配；另外，需要为笔束扫描或散射扫描模式提供束斑尺寸、位置可调，并且定位准确的束流。因此旋转机架的设计是由输运线末端的束流品质决定的。

目前，国际上很多实验室开发了多种可供参考的旋转机架设计，图 6-3 给出了几种旋转机架的布局。

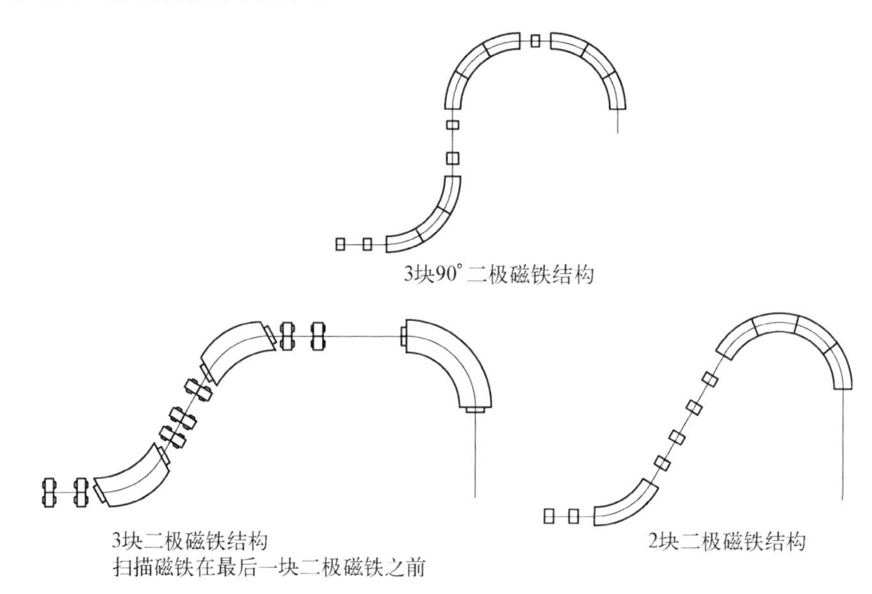

图 6-3　几种不同的旋转机架

为了解决同步加速器慢引出导致的发射度不平衡问题，国际上采用了很多种方法[7-10]：如对称束流法（symmetric-beam method）、圆束流法（round-beam method）和旋转器法（rotator method）等，也有些装置需要在旋转机架的每个角度上都对旋转机架和其前面的束流输运线进行匹配，这就极大地增加了设计和调试的工作量。

对于一个旋转角度为 θ、传输矩阵为 $\boldsymbol{M}$ 的旋转机架，可以看作在旋转机架和之前输运线的耦合点处的束斑旋转了 $-\theta$ 的角度，其旋转矩阵可以写成如下形式：

$$\boldsymbol{R}(\theta)=\begin{pmatrix}\cos\theta & 0 & \sin\theta & 0\\ 0 & \cos\theta & 0 & \sin\theta\\ -\sin\theta & 0 & \cos\theta & 0\\ 0 & -\sin\theta & 0 & \cos\theta\end{pmatrix} \tag{6-2}$$

经过旋转机架后的束斑形状可以写成 $\sigma_1^2=\boldsymbol{MR}\sigma_0^2\boldsymbol{R}^{\mathrm{T}}\boldsymbol{M}^{\mathrm{T}}$。

对称束流法主要是要保持 $\boldsymbol{R}\sigma_0^2\boldsymbol{R}^{\mathrm{T}}$ 不变，回旋加速器与直线加速器水平与垂直方向的束流发射度都接近平衡，自然满足这个条件。因此输运线设计只要满足出口的大小要求即可，故它们的旋转机架在不同角度下的束流光学基本相同。同步加速器需要在合适的包络函数处安装散射膜，使得水平发射度有较大增长，而垂直发射度增加不多。被散射之后的水平和垂直的发射度基本相同，之后只要保持旋转机架出入口的垂直和水平包络函数相同即可，日本放射性医学研究所(NIRS)的旋转机架就采用了对称束流的方法[11]。

旋转器法在旋转机架入口处安装了一组由多块四极磁铁和相应机架组成的可旋转装置，这组四极磁铁满足如下光学要求：

$$\boldsymbol{M}_{\text{rotator}}=\begin{pmatrix}1&0&0&0\\0&1&0&0\\0&0&-1&0\\0&0&0&-1\end{pmatrix} \tag{6-3}$$

这样四极磁铁随着旋转机架的旋转进行一定角度的旋转，即从旋转机架看来，在旋转器之前旋转角度 $-\theta_1$，之后旋转角度 $-\theta_2$，经过旋转器和旋转机架后的束斑尺寸 $\sigma_1^2=\boldsymbol{M}\boldsymbol{R}_2\boldsymbol{M}_{\text{rotator}}\boldsymbol{R}_1\sigma_0^2\boldsymbol{R}_1^{\mathrm{T}}\boldsymbol{M}_{\text{rotator}}^{\mathrm{T}}\boldsymbol{R}_2^{\mathrm{T}}\boldsymbol{M}^{\mathrm{T}}$，如果满足 $\boldsymbol{R}_2\boldsymbol{M}_{\text{rotator}}\boldsymbol{R}_1$ 不变也能保持出口的参数不变。这时 $\theta_1+\theta_2=\theta$，$\theta_2-\theta_1=\dfrac{\pi}{4}$，$\theta_2=\dfrac{\pi}{8}+\dfrac{\theta}{2}$，$\theta_1=\dfrac{\pi}{8}-\dfrac{\theta}{2}$，并满足入口的 Twiss 参数相等 ($\alpha_x=\alpha_y=\alpha$，$\beta_x=\beta_y=\beta$，$\gamma_x=\gamma_y=\gamma$) 的条件，这时水平和垂直的发射度相等且均为原来发射度和的一半，不足之处是水平和垂直方向有耦合，但是这对旋转机架出口的束斑形状没有影响。奥地利离子医疗中心(MedAustron)的旋转机架采用了旋转器方法对高能输运线和旋转机架进行束流匹配[12]。也有研究采用不同长度螺线管的组合来满足束流旋转的方法，其原理与四极磁铁组类似。

实现圆束流法最简单的方法就是在旋转机架入口将束斑形状做成圆形，旋转机架进行 1∶1 传输，这时旋转机架出口的束流形状就与入口一样，首台国产质子治疗装置就采用了圆束流方法[13]。实际上入口的形状并不是圆形，图 6-4 给出了不同角度下等中心、真空中的束斑形状。实际上在经过治疗头、空气以及人体散射后，到达布拉格峰处的束斑就变成了圆形，如图 6-5 所示。

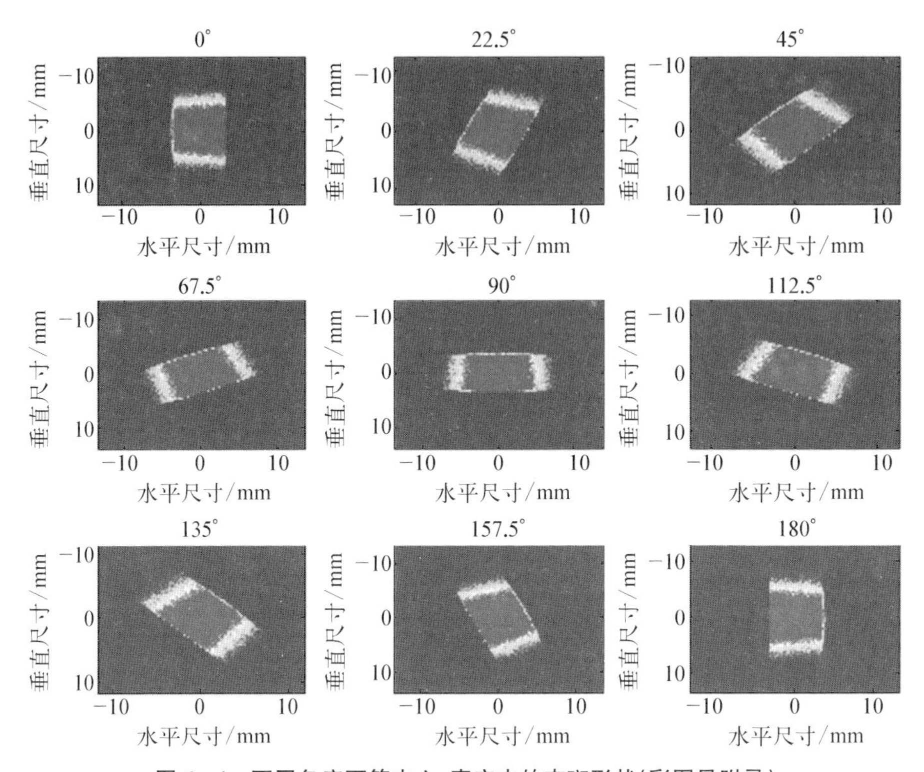

图 6-4　不同角度下等中心、真空中的束斑形状(彩图见附录)

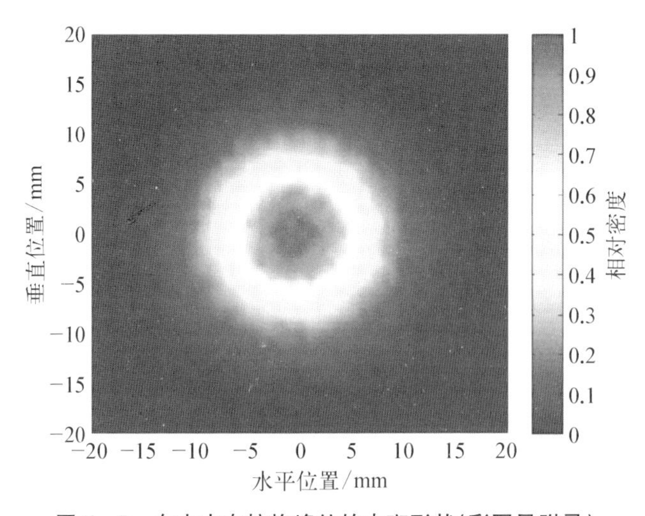

图 6-5　在水中布拉格峰处的束斑形状(彩图见附录)

6.2.2　旋转机架的机械部分

旋转机架的机械部分主要完成对输运线的支撑、旋转等功能，并保证很高的精度，以满足物理与治疗的要求，达到在任意角度以合适能量的质子束流精确照射的目的。

旋转机架的主要设计包括支撑和驱动结构的设计，主要包括转动轮的位置、驱动结构的位置以及支撑和保持稳定结构的设计。图6－6给出了转动轮位于旋转机架中部的一种结构，图6－7给出了转动轮位于旋转机架两端的结构，图6－8所示为一种筒型支撑稳定结构，图6－9所示为桁架型稳定支撑结构。

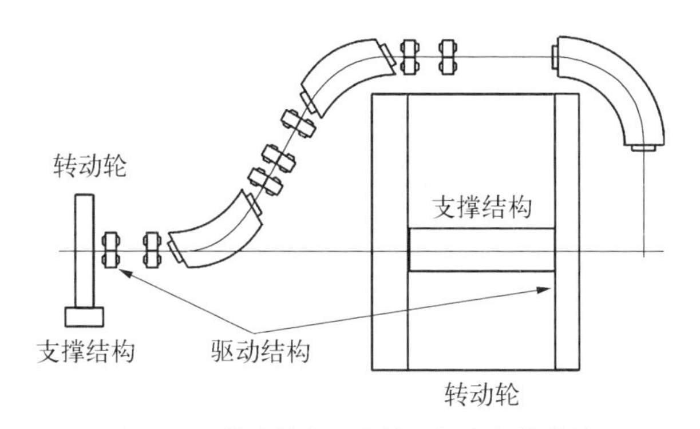

图6－6　转动轮位于旋转机架中部的结构

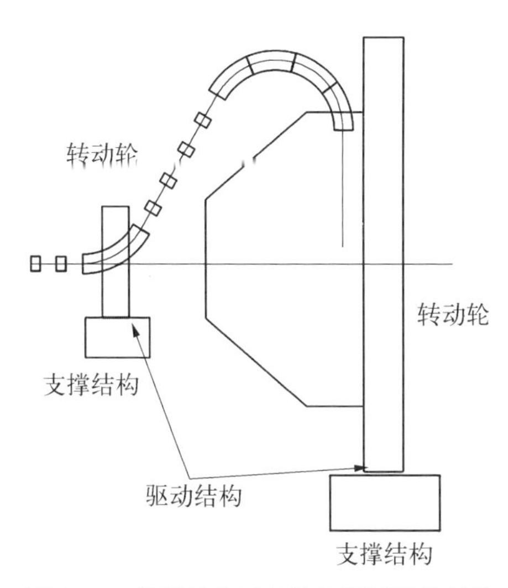

图6－7　转动轮位于旋转机架两端的结构

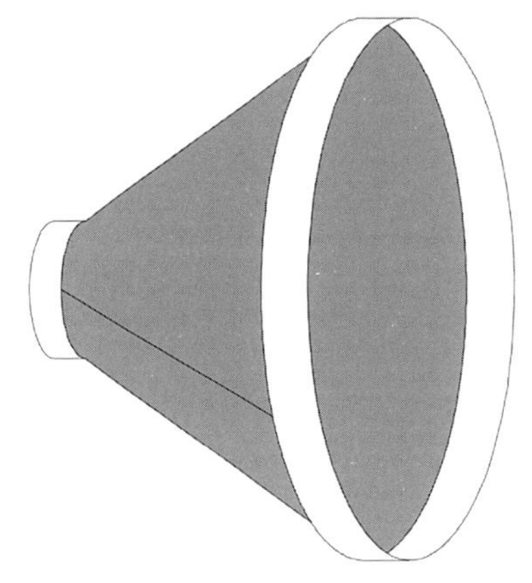

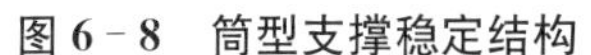

图 6-8　筒型支撑稳定结构

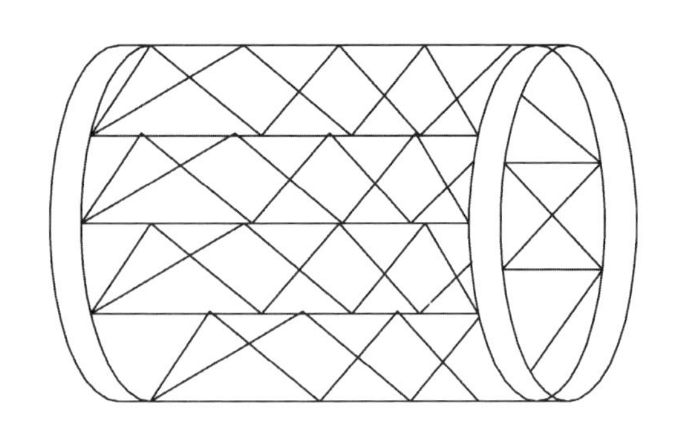

图 6-9　桁架型稳定支撑结构

6.2.2.1　国际上旋转机架系统的发展

从 20 世纪 90 年代开始至今，旋转机架伴随着质子治疗装置的发展而不断完善，其结构形式不断变化，而对其功能和准确性的要求始终如一。下面介绍不同时代典型旋转机架的特点。

1）洛马林达旋转机架

最早的质子治疗装置采用的旋转机架由费米国家实验室在 1991 年为同步加速器研制，用于美国洛马林达(Loma Linda)大学医院，共有 3 台，目前仍在工作[14]。

洛马林达大学医院作为使用质子治疗专用设备的鼻祖，首次为质子治疗装置专门设计了旋转束治疗室。

旋转机架的输运线经过 2 个 45°二极磁铁旋转到右侧，出口背向等中心，再经过 2 个 135°二极磁铁转弯使得出口朝向等中心。与现在的结构相比，其输运线多出 1 个 135°和 1 块 45°二极磁铁和若干四极磁铁。输运线的质量较大，而且质量相对集中在右上角。三菱公司也采用过这样的结构。

2）比利时离子束应用公司的旋转机架

离子束应用(IBA)公司是最早参与开发质子和重离子治疗的企业，早在 1998 年左右得益于法语鲁汶天主教大学和欧洲核子研究中心的加速器技术，自主开发出整套质子治疗装置，其中包括 235 MeV 的等时性回旋加速器和旋转机架及其治疗头部件，也是目前商业化比较成功的公司，它在美国和欧洲以及山东淄博万杰已经成功建造了数十个质子治疗中心。其旋转机架结构也在不断改进和更新中。

IBA旋转机架的结构特点如下：

(1) 从整体结构上看，结构由前后环组成，中间输运线及配重均用桁架结构与前后环相连，每个环上的8个支持轮具有自动调心的作用，主要用于承担结构重量。其中有一个轮作为驱动轮，前后环同时驱动，另一个轮为制动轮，主要靠摩擦启动和制动。侧面还有侧向顶轮来规范回转轴线，防止跑偏。

(2) 以前后环为主，既是主要支持件，也是运动驱动部件，所以其在强度方面、耐腐蚀和磨损以及保持形状方面的要求很高。为保证其刚度、硬度、圆度，圆环的材料、加工精度，热处理方式都需要仔细计算。连接主要是桁架结构，结构连接刚度较弱，结构变形相对较大，尽管通过最后补偿能够达到要求，但其等中心点由于结构变形导致的误差较大。整个旋转机架可分成几大部件，利于加工和安装，外形结构简单紧凑。

3) 日立公司与三菱公司的旋转机架

日本日立公司与三菱公司于20世纪90年代开始从事质子治疗方面的研究，其与日本NIRS合作，发展了几代旋转机架的结构，分别安装在日本国内多个医院中。

日本日立公司研制的旋转机架的结构特点是采用前后环摩擦驱动以及八轮支撑的方式，具有3.5 m的治疗头，旋转半径同样达到5 m；整体上采用筒形结构，由钢板弯曲和焊接而成，结构刚度较高，等中心点精度相对较高，在1 mm以内；质量为190 t，比其他结构略重，整体设计上中规中矩，体现了日立扎实的机械设计水平。

三菱第二版设计的旋转机架采用90°升角，输运线半径为4.8 m，支撑环外直径为5.5 m，结构更为紧凑，同时把整体结构改为筒形结构，结构刚度得到提高。

美国梅奥(Mayo)医院采用由日立公司设计的180°旋转机架，该设计与我国国产首台180°旋转机架有很多相似之处，都采用悬挂的方式使整个机架挂在侧壁上，这对建筑的承重与变形要求很高，均采用了三点支撑的方式并具有一个实际旋转轴。目前该设备也已经投入使用。

4) 瑞士PSI的新型旋转机架

瑞士PSI[15]于2008—2013年与瑞士Schär公司合作，重新设计与制造出新型的旋转机架Ⅱ，旋转半径为3.2 m，长度为11.6 m，治疗头长度小于2 m，质量为210 t。旋转角度为−30°～180°，结构特点如下：

(1) 旋转机架Ⅱ采用的患者治疗中心线与旋转机架回转中心线重合，这也是目前几乎所有旋转机架采用的方式。但是其结构比较特殊，几乎是在旋转机架最重的地方采用了C形钢架结构来支撑。

(2) 其治疗头(nozzle)将扫描磁铁放在二极偏转磁铁前，可以大大减小治疗头的长度，这也成为PSI的特点之一，正是因为如此，最后的二极偏转磁铁受照野影响，做得非常大，质量达到45 t。其旋转半径减少到3.2 m左右，等中心精度为0.35 mm左右。

5) 美国ProTom质子治疗中心的旋转机架

随着质子治疗装置不断向小型化、轻型化发展，旋转机架的技术也发生了很大变化。近几年以美国ProTom质子治疗中心为代表，成为下一代质子治疗装置发展趋势之一[16]。

ProTom采用开放式结构，其治疗空间不再局限于圆筒内，极大地方便了医生治疗，也使得患者更为轻松。由于治疗床的发展，使得180°回转结构成为可能，相对传统360°全回转结构，具有空间大、重量轻、造价低、维护方便等特点。

6) 美国瓦里安旋转机架

瓦里安医疗系统公司由一群与斯坦福大学有密切联系的科学家在20世纪40年代末期成立(时称瓦里安公司)。瓦里安医疗系统是提供癌症及其他疾病放射治疗、放射外科治疗、质子治疗和近距离放射治疗的全球生产企业。其研制的旋转机架也安装在欧洲与美国多地[17]。

瓦里安旋转机架输运线的布局与IBA的类似，结构支撑也采用滚轮结构，但驱动方式却与众不同，采用链条驱动的方式，包括驱动链轮和张紧轮，因此克服了摩擦传动的不稳定性与噪声问题，也降低了对环加工的要求，虽然也采用前后环结构，但前后环的半径不一样，前环比较小，结构更加紧凑。

6.2.2.2 我国的旋转机架发展情况

在中国，质子治疗发展经过了曲折坎坷的十年，对于高端的医疗装置，设备的全盘引进不仅花费高昂的代价，也因为没有把握核心技术使得设备正常运行维护和维修非常困难。中国科学院上海应用物理研究所在2012年开始启动旋转机架自主研发进程，瞄准当时国际上正兴起的先进的180°旋转机架结构进行自主知识产权的研制。该结构设计难度更高，对建筑也提出极高的要求。2016年该项目又得到科技部专项支持，自2018年起至2021年完成紧凑型360°旋转机架的自主研制，并完成了医院内的安装。2021年180°旋转治疗室通过第三方注册检测进入临床试验阶段。

另外，自 2015 年起，位于合肥的中国科学院等离子体物理研究所与俄罗斯联合核子研究所共同开展超导回旋质子治疗装置的研发，其中也包含±180°旋转机架的研发，目前在医院安装完成，正在进行相关的调试工作[18]。

中核集团的中国原子能科学研究院研发中的基于超导回旋加速器的质子治疗装置项目也包含一台 360°旋转机架，目前正在调试基地进行相关安装与调试工作。此外，科技部支持的另一重大专项在武汉华中科技大学进行相关质子治疗的研究，其研制的旋转机架也正在组装过程中。

6.2.2.3　旋转机架系统的组成

旋转机架由 7 部分组成，如图 6－10 所示。

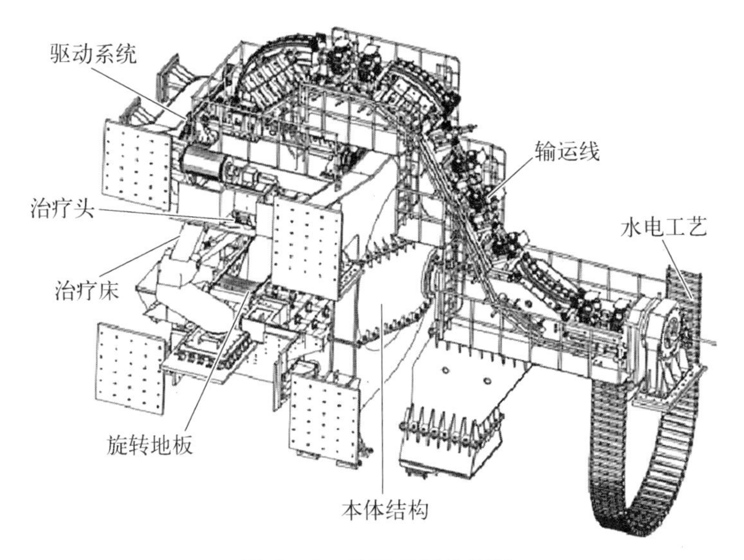

图 6－10　旋转机架的结构

1）旋转机架的输运线系统

根据物理提出的布局要求，将对应的磁铁、真空、束测、束配等系统的元器件安装在准确位置，每个元器件都具有微调装置，确保安装误差一般不大于 0.5 mm。这些元器件及其支撑结构通常统称为输运线系统。

2）旋转机架的本体结构

本体结构是提供输运线安装的钢结构旋转平台，该平台既要考虑整体结构的平衡性、刚性，又要考虑各类输运线设备安装维护的安全性、可操作性。可以说本体结构的刚性决定了等中心机械旋转时的变形情况，也在很大程度上决定了等中心精度。本体结构也是整个旋转机架最大、最重的部分之一，需要经过严格的受力分析、模拟计算去确定结构的形状、安装工艺等。

3）旋转机架的支撑驱动系统

支撑驱动系统为本体结构提供支撑的底座平台。在该平台上一般安装有旋转机架的驱动、制动系统。底座平台具有三维调节功能，并与建筑结构紧密结合，以确保旋转部分转动的稳定性。

4）旋转机架的水电工艺系统

输运线的元器件包括旋转机架本体的旋转都需要动力电缆、信号电缆、压缩空气、冷却水、低温冷却系统（针对超导旋转机架）等辅助系统的配合。输运线上需要通电通水，一般来讲，一个旋转机架上的各类管道、电缆及支撑桥架质量都达 1～2 t，这些辅助系统的安装工作量繁重，涉及内容很多。对于线缆、水路的走向需要统一规划，方便安装与维护。由于输运线需要旋转，线缆及水路需要相应地延伸或缩短，所以需要安装柔性线缆桥架。在柔性线缆桥架内的线缆及水路应保证不会随着旋转而出现问题。本体结构设计上需要考虑柔性线缆的安装及其重量对结构是否有影响。

5）旋转机架的治疗头系统

在旋转机架输运线的末端，一般将从二极偏转磁铁的末端到治疗床的这段设备称为治疗头系统，可分为散射治疗头、扫描治疗头等。内部包含各类调整与测量质子束流的器件，如扫描磁铁、电离室、可移动元件挂架、射程移位器、准直器、补偿器等。

6）旋转机架的旋转地板系统

因为治疗头是需要伸入治疗室内并跟随旋转机架同步旋转的部分，因此会产生整段或者一段宽约 1 m、较深的圆弧空槽，为避免该空槽可能带来的安全隐患，同时给予操作人员与患者以安全感，大部分旋转机架都设计有旋转地板系统。该系统是一套可以跟随治疗头同步旋转的地板，它与装修面层一起将旋转机架设备隔离在治疗房间以外，营造了一个安全舒适的治疗室空间。

7）患者定位系统

在治疗室内，患者定位系统一般包括治疗床、固定 CT 或者 CBCT、激光灯定位系统等。这些设备的安装都需要在建筑或者旋转机架上预留好相应的基础与调节手段。

此外，在旋转束治疗室内还包含地基沉降监测系统、旋转机架运转监测系统、治疗控制室、监控摄像、辐射防护应急报警系统等。总之，旋转机架系统是涉及建筑、机械、准直、工艺、电气、治疗等多系统的综合体，是需要各类专业技术人员共同完成的系统工程。但其核心技术在于输运线的物理设计与旋转机架自身机械结构的实现方式。

旋转机架间的建筑及设备安装基础的设计既要考虑旋转机架设备的安装稳定性与承重要求(如各类预埋件的要求)，也要考虑各类水电气的走向、空调系统布局、各类设备的吊装与安装、准直测控网的通视性，以及安装维护人员的可到达性。

6.2.2.4　旋转机架系统主要性能参数

旋转机架尽管有多种样式，其配套的各类设备也种类繁多，但衡量旋转机架系统的主要参数都是回转范围、等中心回转精度、总体尺寸和旋转重量、噪声水平以及安全性。

1) 回转范围

旋转机架回转范围决定了治疗病灶时所能使用的角度，大部分旋转机架能提供360°的旋转范围。近年来由于六自由度治疗机器人床能提供绕等中心360°旋转的功能，所以为减小旋转机架的总体尺寸，部分厂家新设计的旋转机架采用大半圆周的旋转范围，治疗区域由筒状结构变为半开放区域，为使用者提供了便利。

2) 等中心回转精度

回转过程中的等中心精度是衡量旋转机架的核心指标，也直接影响治疗精度，国际上大部分旋转机架要求的等中心回转精度都在−1～1 mm范围内。部分厂家旋转机架的回转精度要求在−0.5～0.5 mm范围甚至要求更高。为了保持足够精度，要求设备有足够的强度和刚度，保证旋转的重复性。旋转机架在回转过程中，机械结构由于受交变应力的作用，其弹性变形会引起输运线元件的交变位移，因此影响等中心的重复性，所以必须将旋转机架在回转范围任意角度时的弹性变形严格控制在物理允许的范围内，保证每个照射角度下的重复性。为达到此要求，需要设计阶段的反复优化与计算，制造阶段的严格要求，以及使用阶段的反复验证。

旋转机架设备庞大，需要根据旋转机架的结构特点将其分解成若干个零件，制造完成后进行组装；还要根据整体机架的精度要求，对零件制造和组装进行合理的公差分配。要确定基础零件、组装基准，保证组装工艺的可行性。同时还要考虑零部件的储存及运输方便，避免在运输中出现问题。尽管设备间有恒温要求，但冬夏不同的温度条件、细小温度的变化或局部发热引起的旋转机架位移是一个必须考虑的重要因素。在设计制造时，要保留相关自由度允许结构的伸缩，以免引起零部件的应力和损坏。

为了保证机架整体满足精度要求，在其安装及运行维护过程中，需要对其整体姿态进行调节，这个过程称为准直安装，包括旋转机架本体和旋转机架承托的输运线两部分。为了进行准直安装，很多元件需要留有安装准直靶标、基准面及相关设备架设的空间和满足激光跟踪仪对通视性的要求。通过这些准直靶标点、安装基准面及安装准直工艺，确保旋转机架及输运线的机械结构安装到位，满足安装误差要求。准直安装误差的大小要根据物理提出的器件安装公差(见表 6-1)进行再分配。整体姿态调整结束后进行结构锁紧，不能出现滑动或者微动的情况。

表 6-1　磁铁安装的公差要求

磁铁种类	径向安装公差 ΔX/mm	高度安装公差 ΔY/mm	纵向安装公差 ΔZ/mm	Z 轴旋转公差 $\Delta\theta_Z$/mrad	X 轴旋转公差 $\Delta\theta_X$/mrad	Y 轴旋转公差 $\Delta\theta_Y$/mrad
二极磁铁	0.5	0.5	0.2	0.2	0.2	0.5
四极磁铁	1.0	0.15	0.15	0.5	0.5	0.5
六极磁铁	1.0	0.3	0.3	0.5	0.5	0.5
校正磁铁	1.0	—	1.0	5	—	—

结构自身的模态应避免共振现象的发生，对某些工频下的振动放大系数不能过大。同时，还应考虑某些激振源对结构的影响，比如电机、空调、冷却水、大地的振动。振动对结构的影响需要相关计算及测试，以保证其满足使用要求。

3) 总体尺寸和旋转重量

结构的总体尺寸决定了占地面积和建筑的高度，为减少成本和土地使用面积，目前旋转机架尺寸小型化的趋势越来越明显。旋转重量决定设备的造价和安装难度，同时也影响到精度。所以机架的旋转重量在保证精度的情况下轻量化的要求也成为发展趋势之一。

4) 噪声水平

旋转机架作为医疗设备，旋转过程中的噪声会直接影响到治疗室的工作环境，会影响医生和患者的情绪，患者在接受治疗时，要使其有一种祥和、安静、平稳的感觉，设备运转要平稳安静，避免剧烈的冲击震动和噪声，同时也要满足医疗设备的噪声标准。近百吨的设备在旋转过程中要做到较低的噪声水平，这对机械设计、制造与装配都提出了很高要求。

5）安全性

旋转机架作为医疗设备，其安全性也是必须考虑的问题，所有的设计必须符合国家颁发的医疗器械检测标准 GB 9706.1 与 IEC 62667：1997 等的相关规范要求对于设备安全性（如对于治疗室中存在的移动缝隙、螺栓安全系数）的明确规定。在设计过程中，需要充分考虑可能发生的各种不安全事故，并提出应对方案，确保设备和人身安全。旋转机架通常都冗余一套刹车系统和测量系统，需要监测任何运动参数的异常，启动相应的紧急处理方案，以保证足够安全。例如旋转机架在运行过程中不正常移位时需要紧急制动和报警；需要考虑非正常情况下的误操作、电器停电、限位失灵、开关不动作等的应对办法（例如结构自锁等）；还需要考虑防火、防地震等相关要求。此外，辐射防护等系统为了保证安全也会在旋转机架上附加元件。

为了保障安全稳定运行，旋转机架各部分需要定期保养与维护，例如齿轮要有定期的油路润滑等。对于特殊部位无法更换的零部件，在载荷计算和寿命校核时，应留出足够的裕量。

参考文献

[1] Bryant P J, Badano L, Benedikt M, et al. Proton-ion medical machine study (PIMMS)[R]. Switzerland: CERN, 1999.

[2] Furukawa T, Noda K, Fujimoto T, et al. Optical matching of a slowly extracted beam with transport line[J]. Nuclear Instruments and Methods in Physics Research A, 2006, 560(2): 191－196.

[3] Safai S, Lomax T. Proton therapy at PSI[C]//Superconductivity and Other New Developments in Gantry Design for Particle Therapy, Villigen, Switzerland, 2015.

[4] Liang Z, Chen W, Liu K, et al. Design of the energy selection system for proton therapy based on GEANT4 [C]//Proceedings of Cyclotrons 2016, Zurich, Switzerland, 2016.

[5] Reimoser S. Development and engineering design of a novel exocentric carbon-ion gantry for cancer therapy[D]. Genève: European Organisation for Nuclear Research (CERN), 2000.

[6] Flanz J B. Large medical gantries[C]//Proceedings of 16th international Particle Accelerator Conference, Dallas, USA, 1995.

[7] Pavlovic M. Beam-optics study of the gantry beam delivery system for light-ion cancer therapy[J]. Nuclear Instruments and Methods in Physics Research Section

A, 1997, 399(2 - 3): 439 - 454.
[8] Benedikt M, Carli C. Matching to gantries for medical synchrotrons [C]// Proceedings of the Particle Accelerator Conference 1997, Vancouver, Canada, 1997.
[9] Norimine T, Umezawa M, Hiramoto K. A design of a rotating gantry with easy steering for proton therapy [C]//Proceedings of the Europe Particle Accelerator Conference 2002, Paris, France, 2002.
[10] Vrenken H, Schuitema R. A design of a compact gantry for proton therapy with 2D-scanning[J]. Nuclear Instruments and Methods in Physics Research A, 1999, 426: 618 - 624.
[11] Iwata Y, Noda K, Murakami T, et al. Development of a superconducting rotating-gantry for heavy-ion therapy [J]. Nuclear Instruments and Methods in Physics Research A, 2013, 317: 793 - 797.
[12] Dorda U, Benedikt M, Bryant P J. Layout and optics of the medaustron high energy beam transfer line[C]//Proceedings of International Particle Accelerator Conference 2011, San Sebastián, Spain, 2011.
[13] 杨朝霞,李德明,张满洲. 基于 Geant4 模拟的质子治疗束配系统的束流光学设计[J]. 核技术,2013,36(7): 23 - 27.
[14] Flanz J. Beam delivery systems: scattering, scanning, w/wo gantries [C]//Ion Beam Therapy Workshop, Erice, 2009.
[15] Pedroni E, Bearpark R, Bohringer T, et al. The PSI gantry 2: a second generation proton scanning gantry [J]. Zeitschrift Fuer Medizinische Physik, 2004, 14(1): 25 - 34.
[16] Park S Y, Hsi W C, Shultz T. McLaren Proton Therapy Center[C]//2013 Particle Beam Therapy Symposium, Indianapolis, Indiana, USA, 2013.
[17] Koschik A, Bula C, Duppich J, et al. GANTRY 3: further development of the PSI PROSCAN proton therapy facility [C]//Proceedings of International Particle Accelerator Conference 2015, Richmond, USA, 2015.
[18] 吴兰. 中国首台超导回旋质子治疗系统核心部件调试成功[N/OL]. [2018 - 11 - 22] https://www.chinanews.com.cn/gn/2018/11-22/8683228.shtml.

第 7 章 束流配送系统

束流配送系统(beam delivery system, BDS)简称束配系统,其主要功能是将加速器引出的束流转换为治疗束流,并将治疗束流准确照射在目标组织上。

束配系统可以分为被动束配系统和主动束配系统。被动束配系统主要采用散射和降能的方法使加速器引出的质子束流在空间均匀分布,适形于目标组织;主动束配系统则直接采用加速器引出束流照射目标组织,通过扫描磁铁改变束流位置,实现侧向扩展,通过加速器直接调节束流能量,实现在深度方向的扩展[1-2]。

被动束配系统在侧向扩展束流的方法主要包括单散射(single scattering)、双散射(double scattering)和扭摆束流(wobbling);在深度方向扩展束流的方法包括射程调制轮(range modulator wheel, RMW)、楔形过滤器(ridge filter)。此外,被动束配系统采用准直器(collimator 或 aperture)、多页光栅(multi-leaf collimator, MLC)实现目标组织侧向适形;采用补偿器(bolus)实现目标组织深度方向适形。

被动束配系统扩展后的束流分布由各种束配系统元件决定,不依赖于加速器束流,因此照射剂量分布稳定性受加速器系统影响较小,其平均照射剂量率较高,可直接用于或辅以呼吸门控设备进行运动器官治疗。但是被动束配系统束流利用率低,治疗室内中子剂量高;照射剂量对目标组织的三维适形受限于束配系统的元件;需要加工与目标组织对应的三维适形元件,比如准直孔(aperture)、补偿器(bolus)等,这些设备的加工、维护和质量保证(QA)都比较复杂。被动束配系统只能实现单一照野均匀剂量分布(single field uniform distribution, SFUD)的治疗计划,不能实现调强质子治疗(IMPT)的计划。

主动束配系统也称为笔束配送系统(pencil beam delivery system, PBS),大致划分为点扫描模式(spot scanning)、采用时间驱动方式的线扫描模式(line scanning 或 continued scanning)和采用事件驱动方式的连续扫描模式

(raster scanning)。点扫描模式是指束流在移动阶段停止照射;线扫描模式是指束流以固定速度持续移动,通过调整束流流强实现剂量分布;连续扫描模式则是束流流强固定,在某一位置上照射到设置剂量后移动,移动过程中保持照射。

主动束配系统的主要硬件是扫描磁铁,相对于被动束配系统,其结构大为简化。主动束配系统几乎可以完全实现对目标组织的三维适形,同时,主动束配系统束流利用率高,半影区和后端剂量跌落(distal dose fall-off, DDF)都比较小。但是主动束配系统对整个目标组织的照射时间长,使得治疗误差对器官运动很敏感,限制了主动束配系统治疗运动器官。主动束配系统的另一个优点是没有与目标组织形状对应的硬件设备(如 bolus、aperture),三维适形完全由软件实现,大大降低了整个治疗装置运行维护的工作量。但是,对治疗控制系统的要求较高,要求治疗控制系统安全可靠、具有实时控制能力;同时,对治疗计划软件的可靠性也提出了更高的要求。整个治疗的安全性、准确性完全由治疗控制系统和治疗计划软件决定。

7.1 被动束配系统

被动束配系统在侧向扩展束流的主要方法为散束模式。表 7-1 给出了单散射、双散射与扭摆束流三种被动束配模式的对比[3]。

表 7-1 被动束配模式比较

被动束配方式	单 散 射	双 散 射	扭摆束流
束流利用率/%	<5	<40	<60
对束流性能的要求	无	束流位置稳定性好于±0.5 mm	无
束流侧向扩束方式	单散射片,一般采用 PMMA 材料	第一块散射片采用 PMMA 材料 第二块散射片采用 PMMA+钽的双圈结构	扭摆磁铁+单散射片 单散射片采用高原子序数金属材料,如铜、铅等
束流射程调制方式	射程调制轮,PMMA 材料	射程调制轮,PMMA 或铝	楔形过滤器,铝
侧向适形	准直器,铜	准直器,铜	多页光栅,铅
深度适形	补偿器,PMMA	补偿器,PMMA	补偿器,PMMA

单散射采用一个散射体扩展束流。当束流穿过散射体时，受到多次小角弹性散射的作用发生偏转，形成二维高斯分布的照野。该方法比较容易获得较小的剂量均匀照野，而且剂量分布受加速器束流参数影响小，常用于眼部肿瘤和小尺寸颅内肿瘤。但是，当利用单散射方法形成剂量均匀的大照野时，束流利用率很低，难以用于临床治疗。

双散射则采用两个散射体扩展束流，基本结构如图 7－1 所示。将通过第一块散射体形成二维高斯分布的束流在第二块散射体沿轴线展宽，形成较大的均匀剂量分布。双散射多采用两种不同高原子序数材料的多环设计方法，通过调节圆环厚度、宽度和不同圆环之间的间隔实现均匀剂量分布。当高斯分布束流通过第二块散射体之后，束流被散射后将整个圆环空间填满，从而获得均匀的剂量分布。这种方法可获得较大均匀剂量分布的照野，且束流利用率高。但是，双散射被动束配系统的剂量分布对加速器束流位置比较敏感，一般要求加速器引出束流位置稳定性需要在±0.5 mm 以内。

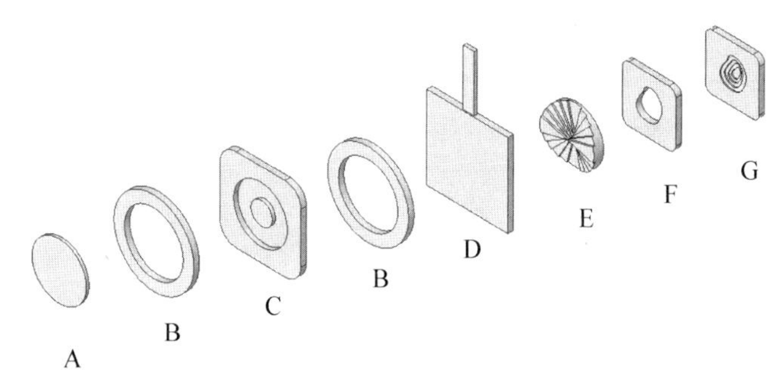

A—第一块散射片；B—电离室；C—第二块散射片；D—X 光成像板；
E—射程调制轮；F—准直器；G—补偿器。

图 7－1　典型的被动束配系统

为了克服单散射或双散射束流利用率低的缺点，被动束配系统进一步发展利用两块扫描磁铁实现侧向扩展束流的扭摆束流模式，该方法利用两块扫描磁铁控制束流偏转，形成均匀剂量分布的固定照野。根据扭摆束流路径的不同，扭摆模式可以划分为单一扭摆模式(single wobbling)、螺旋扭摆模式(spiral wobbling)和 Z 字扭摆模式(zigzag wobbling)。单一扭摆模式是通过幅度和频率相同、相差 90°的正弦波电流驱动两块扫描磁铁，使束流扫描路径为圆形。螺旋扭摆模式则是在单一扭摆模式基础上，通过调整正弦波驱动电流的幅度使束流扫描路径能够填充整个圆形区域。Z 字扭摆模式则控制束流以 Z 字形扫描，形成均匀剂量分布的方形照野。

在扭摆模式中，由于加速器引出束流的粒子空间分布并不稳定，直接采用加速器引出束流形成照野并不能获得稳定的均匀剂量分布。通常，还会在两块扫描磁铁之后增加一个散射片，确保整个照野剂量分布的均匀性。

射程调制轮工作原理如图 7－2 所示，它设计了多个叶片，每个叶片的厚度不同，通过不同叶片后的束流能量也不同；射程调制轮的叶片按照固定转速旋转运动，不同厚度叶片的宽度也不相同，叶片宽度按照束流通过叶片后的能量层在整个扩展布拉格峰(SOBP)所占比例而设计。这样，当特定束流能量通过射程调制轮后，就可以形成平坦且固定宽度的 SOBP。不同的射程调制轮结构对应不同的射程、SOBP 宽度和入射束流能量。

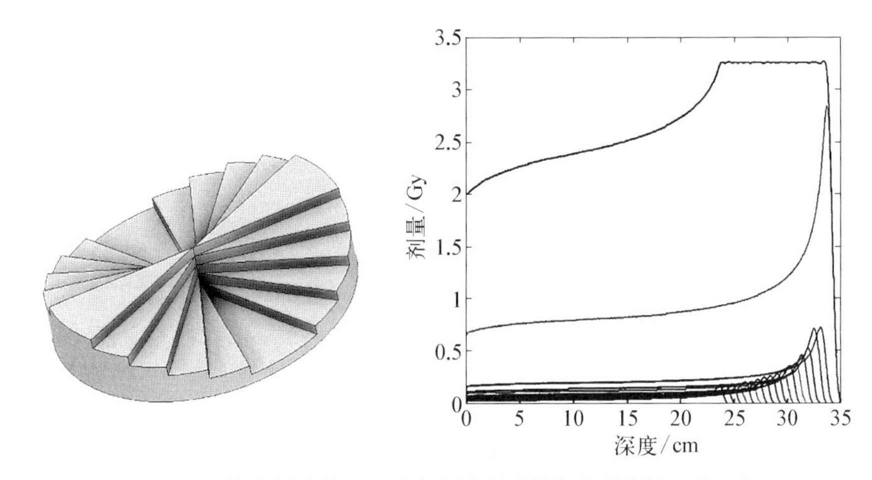

图 7－2　双散射束配系统的射程调制轮及射程调制轮工作原理

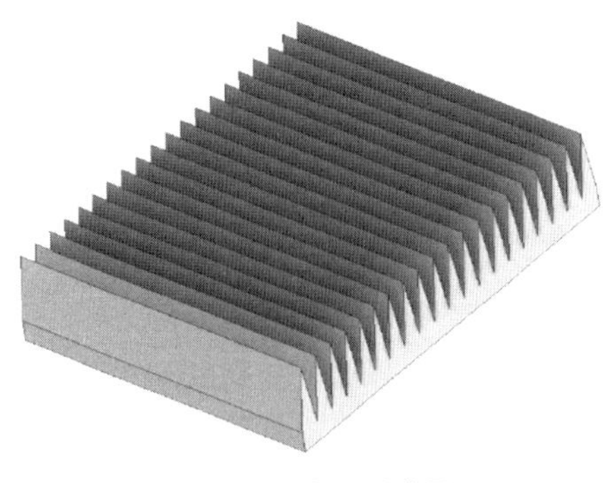

图 7－3　楔形过滤器

楔形过滤器的工作原理与射程调制轮类似，只是楔形过滤器并不像射程调制轮那样旋转运动。如图 7－3 所示，它依靠一个个楔形结构在深度方向扩展束流，形成平坦的 SOBP。楔形结构尺寸小、数量多，因此楔形过滤器可以不依靠旋转就能实现整个照野内的束流在深度方向的扩展。但是，楔形过滤器不易加工成复杂形状，不能形成较宽的 SOBP。在三菱扭摆模式束配系统中，楔形过滤器需要与加速器调节束流能量配合使用，才能实现临床使用所需要的 SOBP 宽度。

被动束配系统还需要采用准直器或多页光栅实现目标组织侧向适形，如图 7－4 所示，采用补偿器实现目标组织在深度方向适形。准直器多由整片黄铜根据治疗计划系统导出二维图形进行切割加工而成；多页光栅则是由治疗控制系统在照射前移动光栅形成所需要的准直图形。补偿器一般只是设计为目标组织后端适形，多采用聚甲基丙烯酸甲酯（PMMA）材料；被动束配系统在目标组织前端（proximal）并不能形成较好的适形剂量分布。

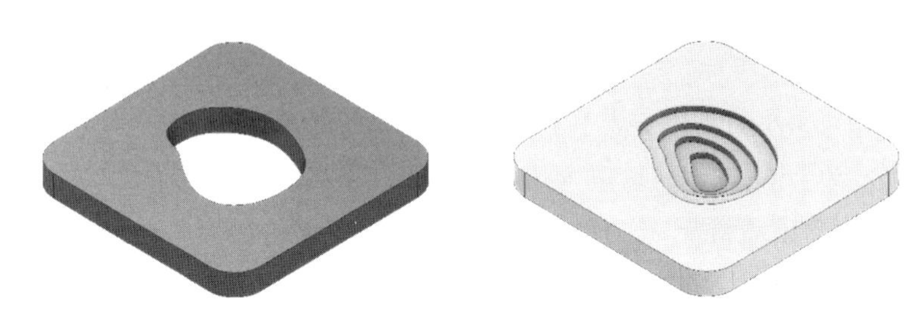

图 7－4　双散射束配系统的准直器和补偿器

单散射采用一个散射体扩展束流，典型系统是瑞士 PSI OPTIS 眼部治疗头（1984—1992 年用于临床治疗）。双散射则采用两个散射体扩展束流，典型系统是 IBA 双散射治疗头、PSI OPTIS2 眼部治疗头。扭摆束流采用两块扫描磁铁实现侧向扩展束流，典型系统是日本三菱公司的扭摆模式束配系统。

7.2　主动束配系统

主动束配系统直接采用加速器引出束流照射目标组织；通过扫描磁铁改变束流位置，实现在侧向扩展；采用加速器直接调节束流能量，实现在深度方向扩展。主动束配系统的硬件设备由扫描磁铁及电源、真空盒、束流探测器组成，束流探测器包括测量剂量的主/次剂量电离室、测量位置的位置电离室，如图 7－5 所示。扫描磁铁/电源的扫描速度一般大于 0.5 cm/ms，响应时间小于 1 ms。剂量电离室采用自由空气或流气式平板电离室；位置电离室采用条带平板电离室或多丝正比室。

已用于临床的主动束配系统主要包括点扫描模式和连续扫描模式，表 7－2 给出了两种主动束配模式的对比。瑞士 PSI 在 1992 年启动世界首台扫描质子治疗装置研发项目，主要技术路线如下：① 超导回旋加速器；② 180° 旋转机架；③ 点扫描照射系统；④ IMPT 治疗计划系统。1996 年 11 月 25 日开始第一例临床治疗[4]。德国 GSI 在 1988 年提出连续扫描模式，并启动原型

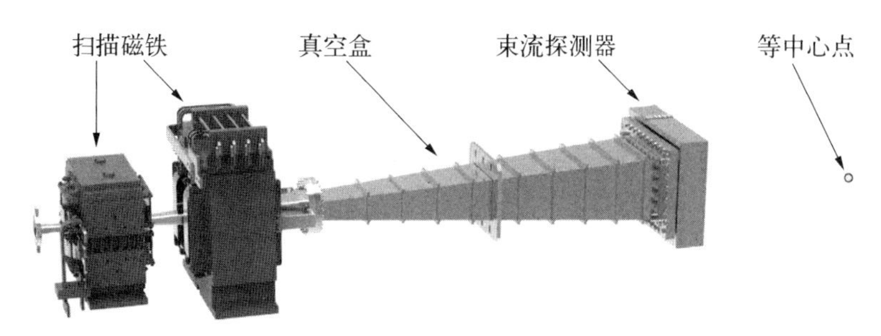

图 7-5 主动束配系统结构布局图

研发工作，1993 年启动世界首台连续扫描重离子装置研发项目。其设计参数是 20 cm×20 cm 照野，剂量率大于 0.4 Gy/(min·L)，关键技术有如下 3 种：① 提高加速器束流性能；② 设计满足连续扫描需求的治疗头电离室；③ 照射控制。1997 年 12 月 13 日开始第一例临床治疗。

表 7-2 点扫描模式与连续扫描模式比较

扫描方式	点扫描模式	连续扫描模式
扫描磁铁	磁场变化的调整时间小于 2 ms	对不同频率磁场的衰减，通带截止频率大于 5 kHz
扫描电源	采用 IGBT 开关电源，调整时间小于 2 ms	采用 IGBT+MOSFET 电源，跟踪精度大于 1%
位置测量系统	测量带宽为 1 kHz	测量带宽为 10 kHz

相对于被动束配技术，主动束配系统的剂量分布完全可以由治疗计划软件控制，没有与目标组织相关的硬件，运行维护大大简化；在束流路径上没有高原子序数材料的散射片，不会造成较高的中子剂量；辅以旋转机架实现调强质子治疗(IMPT)的计划，可以得到更好的剂量分布，大大减少了对关键器官的照射剂量。

点扫描模式的工作流程大致如下：设定加速器束流能量；通过控制扫描电源将束流移动至设定位置，打开束流，当达到设定照射剂量时关闭束流；通过控制扫描电源将束流移动至下一点位置，照射下一点，直至这个层所有点完成照射；设定下一层的加速器束流能量，直至完成所有层照射。

首台国产质子治疗装置(SAPT)束配系统采用点扫描模式，其加速器引出束流在 70～235 MeV 能量范围内设计了 94 挡能量；扫描速度为 0.5 cm/ms 和 2 cm/ms；平均照射剂量率大于 1 Gy/(min·L)。SAPT 点扫描束配系统的束流位置稳定度在±0.2 mm以内，每点的照射剂量误差在±5%以内。

为了减小照射剂量误差，点扫描束配系统需要尽可能提高每点的照射位置精度，降低束流关断引入的照射剂量误差。因此，点扫描束配系统都设计了束流位置测量设备，如位置电离室或扫描磁场测量设备；通过这些束流位置测量设备反馈控制扫描电源，精确设置扫描磁场，同时补偿加速器引出束流位置的波动。点扫描束配系统对加速器引出束流流强纹波也有较高要求，束流纹波越小，束流关断引入的照射剂量误差也越小。同步加速器引出束流流强的纹波在±40%以内，而回旋加速器的束流流强纹波在±3%以内。因此，为了满足照射剂量误差的要求，同步加速器对束流关断时间提出了更高的要求，通常需要在0.3 ms内完全关断束流。点扫描工作模式下的同步加速器引出束流波形如图7-6所示。加速器系统关断束流元件可以是安装在高能输运线上的快速踢束磁铁(fast kicker)，也可以是用于束流引出的射频激出系统[5]。

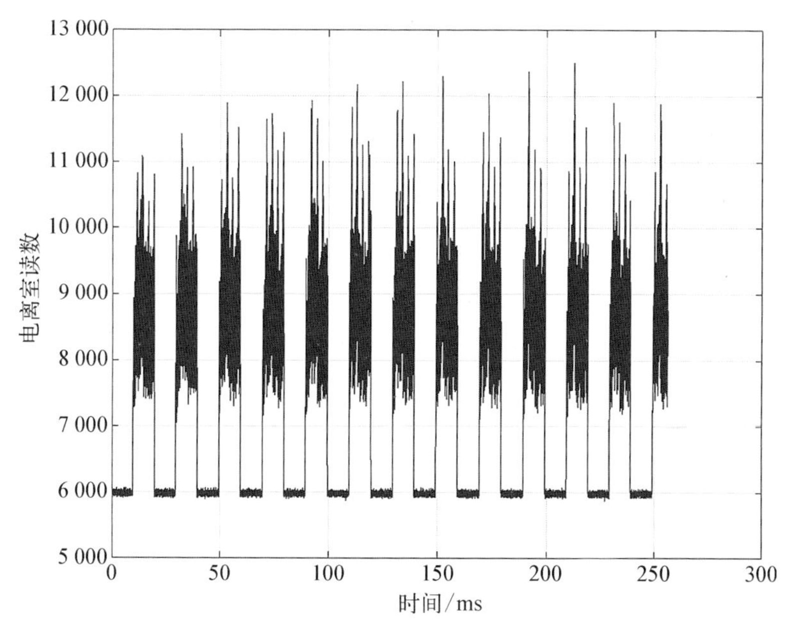

图7-6　点扫描工作模式下的加速器引出束流波形

连续扫描模式没有束流关断/打开的过程，可以实现更高的平均剂量率。但是，连续扫描束配系统也对加速器的性能提出了更高的要求，需要加速器提供均匀连续束流。对于回旋加速器而言，实现稳定束流流强较为容易；而同步加速器则需要设计专门的流强反馈系统，从而使引出流强在整个加速器引出周期都是恒定的。

连续扫描模式还需要考虑扫描过程中的漏剂量对整个剂量分布的影响，需要治疗计划软件能够将每点的漏剂量也作为一个变量，优化计算每点的照射剂量。为了进一步提高剂量率，减少漏剂量，治疗计划软件需要具备在照射过程中优化束流移动路径的功能。在同一层中不同封闭照射区域之间移动束流时，可能需要关闭束流，因此治疗计划软件还需要具备设置束配系统执行关断束流的功能。目前，HIMAC、HIT、MedAustron 等重离子治疗装置和日立质子治疗装置都采用连续扫描模式。

采用时间驱动方式的线扫描模式时，束流移动速度恒定，照射剂量分布通过调节引出束流流强实现。这种扫描模式的平均剂量率可以与被动束配系统相当，但是实现引出束流流强的精确动态控制是一个技术挑战，目前质子治疗装置在临床治疗中均未采用这种扫描模式。

此外，对于主动束配系统而言，运动器官治疗是一个研究热点。临床应用主要采用重复照射(repainting)和呼吸门控(gating)减少目标组织运动对照射剂量误差的影响。

7.3 眼部治疗束配系统

质子治疗已经成为葡萄膜黑色素瘤的重要治疗手段，并日益受到关注。美国、瑞士、德国等许多国家及地区都开展了葡萄膜黑色素瘤的质子治疗，已有 8 000 多名患者接受了眼部黑色素瘤的质子治疗。质子治疗对于葡萄膜黑色素瘤的局部控制率超过 95%，保眼率达到 90%，大概 50%的患者可以保留有用视力。

眼部肿瘤质子治疗的主要需求是小照野、高剂量率和精确定位。通用被动或主动束配系统并不能很好地满足这些需求。因此，许多质子治疗装置还专门研制了眼部治疗专用束配系统，例如瑞士 PSI 投入临床使用的 OPTIS2 系统，如图 7-7 所示，其入射质子束流能量为 75 MeV，最大照野为 ϕ35 mm，最大射程为 35 mm。

OPTIS2 系统侧向扩展束流采用双散射方法。第一块散射片既实现了束流散射功能，又实现了束流射程调节功能，第二块散射片采用两种不同材料的多环设计方案。根据束流射程需求的不同，设计的第一块散射片厚度也不相同，其对束流产生的散射角也不同。为了提高束流利用率，OPTIS2 设计了具

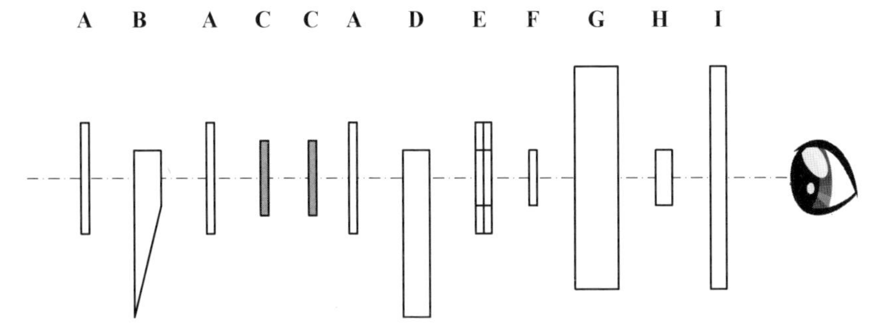

A—束流探测器；B—射程调节器；C—散射片；D—射程调制轮；E—电离室；F—十字丝；G—凝视装置；H—准直器；I—发光管。

图 7-7　典型的眼部治疗系统结构布局图

有 9 个挡位的射程调制器，每个挡位都对应一块不同的散射片，这 9 个散射片放置在不同的位置，需要时再移动到束流线上。

OPTIS2 系统深度方向扩展束流采用射程调制轮（RMW）方法，9 挡不同的射程范围对应的射程调制轮不同，并且在每挡射程还设计了不同 SOBP 宽度的射程调制轮。OPTIS2 系统共有 40 多个射程调制轮。

眼部治疗束配系统通常还包含专门设计的患者凝视系统，如图 7-6 中的患者凝视装置，通过让患者在照射期间凝视可以调节旋转角度和径向位置的发光管，实现不同的束流入射角度，避免了束流对关键器官的损伤。

参考文献

[1] 刘世耀. 质子和重离子治疗机器装置[M]. 北京：科学出版社，2012.

[2] ICRU. ICRU report 78：prescribing，recording，and reporting proton-beam therapy [M]. Oxford：Oxford University Press，2007.

[3] Yeung D，Palta J. Passive scattering，encyclopedia of radiation oncology [M]. Heidelberg：Springer，2013.

[4] Pedroni E，Bacher R，Blattmann H，et al. The 200-MeV proton therapy project at the Paul Scherrer Institute：conceptual design and practical realization[J]. Medical Physics，1995，22(1)：37-53.

[5] Lomax A，Bohringer T，Coray A，et al. Intensity modulated proton therapy：a clinical example[J]. Medical Physics，2001，28(3)：317-324.

第 8 章 辐射防护

质子具有独特的深度剂量分布和较高的相对生物学效应，是进行肿瘤放疗的理想手段。但在设备开机治疗期间，质子束流会在注入器、同步环、输运线和治疗头等各区域因束流的注入、加速、引出和传输等过程出现束流损失且产生次级辐射。质子与接受治疗的患者、体模靶、束测靶和束流剔除器等相互作用也会产生辐射[1]。这些辐射是有害的，必须采取干预措施（辐射防护）将其危害降低到合理可行且尽可能低的程度。

质子治疗装置的辐射防护目的就是依据国家的有关法规和标准，以辐射防护最优化原则，有效控制辐射危害，保障工作人员和公众健康，降低辐射对周围环境的影响，防止意外发生。

一般将质子束流产生的次级辐射分为瞬发辐射和残余辐射，瞬发辐射是装置带束流运行时产生的，需要通过专门的墙体进行屏蔽和辐射安全联锁系统进行控制。残余辐射就是束流停止后由于感生放射性而产生的辐射，需要通过辐射安全管理等措施避免其危害。为了避免瞬发辐射和残余辐射对工作人员、公众以及环境带来影响，装置必须配置足够的防护设施、技术手段以及管理措施来确保万无一失。由此在硬件设施上会设置有辐射屏蔽、辐射安全联锁、辐射监测、门禁控制、视频监控等系统，结合国内外的运行经验，中国也于 2021 年新出台环境标准《放射治疗辐射安全与防护要求》（HJ 1198—2021），对质子治疗的辐射防护措施提出了原则性的要求。在辐射安全管理上需设置辐射安全管理小组、制定完善的管理规程、定期开展环境监测和个人剂量监测，并做好职业健康监护管理等。

8.1 剂量管理和辐射屏蔽

国家标准《电离辐射防护与辐射源安全基本标准》（GB 18871—2002）对质

子治疗这类射线装置的辐射工作人员的职业照射和公众受照规定了剂量约束，根据辐射防护最优化原则，要求各类人员的受照当量剂量不仅应低于规定的值，而且控制到可以合理做到的尽可能低的水平。

考虑到质子治疗装置辐射场相对较强、设备布局在人群密集的医疗场所等特点，目前国内大部分质子治疗装置都会在国家标准基础上选取更为严格的剂量管理限值，辐射工作人员和公众的剂量约束限值分别取国标的 1/4 和 1/10 作为项目的管理限值。表 8-1 给出了限值的比较。

表 8-1 GB 18871 剂量限值和质子治疗装置常用的剂量管理目标

人员类型	GB 18871 规定的剂量限值	质子治疗装置剂量管理目标
辐射工作人员	年平均有效剂量为 20 mSv，且任何一年的有效剂量小于 50 mSv	年平均有效剂量为 5 mSv，且任何一年的有效剂量小于 20 mSv
公众关键人群组成员	年有效剂量为 1 mSv，但连续五年平均值不超过 1 mSv 时，某一年可为 5 mSv	年有效剂量为 0.1 mSv

年剂量控制值包括了正常运行、维修、应急状态及具有一定概率的事故潜在照射，也包括装置正常运行期间各类放射性流出物对公众的辐射。为了屏蔽设计和评价需要，依据以上年剂量控制值，结合治疗装置运行模式、工作人员工作时间和公众的居留情况，国家职业卫生标准《放射治疗机房的辐射屏蔽规范第 5 部分：质子加速器放射治疗机房》(GBZ/T 201.5—2015)也提出剂量率控制目标值的方法和标准。

根据国内外同类加速器的研究经验，250 MeV 质子打靶产生的光子、正负电子甚至介子被一定厚度混凝土屏蔽衰减后的剂量率贡献是很小的，屏蔽体外的剂量贡献主要来源于高能级联中子和蒸发中子。屏蔽的主要对象是中子，屏蔽计算的重点是确定质子打靶后产生的中子源项，以及中子在混凝土内的衰减系数[2]。中子源项需考虑所有不同能量的粒子打在所有不同的靶上，在各个方向上产生的所有中子辐射源强度。

中子的辐射源项和衰减系数通常利用蒙特卡罗模拟工具(如 FLUKA[3]、MCNPX[4]、Geant4[5]等主流软件)建立质子束打靶模型计算得到。虽然利用这些蒙特卡罗模拟工具可以直接对辐射屏蔽效果进行计算和评估，但在屏蔽设计时，通常利用经验公式法[6]对所需的混凝土屏蔽厚度进行快速计算评估，分析得到符合设计限值的设计值，再利用蒙特卡罗模拟工具比较分析进而优化设计,图 8-1 是质子治疗装置典型的主体屏蔽设计示意图。

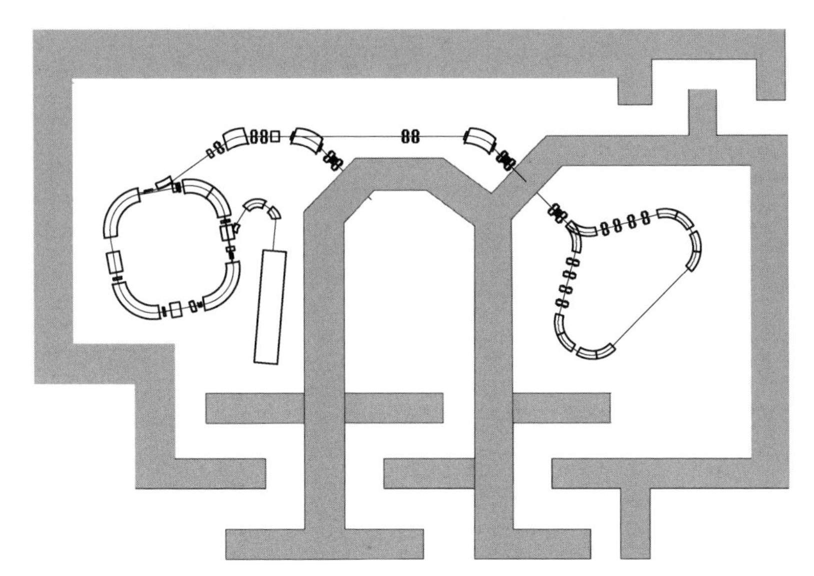

图 8-1 典型的主体屏蔽设计

对于质子治疗装置,开机运行期间质子束流会在整条束线上和治疗终端上很多地方出现束流损失,因此屏蔽墙外某一参考点的剂量通常是一个或多个束流损失点而导致的辐射剂量之和。每个束流损失点为一个辐射源,都将对屏蔽墙外的剂量有贡献,因此对屏蔽墙的厚度计算归结为对多个点源的屏蔽。

为了方便人员、货物进出装置屏蔽体,并且考虑各种管线穿墙的需求,在装置建筑上会开各类大小的孔洞,因此在加速器和治疗室的入口、屏蔽墙上的门洞和管道开口都采用了迷宫的结构处理,有效防止了中子、光子等次级粒子通过透射或散射方式对外带来剂量泄漏,迷道结构的设计通常采用美国国家辐射防护与测量委员会(NCRP)144 号报告[7]提供的散射和透射模型等解析法。

8.2 辐射安全联锁

质子治疗装置是一个高能粒子加速器,装置运行时会产生瞬发辐射,停机后瞬发辐射消失,局部区域可能存在残余辐射。装置运行时在加速器隧道及治疗室形成高瞬发辐射区域,为了防止工作人员误入高辐射区而受到瞬发辐射伤害以及限制残余辐射所产生的照射,需要建立辐射安全联锁系统。

辐射安全联锁系统包括主控制部分和由报警与状态显示等组成的外围部分。位于中央控制室的控制界面如图 8-2 所示。主控制部分是辐射安全联锁系统的主要部分。辐射安全联锁系统的外围部分主要是直接可见部分，因为辐射安全联锁系统的正常工作程序上，要求在开机前执行一套特定的安全搜索程序以完成清场和建立联锁，联锁完成信号作为加速器开机的必要安全前提条件，从而保障了工作人员的辐射安全。治疗装置运行时，任何一个潜在的可引起事故照射的行为都将影响安全联锁系统，系统会产生一个终止机器运行的联锁信号，其结果将中断加速器运行、剔除储存的束流，并立即终止治疗室内的治疗照射，这就需要如显示屏、警灯警铃、急停按钮、搜索按钮、警示标识等设备来辅助联锁系统的工作。

辐射安全联锁系统还结合门禁控制系统、实时视频监控系统等组成一套完整的自动化监视和管理系统，通过对质子治疗装置的辐射安全技术管控实现如下基本功能：

(1) 开机前确保放射性剂量防护区以及各相关的控制区域无人，所有防护门都已关闭，开机前安全联锁系统必须检测设备的辅助系统的工作状态，确保开机时安全联锁系统及其执行部件是正常的。

(2) 开机后系统一旦监视到有联锁条件被破坏(如通道门被打开、急停按钮被按下)，将自动发出紧急停机信号给加速器系统和治疗系统控制设备，快速切断束流。

(3) 辐射工作人员可以在本地或中央控制室实时掌握和监控辐射安全联锁系统的实时状态。

辐射安全联锁系统在质子治疗装置的总控制系统中处于设备控制层，但它具有极高的优先权和地位，不同于其他设备控制器，属于总体级联锁。采用自动化技术的辐射安全联锁系统最重要的功能就是有效地防止装置运行时(即开机状态)人员受到辐射损伤。因此辐射安全联锁系统的设计必须满足如下几条基本原则。

(1) 安全完整性等级(safety integration level, SIL)：必须符合国际电工委员会标准 IEC 61508 规定的 SIL-3 级，即每个关键设备每小时发生故障的概率为 $1\times10^{-8}\sim1\times10^{-7}$。

(2) 故障安全：即使系统发生故障，仍能保证辐射安全。

(3) 独立性：能独立运行，不受其他系统控制，并且直接联锁相关加速器设备，不经其他系统中转联锁信号。

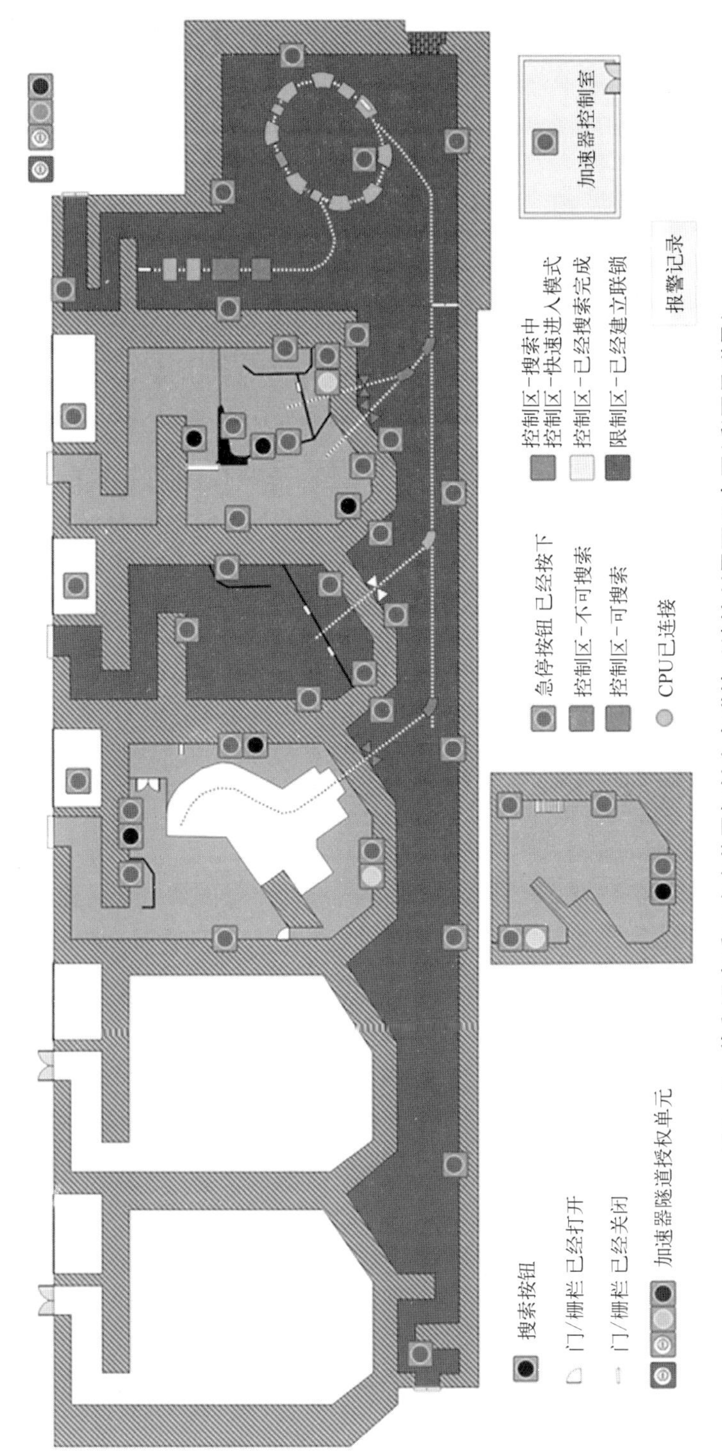

图8－2　首台国产质子治疗装置辐射安全联锁系统控制界面示意图(彩图见附录)

(4) 对停机断束具有最高优先级。

(5) 对电源、关键设备和信号采用双路冗余机制。

(6) 在确保辐射安全的前提下,对其他系统的影响最小化。

8.3 辐射剂量监测

为了保障质子治疗装置工作人员、医疗人员及周围居民的辐射安全,需建立一套在线辐射剂量监测系统,随时监视装置工作场所和四周环境的中子和 γ 射线辐射剂量水平,以便控制人员的活动,使其接受的辐射剂量能实现"合理可达到的尽可能低(ALARA)"的原则。为了评估治疗装置对工作人员、公众以及环境的辐射影响,还需制订合理的监测计划,定期开展场所监测、环境辐射监测和个人剂量监测等。

场所监测包括固定安装剂量仪的实时监测和定期剂量巡测。在线辐射监测主要对加速器厅主出入口、治疗室迷道出入口、护士站、控制室等人员常驻区域进行实时监测,确保开机期间屏蔽体外剂量率正常的实时监控;一般情况也会选取加速器隧道内、治疗室内束损大的监测敏感位置进行实时监测,并将其剂量率与通道门联锁,确保出束时通道门不会被打开;治疗设施如果建设在周边公众影响较为敏感的区域,一般会根据束损分布特征在园区内选取合理的点位进行环境的在线实时监测。定期的剂量巡测包括开机期间加速器和治疗室的辐射监督区边界瞬时剂量监测、停机期间设备的活化剂量监测,以及进出隧道人员和物件的污染监测等。鉴于质子治疗装置辐射场的情况,场所监测需选择对中子能量响应、剂量响应较好的中子测量仪(一般选用灵敏度较高的大尺寸 BF_3 或 ^3He 中子测量仪),考虑到束流前向高能中子(大于 15 MeV)剂量占比较高[8],因此对中子监测还要求采用其能量响应大于 15 MeV 的中子探测器[9](常规中子雷姆仪慢化体结构中增加铅或者钨等中子增强层以实现对高能中子的响应)。固定式 γ 监测仪选用对脉冲辐射场灵敏的高压电离室。

在质子治疗装置运行期间还需委托第三方有资质的机构定期对工作人员及工作场所开展剂量监测,包括辐射工作人员在设备运行期间的 γ 射线和中子累积剂量的周期监测、运行期间可能产生的放射性废物的剂量监测、最高功率出束工况下工作场所的瞬发辐射剂量的监测,以及对周边环境辐射影响水平评估的辐射环境监测。《辐射环境监测技术规范》(HJ 61－2021)对质子治疗加速器装置辐射环境监测的项目和频次等做了具体的规范要求。相关监测需要第三方机构出具正式报告，业主单位还需将监测报告形成年度评估报告按时上报上级监管部门。

8.4　辐射安全管理

根据国家生态环境部的法律法规要求，制造、使用、销售质子治疗的单位都必须申领质子治疗装置对应的 I 类射线的辐射安全许可证，在取得许可证之前要求申请单位必须成立辐射安全与环境保护管理机构，负责质子治疗装置的辐射安全工作；设立辐射安全关键岗位一个（辐射防护负责人），并由注册核安全工程师担任；而且要求必须建立完善的辐射安全管理规程。

建立完善的辐射安全管理规程，不仅要覆盖岗位职责、辐射防护和安全保卫制度、设备检修维护制度、辐射事故应急方案、台账管理制度、人员培训计划、监测方案、监督检查等相关内容，还需涵盖辐射安全联锁系统、辐射监测系统、门禁控制系统、各类监测仪表运行维护的操作规程。

由于质子治疗装置辐射相对较强，停机后部分区域的设备会有较大的辐射剂量，因此停机期间各类人员（维修人员、外来技术服务人员、参观人员等）进入加速器隧道或者治疗室的辐射安全管理尤为重要，必须通过制定设备检修维护制度、工作人员及物料进出控制区管理办法、参观检查人员进出控制区管理办法等规程来严格约束。

辐射安全管理中还必须依据《放射性同位素与射线装置安全和防护管理办法》有关规定，建立放射工作人员个人剂量监测及职业健康监护管理办法，对纳入放射工作人员管理范围的人员（医技人员、运行维护人员、检测人员、辐射安全管理人员等）发放个人剂量监测设备、安排职业健康体检等，并及时建立“个人剂量监测档案”及“放射工作人员职业健康监护档案”。

参考文献

[1] Ipe N, Task L. Shielding design and radiation safety of charged particle therapy facilities[R]. PTCOG Report 1: Particle Therapy Cooperative Group, 2009.

[2] Agosteo S, Magistris M, Mereghetti A, et al. Shielding data for 100 - 250 MeV proton accelerators: double differential neutron distributions and attenuation in concrete[J]. Nuclear Instruments and Methods in Physics Research B, 2007, 265: 581 - 598.

[3] Battistoni G, Boehlen T, Cerutti F, et al. Overview of the FLUKA code[J]. Annals

of Nuclear Energy, 2015, 82: 10 - 18.

[4] Pelowitz D B, Durkee J W, Elson J S, et al. MCNPX users manual Version 2.7.0 [R]. LA - CP - 11 - 00438, 2011.

[5] Agostinelliae S, Allisonas J, Amako K, et al. GEANT4: a simulation toolkit[J]. Nuclear Instruments and Methods in Physics Research A, 2003, 506: 250 - 303.

[6] Agosteo S, Fasso A, Ferrari A, et al. Double differential distributions and attenuation in concrete for neutrons produced by 100 - 400 MeV protons on iron and tissue targets[J]. Nuclear Instruments and Methods in Physics Research B, 1996, 114: 70 - 80.

[7] National Council on Radiation Protection and Measurements. Radiation protection for particle accelerator facilities[M]. Bethesda MD: National Council on Radiation Protection and Measurements, 2003.

[8] Iwase H, Niita K, Nakamura T. Development of general-purpose particle and heavy Ion transport Monte Carlo code[J]. Journal of Nuclear Science and Technology, 2002, 39: 1142 - 1151.

[9] Richard H O, Thomas D. High energy response of the PRESCILA and WENDI-II neutron rem meters[J]. Radiation Protection Dosimetry, 2008, 130(4): 510 - 513.

第 9 章
质子治疗的未来发展

质子治疗技术在不断发展，小型化、低造价、低运行和维护成本、高精度治疗等已经成为目前国际上质子治疗装置的新趋势[1]。各厂商和研究机构为了顺应这些潮流，在设备上做了诸多发展工作[2]。

9.1 设备小型化

由于质子装置规模大，其占地面积等因素都会造成制造和使用成本高昂，为了降低成本，质子治疗装置不断努力向小型化发展。加速器和旋转机架是质子治疗设备规模占比最大的部分，加速器的大小取决于磁聚焦结构设计和磁铁重量，同时旋转机架上的输运线是旋转机架结构和重量的决定性因素，输运线的规模也决定了束流光学结构和磁铁的重量。影响磁铁重量的因素一般有两个：磁刚度和磁铁间隙。

9.1.1 超导技术的采用

磁刚度是由加速粒子的种类和能量决定的，质子治疗装置中质子最大能量一般为 250 MeV，磁刚度为 2.43 T·m，能够采用的最大磁感应强度就确定了磁铁的长度，进而影响到加速器、输运线的长度和结构。一般常规二极偏转磁铁的最大磁感应强度为 1.5 T 左右，而超导磁铁的磁感应强度会提高到 5 T 左右，那么同样的偏转角度，超导磁铁的长度将是常规磁铁的近 1/3，尤其是在旋转机架上，这意味着旋转机架的长度和高度将大大降低。如图 9－1 所示是超导旋转机架和常规旋转机架的对比。超导磁铁的采用也大大降低了运行中的电功率。除了旋转机架外，加速器也可以采用超导磁铁来减小体积和降低运行成本，如迈胜和 ProNova 公司都采用了超导回旋加速器。

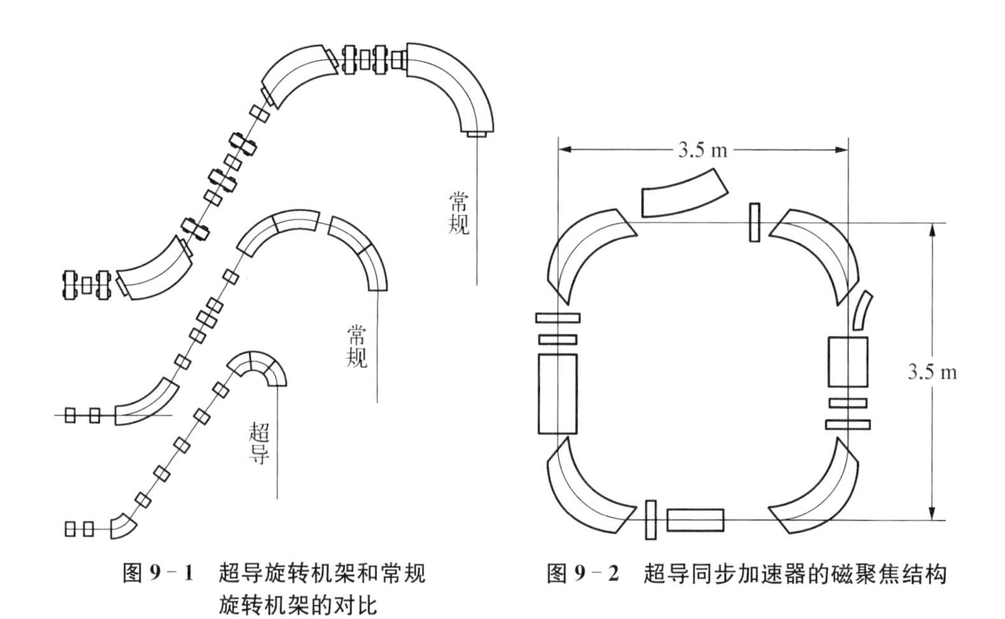

图 9-1　超导旋转机架和常规旋转机架的对比

图 9-2　超导同步加速器的磁聚焦结构

超导磁铁的缺点是电流变化较慢，但俄罗斯科学家发现了阻碍电流快速变化的主要原因并加以克服后[3]，基于同步加速器的质子治疗装置也可以采用超导磁铁来减小规模[4-5]。图 9-2 给出了一个超导同步加速器的磁聚焦结构，对比常规磁铁方案的 20 余米的周长减少了一半以上。日本放射性医学研究所(NIRS)采用超导技术设计了新的重离子加速器，其规模甚至会降低到第一代常规磁铁同步加速器的 1/4 左右。

9.1.2　新布局方案

决定磁铁间隙的因素主要是加速器的接受度，对用于治疗的质子同步加速器来说，空间电荷效应频移的存在使得其接受度大小决定了最终能够储存的粒子数。同步加速器中能够储存的粒子数决定了治疗的剂量率。更精确的扫描治疗方式的应用将质子束流的利用率从散射模式的 40%提升到 90%以上，因此同样的剂量率要求的质子数大大降低，加速器就可以采用较低的接受度即磁铁间隙，而磁铁间隙的降低大大降低了磁铁重量。ProTom 公司就采用这种方式，使得其旋转机架和加速器的规模大大减小，其加速器的总质量仅为 15 t，而日立的一块二极磁铁就有近 8 t 的质量。

除了降低磁铁间隙，弱聚焦和较少磁铁数量的采用也能减小加速器规模，尤其是旋转机架，通过不同的布局可以减小其质量，例如前面介绍的 ProTom

公司同样采用弱聚焦的旋转机架，其质量仅为 45 t。日立在北海道大学采用了 4 块二极偏转磁铁的结构，将同步加速器周长从 23.2 m 降低到 18 m 左右，通过压缩旋转机架的等中心距离将旋转机架的质量从 160 t 左右降低到 100 t，采用带梯度二极磁铁等的旋转机架也开始出现。小型的加速器和旋转机架催生了单治疗室的质子治疗装置以满足小型医院或者现有建筑内安装的要求，迈胜和瓦里安甚至把超导回旋加速器搬上了旋转机架。

近年来，不断有人提出了不需要旋转就可以提供不同角度束流的机架方式，一般是两块磁铁组合，如图 9-3 所示，CERN 科学家提出的 GaToroid 型旋转机架[6]的第一块磁铁通过磁场变化将束流偏转到合适的位置和方向，第二块磁铁通过由围绕等中心的一圈超导线圈形成的螺旋形等特殊形状的磁场将质子束偏转到等中心去。其束流的"旋转轴"仍然与现在的旋转机架一样，与进入旋转机架之前的束流轴一致。这样设计的优点是可以通过第一块磁铁形成扫描点阵，而不需要在第二块磁铁后安装扫描磁铁。

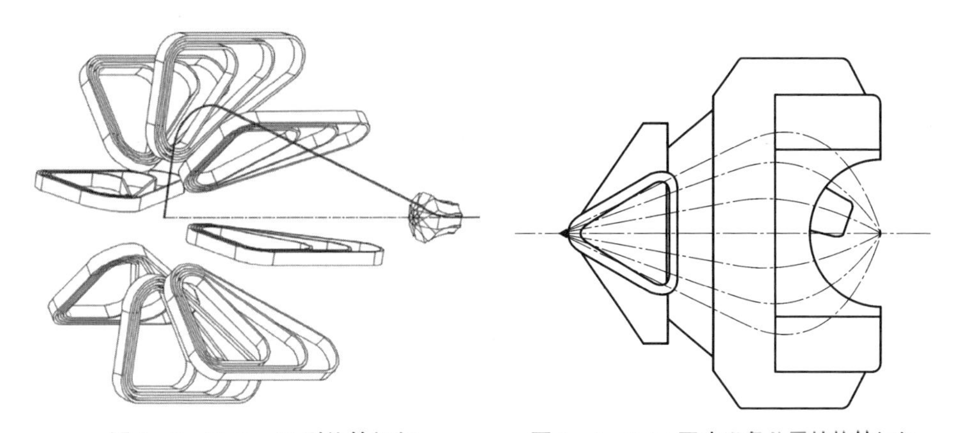

图 9-3　GaToroid 型旋转机架　　　　图 9-4　B dot 医疗设备公司的旋转机架

B dot 医疗设备公司[7]则通过磁场将机架的方向巧妙地做成与质子束的方向一致，如图 9-4 所示，第一块二极偏转磁铁将束流大幅度扫开，进入第二块特殊形状的二极偏转磁铁，进入不同位置的束流都能被偏转到等中心。与 GaToroid 不同，在第二块磁铁中的束流平面并没有发生变化，因此束流旋转轴与入射方向垂直。其缺点是提供的治疗角度受第二块磁铁限制，所以较为有限。

9.1.3　新运行方式

目前质子治疗装置的加速器主要是回旋加速器和同步加速器，但是它们各有缺点。回旋加速器的主要缺点是无法通过加速器本身进行快速能量调节，一般治疗要求在几十毫秒量级进行能量调节，回旋加速器只能通过附加的机械装置——降能器，利用散射作用将质子能量降低，这造成了质子的大量浪费和极大的辐射。在能量为 70 MeV 时束流强度仅为 235 MeV 时的 2%左右。为了能够使得回旋加速器进行无损的快速调能，瑞士 PSI 的研究者利用回旋加速器不同能量的束流运行在不同半径上的特点，设计了一种可使不同半径上的质子能够在同一位置引出的方法，如图 9-5 所示，利用快速可运动的机械装置选择不同位置的质子束引出[8]。

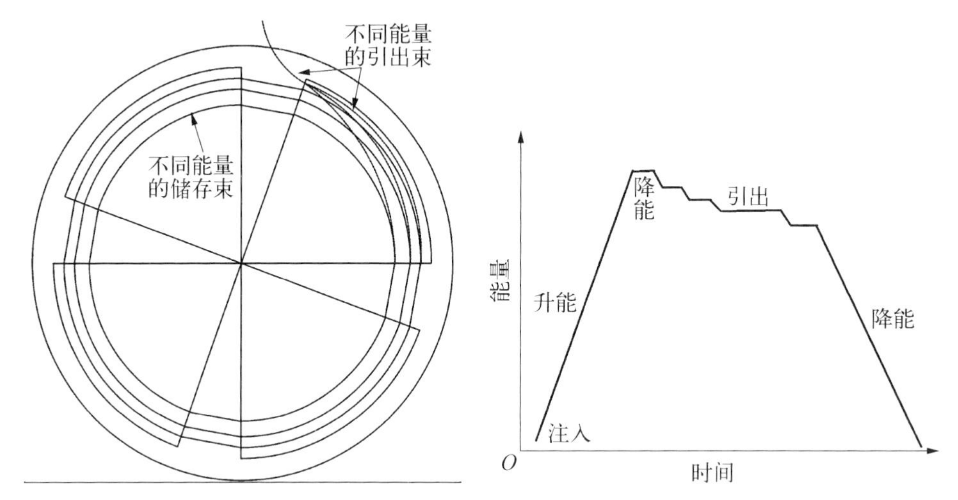

图 9-5　可变能引出回旋加速器的示意图

图 9-6　单周期内多能量引出的能量循环

同步加速器的缺点是注入、升能（上升沿）和标准化循环（下降沿）需要占用很长时间，引出平台所对应的有效治疗时间较短。按照加速器的设计，不同注入和升能时间一般从 0.5 s 到 2 s 不等，因而造成无效治疗时间较长、换能缓慢的问题，从而无法适应快速重复扫描方式。扫描治疗模式下质子利用率的提高和每层质子需求量大幅度降低的特性使得同一周期内能够允许多层能量引出，日本的质子重离子治疗装置 HIMAC 发展了一种在回旋周期的下降沿引出的模式[9]，可以减少换能时间，大大降低了同步加速器的治疗时间，如图 9-6 所示。在同一周期内可以提供 137 种不同的能量进行选择，每层能量切换时间为 100 ms，每个平台宽度都可以扩展。HIMAC 的重离子工作模式甚至在一个周期就能够满足整个肿瘤治疗要求。德国的质子重离子治疗装置 HIT 则采用了上升沿提供几种不同的能量，如果能量间切换时间在 100～500 ms 的范围内，就可以使得治疗时间降低 50%以上。100 ms 量级的能量切换时间、超长的平台时间，如果再加上同一个升能周期或少数几个周期内的束流总量满足整个肿瘤治疗，那么在使用上同步加速器和回旋加速器几乎没有区别。很多在回旋加速器上适用的降低剂量不均匀性，避免额外剂量照射的方案也可在同步加速器上使用，如快扫描、重复扫描等，同步加速器环境剂量低的优势就可以更好地得到发挥。

9.1.4　其他新技术

除了加速器和旋转机架外，用于扫描治疗的扫描磁铁也是限制扫描速度和治疗头体积的一大因素，治疗头的长度又限制了旋转机架的体积。一般的扫描磁铁提供水平和垂直两个方向的扫描，且在下游的扫描磁铁间隙要做得很大。美国麻省总医院的研究人员提出了一种用多极磁铁来实现水平和垂直方向同时扫描的方法[10]。如图9-7所示的多极磁铁，其场的方向由磁感应强度矢量（$\boldsymbol{B}_1 \sim \boldsymbol{B}_4$）来决定，改变矢量的大小就可以实现整个范围内的扫描。比如利用电源为八极磁铁的四个线圈分别供电就可以实现扫描，这样做的优点是可节省一块扫描磁铁的空间。

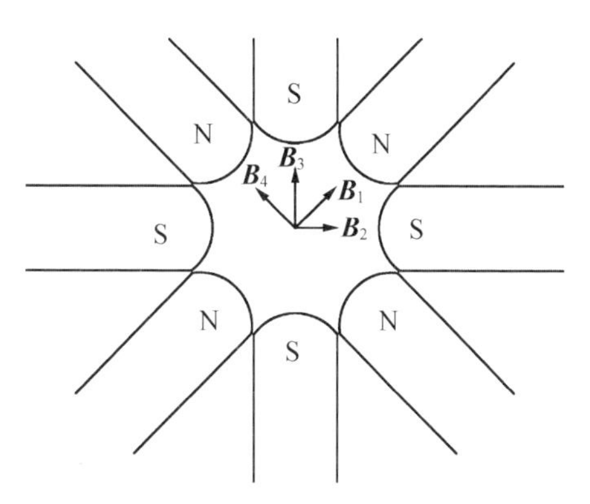

图9-7　多极扫描磁铁示意图

为了降低质子治疗装置的造价，规避各自的缺点，研究人员采用了众多的技术手段，从加速器本身到磁铁、旋转机架，通过研究加速器的限制因素到工作原理，提出了众多改进因素。超导磁铁的使用降低了规模和造价；新的结构设计降低了磁铁孔径及其重量；快速能量切换的回旋加速器和单周期内多能量引出的同步加速器规避了各自的缺点；多极扫描磁铁的采用也可以降低治疗头的体积。更多新的思想也需要应用到质子治疗装置中来。

为了达到更精确的治疗，有很多的新技术不断发展，包括治疗计划、定位监测，在线射程、剂量验证等方面，具体如下。

（1）快速笔束扫描技术：可提高照射剂量一致性并减少照射时间。

（2）照射结果的后验证技术：基于体模等技术进行剂量和位置的验证。

（3）在线剂量监测：基于瞬发γ射线或正电子可以适时地测量治疗剂量是否按照要求给出。

(4) 先进治疗计划系统：先进的治疗计划系统应该集鲁棒性、性能和速度于一身，支持各种治疗模式。

(5) 运动器官治疗相关技术：质子治疗一直在追求更为精确的治疗，呼吸门控、重复扫描、扫描追踪等技术都在不断地应用到治疗运动器官中。

此外，虽然质子的剂量学已经研究得非常清楚，但是在生物学上还有很多不清楚的地方，各国的科学家都在致力于研究生物学模型。

9.2 新的照射技术及其对加速器的要求

新的照射技术开始研究并逐步应用到治疗中，其中最主要的有两个：闪疗和小束斑。

9.2.1 闪疗

闪疗是利用超高剂量率来进行放射性治疗的一种治疗方法。目前临床上对一些小型动物(老鼠、猫、小猪)进行试验，有研究表明闪疗可以保持老鼠记忆力。放疗的目的是在治疗肿瘤的同时，尽量保证正常器官的功能。放疗相关毒性反应一直以来都是临床医生关注的热点。以往实验证实，高剂量率电子短脉冲，即闪疗照射，具有与传统剂量率照射相似的抑制肿瘤生长作用，并且对健康组织的损伤更小[11]。

由于传统的加速器产生光子需要打靶，又会损失能量，剂量率较低。前期的研究都是改装电子加速器，有的同步辐射光源也在用光子做闪疗方面的实验研究，因为同步辐射光源的光子数量足够多。在质子方面，瓦里安近年来建立了质子联盟来开展闪疗的研究，目前利用质子做穿透治疗骨癌等临床实验，并未用到布拉格峰。

来自法国居里研究所的研究团队尝试利用 230 MeV 质子回旋加速器实现质子闪疗照射[12]，这项研究结果发表于 2018 年。该团队由放射科医生、物理师、计算机工程师、加速器专家、生物学家等多学科背景成员组成，他们为了实现质子闪疗照射进行了一系列技术改进或新设备的研发。由于要在很短时间内输送高剂量的质子，且要覆盖小鼠的整个肺部区域，原来的散射治疗头已经不适用。横向方向上，利用一块很薄的铅箔将质子束散射开，同时将实验终端和准直器安装在靠近散射体的地方，以减少散射对剂量率的影响，如图 9－8 所示。这样的配置在实验点处剂量率可以达到 40 Gy/s，而到了原等中心就只有 0.1 Gy/s 了。在深度方向上，原来是通过射程调制轮来产生扩展布拉格峰的，这样的办法会延长照射时间，降低剂量率。该团队采用了脊型过滤器将布拉格峰展宽来达到纵向调制的目的。在剂量监测方面，原有的剂量电离室无法满足这样高的剂量率且照射时间短的要求，该研究团队研发了一套高通量的剂量监测系统，以确保质子束流维持在高剂量率并达到闪疗照射标准。该团队人员还测试了不同的剂量探测方法，并将测试结果与蒙特卡罗模拟的结果相比较，最终确定 Gafchromic™ EBT3 胶片与模拟结果吻合最好，将其作为实验的参考。为了让实验达到临床治疗的精度，该研究团队还建立了一套小鼠摆位系统，将麻醉后的小鼠放置于调节架上，通过数码相机进行图像引导。经过测量得到调整后的照野达到了 $12\times12\ \text{mm}^2$，质子束能量在 138～198 MeV 时剂量率超过 40 Gy/s，并实现了对小鼠的均匀照射。

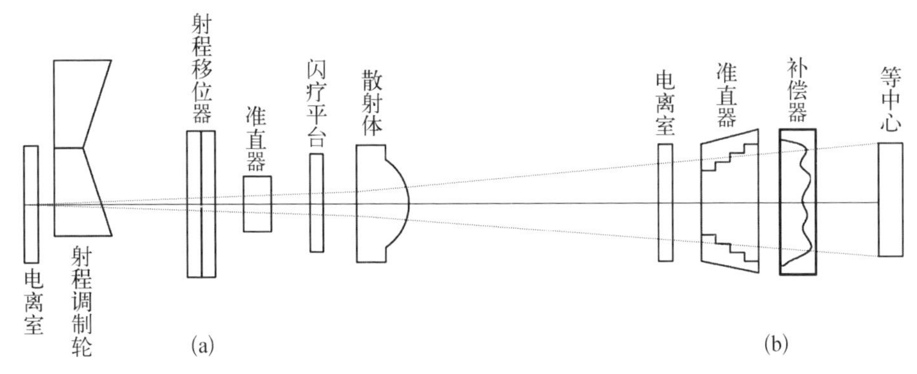

图 9-8　闪疗平台和普通散射治疗头的区别

(a) 闪疗平台；(b) 普通散射治疗头

9.2.2　小束斑照射

质子治疗一直在寻求降低正常组织剂量的手段。由于质子布拉格峰的存在，受到照射的正常组织主要位于入射方向。减少正常组织受到的剂量主要有两种方法：① 不改变靶区受到的剂量，减小受照射的面积；② 不改变正常组织接受剂量的同时扩大正常组织受照射的面积。看起来两者是相反的方法，但都能起到保护正常组织的作用。

方法①就是小束斑照射，采用比较小的尺寸，比如用半高全宽小于 0.5 mm 的束流进行照射，比正常治疗使用的半高全宽为 7～15 mm 的束斑缩小很多。图 9-9 给出了能量为 235 MeV 的质子束在小束斑照射(半高全宽为

0.2 mm)和正常照射(半高全宽为 7 mm)两种情况下在纵向剖面上的剂量对比。质子进入人体内被散射,其尺寸不断增大,在人体深处的尺寸与入口的尺寸相关性很小,这就可以用很小的束斑尺寸进行照射而在肿瘤处达到同样的剂量。这样入口处正常组织分成两部分,被照射到的地方受到的剂量比其余地方高,而没被照射到的地方受到的剂量几乎没有。虽然受到的总剂量差别不大,但是高低交叉排列,人体组织的代偿作用就可以发挥作用,能够快速修复被高剂量照射到的正常组织,从而减少辐射对正常组织的影响[13]。

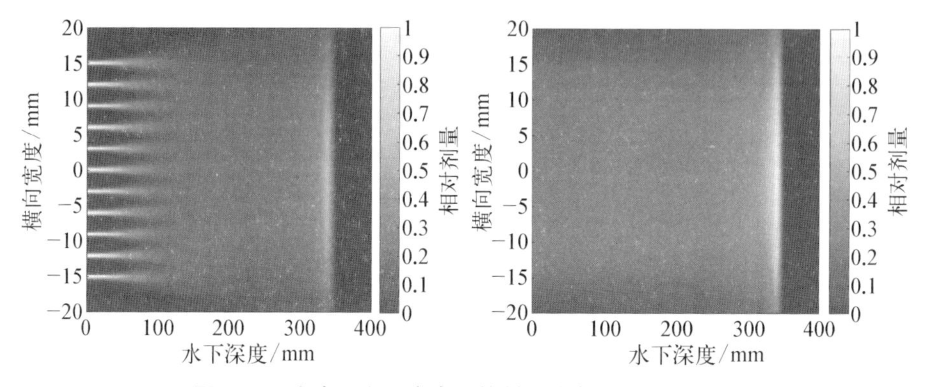

图 9-9 小束斑和正常束斑的剂量分布(彩图见附录)

小束斑的实现主要难度是在产生较小束斑的同时还要保证正常的剂量率。目前回旋加速器和同步加速器的束斑都比较大,小束斑一般是靠用准直器将一大部分束流挡掉实现的,这样会急剧降低剂量率。造成束斑较大的原因主要是加速器的发射度较大,以及治疗头出口到等中心的空气散射在束流能量低时的效应较明显。可通过重新设计治疗头减少空气散射的影响,在输运线上增加四极磁铁或者螺线管,以及采用发射度更小的直线加速器等方法将束流的尺寸做到很小[14]。

方法②就是弧形治疗(ARC)[15],是指采用旋转机架边旋转边治疗的方法对肿瘤进行照射,相当于增加了照射方向,用较多的正常组织分担了剂量,又不会因为需要的照野增加而增加摆位时间。这种治疗方式比较适合于回旋加速器,因为回旋加速器是连续束。在应用于同步加速器时需要解决束流周期和能量切换与旋转机架的旋转之间的同步等问题。

参考文献

[1] 刘世耀. 质子和重离子治疗及其装置[M]. 北京: 科学出版社,2012.

[2] Flanz J. New approaches in particle therapy[C]//The 47th Conference of Particle Therapy Co-operative Group, Florida, United States, 2008.
[3] Kovalenko A D, Kekelidze V D, Trubnikov G V, et al. Nuclotron superconducting magnets and their improvement for use in the SIS100 heavy-ion synchrotron in the FAIR project[J]. Atomic Energy, 2012, 112(2): 80 - 89.
[4] Endo K. Table-top proton synchrotron ring for medical applications[C]//The Proceeding of 2000 Europe Particle Accelerator Conference, Vienna, Austria, 2000.
[5] Averbukh II. Project of small-dimensional 200 MeV proton synchrotron[C]//The Proceeding of 1988 Europe Particle Accelerator Conference, Roma, Italy, 1988.
[6] Bottura L, Felcini E, Rijk G D, et al. GaToroid: a novel toroidal gantry for hadron therapy[J]. Nuclear Instruments and Methods in Physics Research Section A, 2020, 983: 164588.
[7] Fischer R. Superconducting "bending magnet" could slash proton therapy cost, footprint[NOL]//Health Care Business News[2021 - 6 - 30]. https://www.dotmed.com/news/story/55232.
[8] Baumgarten C. Cyclotrons with fast variable and/or multiple energy extraction [J]. Physical Review Accelerators and Beams, 2013(16): 100101.
[9] Iwata Y, Kadowaki T, Uchiyama H, et al. Multiple-energy operation with extended flattops at HIMAC[J]. Nuclear Instruments and Methods in Physics Research Section A, 2010, 624: 33 - 38.
[10] Gordon J, Boisseaul P, Dart A, et al. A multipole magnet for pencil beam scanning [C]//The 52th Conference of Particle Therapy Co-operative Group, Essen, Germany, 2013.
[11] Favaudon V, Caplier L, Monceau V, et al. Ultrahigh dose-rate FLASH irradiation increases the differential response between normal and tumor tissue in mice[J]. Science Translational Medicine, 2014, 6(245): 245ra93.
[12] Patriarca A, Fouillade C, Auger M, et al. Experimental set-up for FLASH proton irradiation of small animals using a clinical system[J]. International Journal of Radiation Oncology Biology Physics, 2018, 102(3): 619 - 626.
[13] Avraham D F, Eley J G, Adam R, et al. Charged particle therapy with mini-segmented beams[J]. Frontiers in Oncology, 2015, 5: 269.
[14] Vidal M, Moignier C, Patriarca A, et al. Future technological developments in proton therapy: a predicted technological breakthrough[J]. Cancer/Radiothérapie, 2021, 25(6 - 7): 554 - 564.
[15] Ding X, Li X, Zhang J M, et al. Spot-scanning proton arc (SPArc) therapy: the first robust and delivery-efficient spot-scanning proton arc therapy[J]. International Journal of Radiation Oncology Biology Physics, 2016; 96(5): 1107 - 1116.

第 10 章
同步加速器物理设计实例

随着技术的进步，粒子治疗装置不断发展，在质子治疗装置方面，朝着小型化和更精确的方向发展，在重离子治疗装置方面，朝着多离子一体治疗装置方向发展，本章就这两个发展方向给出相应的物理设计实例。

10.1 基于超导同步加速器的小型化装置

限制质子治疗装置规模的主要原因是质子的磁刚度和二极磁铁的强度限制了磁铁的弯转半径，这样加速器、输运线和旋转机架的尺寸就不能做小。加速粒子能量为 250 MeV 时常温二极磁铁的最大磁感应强度一般不超过 1.5 T，这样弯转半径就达到了 1.6 m。超导磁铁的使用可以将磁感应强度提高到普通磁铁的 2～3 倍，从而降低了弯转半径和加速器、输运线的规模。限制超导磁铁使用的原因主要是超导磁铁磁场不易快速改变，而基于同步加速器的治疗装置以及输运线需要频繁切换磁感应强度以便切换治疗能量。俄罗斯科学家已经发现制约磁场变化速度的瓶颈，并设计出磁感应强度变化速度达到 4 T/s 的磁铁[1]，超导磁铁可以没有困难地应用到质子同步加速器中。

10.1.1 超导同步加速器

超导磁铁的采用可以大幅度降低加速器的规模，磁感应强度约为 4 T 的超导二极磁铁，其弯转半径为 0.64 m，偏转角度为 90°的二极磁铁长度仅为 1 m，只需采用这样长度的 4 块二极磁铁就可以组成加速器的主体结构。这么小的弯转半径使得二极磁铁带来的水平聚焦力很强。倾斜余弦型(canted cosine theta, CCT)超导磁铁可以让二极磁铁组合任意大小的四极场梯度，而不需要选择边缘聚焦强度的大小。那么，基于超导磁铁的质子同步加速器的基本结构就是由四块带梯度的超导二极磁铁组成主体结构，二极磁铁的梯度提供散焦力，再加上额外的四极磁铁提供聚焦力修正和工作点调节功能，就实现了一个加速器的主要结构。在质子治疗的小型同步加速器的磁聚焦结构设计时必须考虑注入和引出的问题，通常是磁聚焦结构设计和引出设计交替进行，只有能够满足引出需要的磁聚焦结构才是合格的。图 10-1 给出了一个加速器的磁聚焦结构实例。

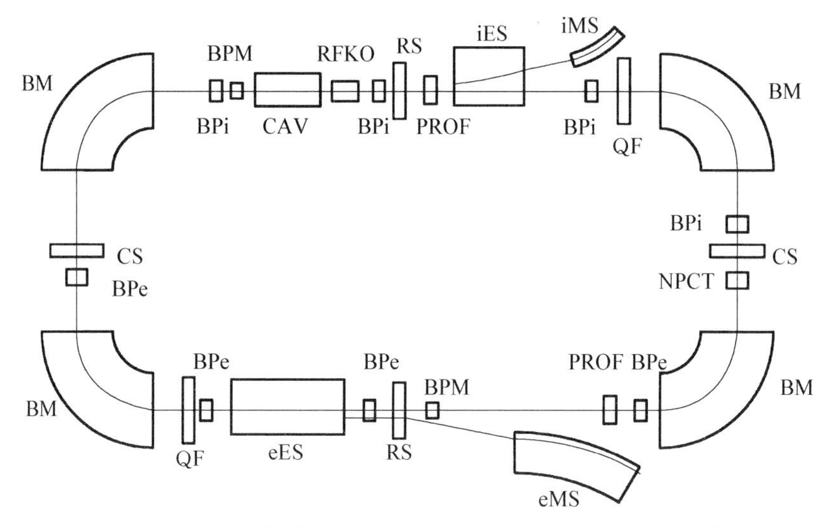

BM—超导二极磁铁；QF—聚焦四极磁铁；RS—共振六极磁铁；CS—色品六极磁铁；BPi—注入凸轨磁铁；BPe—引出凸轨磁铁；iES—注入静电切割板；iMS—注入静磁切割磁铁；eES—引出静电切割板；eMS—引出静磁切割磁铁；BPM—束流位置探测器；PROF—荧光靶探测器；NPCT—电流传感器；CAV—高频腔；RFKO—射频激出系统。

图 10-1　超导同步加速器布局

超导同步加速器周长为 14.8 m，周长比常温二极磁铁方案降低了近 10 m，呈二重对称结构分布。主聚焦结构采用四块长度为 1 m 的超导二极磁铁，其四极场梯度为 2.432 1 T/m，归一化强度为 1。两段长度为 4.1 m 的长直线节用于安装注入、引出、高频腔、六极磁铁等元件。在长直线节还各有一块四极磁铁用于工作点微调，此外还安装有快四极磁铁在引出时控制工作点的变化。两段长度为 1.3 m 的短直线节用于安装束测元件、六极磁铁或者注入引出配件。同步加速器的工作点在注入时为(1.377, 1.399)，在引出时为(1.338, 1.436)，色品六极磁铁安装在 β 函数最小的短直线节，校正色品时对共振影响最小，共振六极磁铁安装在 β 函数大的长直线节，驱动共振时对色品影响小。表 10-1 给出了同步加速器的参数和一些主要设备的参数要求。

图 10-2 给出了沿全环的 Twiss 参数分布。图 10-3 给出了注入和引出时的工作点分布。

表 10-1　同步加速器参数

参数名称			单　位	参数值
基本参数	注入能量		MeV	7
	引出能量		MeV	70～250
	引出粒子数		—	$>4\times10^{10}$
	束流引出周期		s	1.5～10
	周长		m	14.8
	谐波数		—	1
	磁刚度		T·m	0.383 0～2.432 1
	升能曲线		—	准梯波形
	直线节长度		m	4.1×2+1.3×2
	真空度		Torr①	$<1\times10^{-8}$
	真空室内宽与高		mm×mm	110×110
束流参数	横向振荡工作点	注入	—	(1.377, 1.399)
		引出	—	(1.338, 1.436)
	自然色品 ξ_x/ξ_y		—	−1.30/−1.48
	最大 β 函数 β_x/β_y		m	4.24/4.24
	最大色散 η_x		m	1.41
	动量压缩因子 α_p		—	0.559 5
	渡越能量因子 γ_t		—	1.337
高频参数	高频频率 f_0		MHz	2.460 3～12.429 5
	最高高频电压 V_{rf}		kV	2

① Torr，托，压力非法定单位，1 Torr=1 mmHg=$1.333\ 22\times10^2$ Pa。

垂直和水平方向的 β 函数值都仅为 4 m，比目前的质子治疗装置都要小。垂直方向较小的 β 函数意味着需要的孔径较小，而水平孔径取决于三阶共振

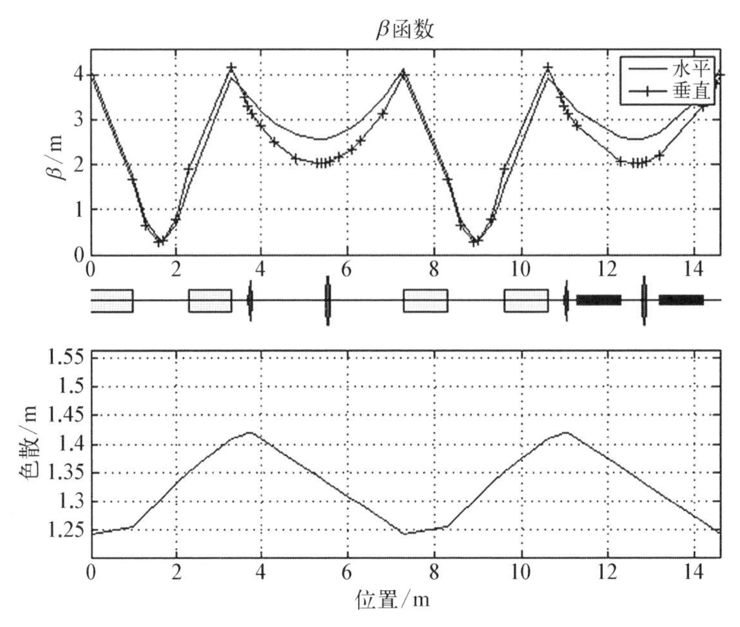

图 10-2 同步加速器 Twiss 参数分布

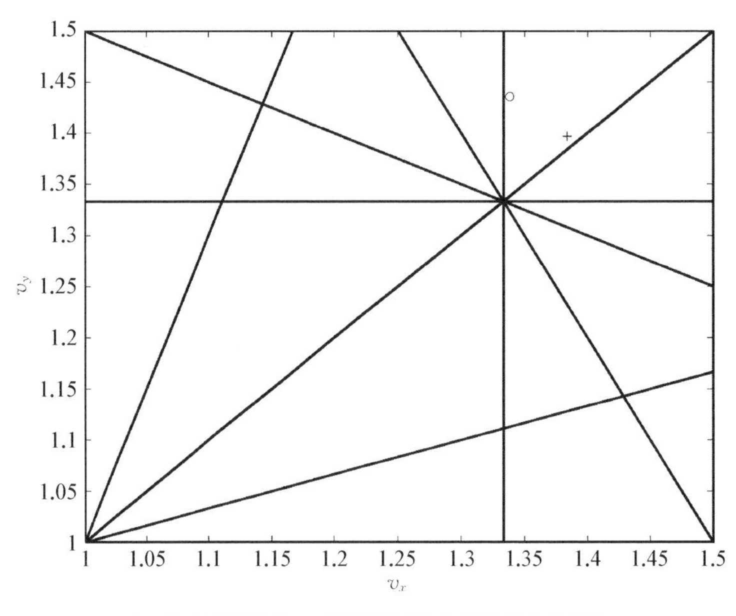

+—注入时工作点；o—引出时工作点；其余线为共振线。

图 10-3 注入和引出时的工作点分布

慢引出的要求，束流的最后三圈轨道需要的空间较大。而 CCT 超导磁铁的孔径一般是圆形，因此真空室孔径就按照水平孔径的要求确定为圆形。为了降低磁铁造价，需要适当地降低水平孔径要求，因此将真空室孔径限制在 110 mm，比常温加速器（通常为 130～140 mm 或更大）要小。引出时，束流发射度已经降低，对垂直孔径的需求变低，真空室边缘的圆形孔径也不会对垂直束流有阻挡作用。

根据 Lasllet 频移公式[2]，包括粒子空间电荷效应产生的散焦力，以及真空室上镜像电荷产生的电磁场引起的在椭圆相空间内均匀分布的粒子在椭圆真空室中的振荡频率变化可以写成以下形式：

$$\Delta\nu_{\mathrm{V}} = -\frac{Nr_0}{\pi\beta^2\gamma^3 B_{\mathrm{f}}} \frac{1}{\sqrt{\varepsilon_{\mathrm{V}}}\left(\sqrt{\varepsilon_{\mathrm{V}}} + \sqrt{\varepsilon_{\mathrm{H}}}\,\nu_{\mathrm{V}}/\nu_{\mathrm{H}}\right)}$$

$$N = B_{\mathrm{f}}\pi\frac{b(a+b)}{r_0 R}v\mathrm{d}vF\beta^2\gamma^3 \tag{10-1}$$

$$F = \left\{1 + \frac{b(a+b)}{h^2}\left[\varepsilon_1(1 + B_{\mathrm{f}}\beta^2\gamma^2) + \varepsilon_2 B_{\mathrm{f}} C_{\mathrm{m}}\beta^2\gamma^2(h^2/g^2)\right]\right\}^{-1}$$

式中，N 为粒子数，r_0 为经典半径，β 与 γ 为相对论因子，ε_{H} 与 ε_{V} 为水平和垂直发射度，ν_{H} 与 ν_{V} 为水平和垂直工作点，F 为形状因子，B_{f} 为聚束因子，a 和 b 为束流垂直和水平半宽度，h 和 g 为真空盒半宽度和磁铁间隙半宽度，C_{m} 为二极偏转磁铁所占周长的因子，ε_1 和 ε_2 为几何参数。对宽高比大于 2 的真空盒，$\varepsilon_1 = 0.172$，$\varepsilon_2 = 0.206$，$r_0 = 1.5\times10^{-18}$ m。按照垂直频率移动 0.1 就可以计算出相应的粒子数限制。

加速器的垂直接受度正比于半孔径的平方，反比于 β 函数，超导同步加速器的垂直接受度高达 500 mm·mrad 或更高。由式（10－1）可见，超导同步加速器可以接受更大的粒子数注入和储存，可以达到 2×10^{11} 个以上的程度。这样的粒子数配合单周期多能量引出就可以很好地满足多层肿瘤的治疗，根据 3.2 节分析，两个周期就可以满足一个 1 L 体积肿瘤 2 Gy 的剂量要求，将治疗时间压缩到很短，甚至可以通过将引出时间缩短到 0.1 s 以内，在稍小的体积内满足闪疗高达 40 Gy/s 的剂量率要求。

在纵向运动方面，本设计的渡越因子 1.337 相当于渡越能量为 310 MeV，远高于治疗所需要的 250 MeV，这意味着在升能过程中不需要跨越渡越能量，可避免高频跳相和束流损失。同步加速器的周长较短则需要较高的高频频率，且覆盖从 2.4 MHz 到 12.5 MHz 的较大范围。

10.1.2 注入物理设计

注入器的流强一般是 5～15 mA，脉冲长度为 20～100 μs，同步加速器内要储存较大的电荷量靠单圈注入是无法完成的。此外，注入器的 90%粒子发射度约为 1 mm·mrad，要填满 500 mm·mrad 的接受度也需要将束流涂抹开。这两个因素导致必须采用多圈涂抹注入的方式。

注入的物理设计主要包括确定注入系统元件的布局和参数要求。多圈注入系统包括注入静电切割器、凸轨磁铁和注入静磁切割磁铁。注入静磁切割磁铁和注入静电切割器的作用是将角度较大的注入束偏转到与储存束一致，并尽量靠近储存束。注入系统的物理设计一般是从出口倒推到入口的。图 10-4 给出了一个注入系统元件及束流的相对位置关系。

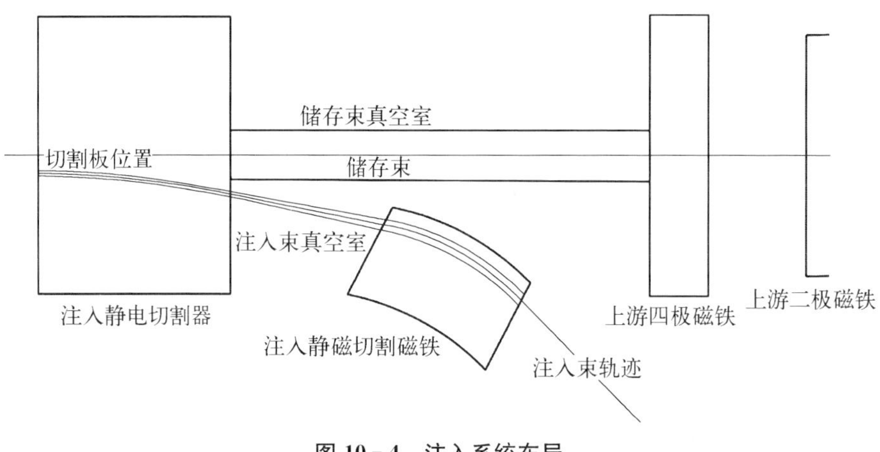

图 10-4 注入系统布局

注入束在注入静电切割板出口的位置等于静电切割板的位置加上注入束的束流尺寸和必要的位置偏差余量。注入束的束流尺寸由其发射度和该点的 β 函数决定，发射度是注入器的束流发射度，β 函数需要匹配到与主环该点的 β 函数一致。注入静电切割板的高度取决于主环的水平接受度。主环水平接受度由引出静电切割板、引出静磁切割磁铁和注入静电切割板三者中最小的决定，一般会让这三者对接受度的限制保持一致。注入切割板的位置根据引出切割板的位置 35 mm 来确定，因此注入束在静电切割板出口的位置确定为 41 mm。

注入静电切割板的偏转角度取决于留给注入静磁切割磁铁的横向空间。

注入静磁切割磁铁的线圈匝数取决于其横向空间的大小。匝数越多则同样磁感应强度下电流越低，越容易实现。留给线圈的横向空间取决于静磁切割磁铁出口处注入束和储存束的间距，以及留给储存束的空间和留给注入束的空间。留给储存束的空间是真空室的外侧半孔径 60 mm，留给注入束的空间是注入真空室的外侧半孔径 15 mm。因此，在注入静磁切割磁铁出口的束流高度要大于 105 mm。这个高度越大，对静磁切割磁铁的要求就越低。注入静电切割板的强度就取决于偏转角度和长度以及静电切割板的间隙。静电切割板的间隙取决于该处的束流尺寸和必要的误差，是注入束到静电切割板距离的两倍。静电切割板的极限场强在 10 MV/m 以下，为了提高运行的稳定性，注入静电切割板的工作场强确定在 5 MV/m。

注入束的初始角度和注入静磁切割磁铁的偏转角度主要取决于注入轨迹如何躲开上游的四极磁铁和二极磁铁等元件，在能躲开的情况下，尽量降低静磁切割磁铁的磁感应强度要求。

注入凸轨磁铁是为了在注入点处将储存束形成一定高度的凸轨。注入凸轨磁铁的数量和布局取决于磁聚焦结构和相移。如果能够形成 180°相移的合适位置，可以选择两块凸轨磁铁，否则就需要三块凸轨磁铁甚至四块凸轨磁铁。图 10－5 给出了一个四块凸轨磁铁形成的凸轨。注入凸轨的高度和时间取决于累积粒子数量的多少。随着注入圈数的增加，注入效率在不断地下降，但是总的粒子数在增多，最后达到一个饱和状态，可以用等效圈数来描述总的粒子数。图 10－6 给出了注入圈数和凸轨高度对注入效率和等效圈数的影响。

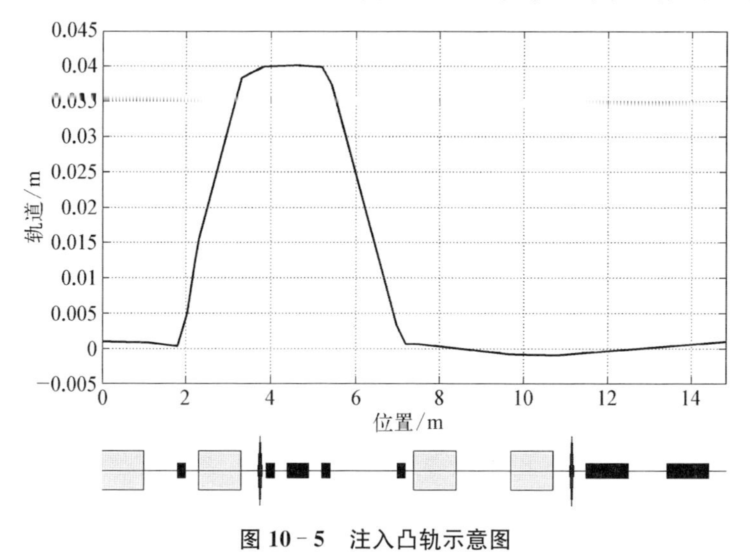

图 10－5　注入凸轨示意图

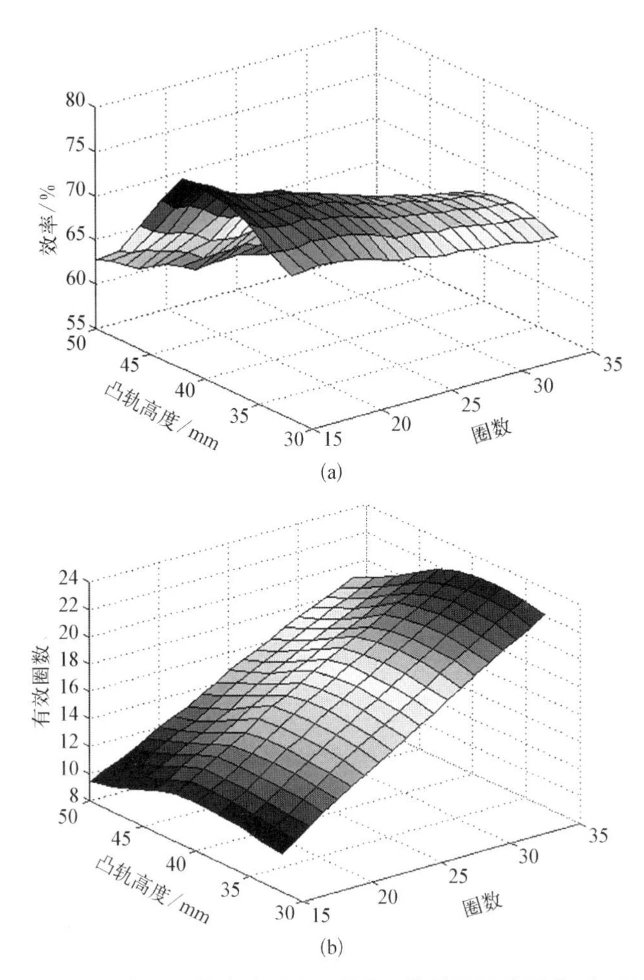

图 10-6　注入圈数和凸轨高度对注入效率和等效圈数的影响(彩图见附录)

(a) 对注入效率的影响;(b) 对等效圈数的影响

最后,根据以上分析和计算,表 10-2 给出了对注入元件的要求。

表 10-2　对注入元件的要求

参　　数	注入元件		
	静电切割板	凸轨磁铁	静磁切割磁铁
有效长度/m	0.5	0.2	0.4
偏转角/mrad	185	40	593
间隙/mm	12	—	30
有效孔径/mm	—	110×110	30×30

（续表）

参　　数	注入元件		
	静电切割板	凸轨磁铁	静磁切割磁铁
稳定度/%	0.1	0.5	0.1
切割板厚度/mm	0.5	—	30
脉冲波形	—	半正弦波	—
底宽/μs	—	20	—

10.1.3　引出物理设计

引出物理设计是基于同步加速器的质子治疗装置设计中最重要的内容。由于治疗越来越多地采用笔束扫描，点剂量的累积依靠时间积分，这就要求加速器引出接近连续束流。同步加速器就只能采用共振慢引出的方式实现连续束流，除了洛马林达大学医院的质子治疗装置采用二阶共振慢引出外，其余治疗装置都采用三阶共振慢引出。

在治疗用质子同步加速器中引出物理设计贯穿磁聚焦结构的始终，经常用"是否能够方便引出"来评价一个磁聚焦结构设计的好坏。引出物理设计的第一步就是确定引出静电切割板处引出边的位置和角度，如图 10－7 所示。引出边的位置和角度取决于该点的相空间形状。引出边首先要选择第一和第四象限，这样束流从环中引出后的束流输运线不需要跨越同步加速器主环从环内再到环外。引出边的位置不能太小，也就是该点的包络函数不能太小，太小的话引出静电切割板太靠近环中心，误差影响大。引出边的角度在第四象限时，角度不能太大，角度太大则引出束流会迅速地靠近轨道中心，不能进入引出静磁切割磁铁的真空室，从而不能被顺利引出。引出边在第一象限角度太大时，则包络函数

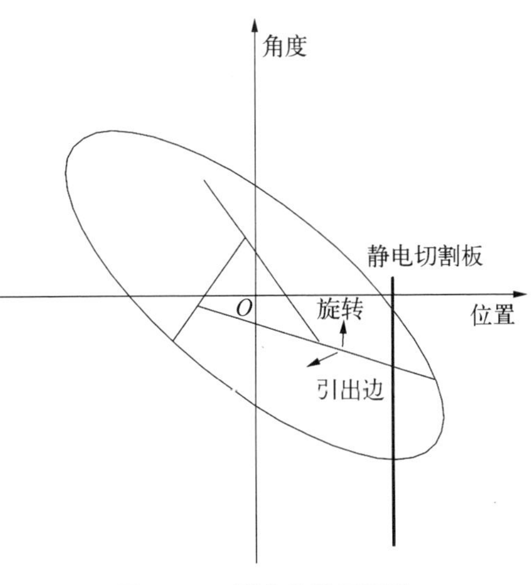

图 10－7　引出边界示意图

较小。引出边的最佳角度在$-45°\sim45°$范围内。

引出边的角度首先取决于相空间椭圆的角度，相空间椭圆的角度是由$\frac{\alpha}{\beta}$决定的，这就要求引出静电切割板放在$\frac{\alpha}{\beta}$较小的地方，在设计磁聚焦结构时，必须在直线节开始的地方有满足这样要求的点。10.1.1 节介绍的磁聚焦结构设计就考虑了这样的因素，该结构的水平工作点可以在 1.67，但是这样的话$\frac{\alpha}{\beta}$较大，不利于引出，因此才将工作点定为 1.337。四重对称结构拥有 4 个 2 m 长的直线节，也是因为$\frac{\alpha}{\beta}$太大，所以没被选择。

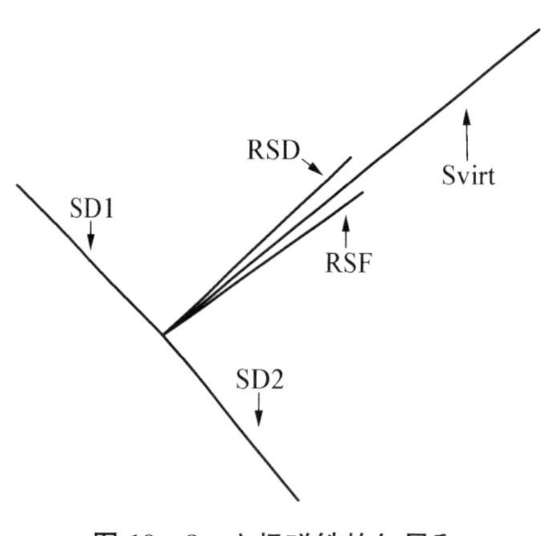

图 10－8　六极磁铁的矢量和

引出边的角度还由六极磁铁共振驱动项到引出点的相移决定。一般加速器不止有一块六极磁铁，那么这些六极磁铁就形成一个矢量和来评估总的效果，如图 10－8 所示。在图 10－8 中，SD1、SD2、RSD、RSF 是不同六极磁铁的名字，Svirt 是矢量和。通过调整这些磁铁的矢量和的方向，就可以调整引出边界的角度，在图 10－7 中进行旋转。如果矢量和旋转了 180°，引出边角度也就旋转了 180°。所以，六极磁铁位置的强度就是引出设计的第二步。由于水平工作点为 1.337，相移关系导致只有对称放置的强度相同的六极磁铁才能驱动共振六极磁铁，这样对色品的影响就无法抵消，需要在包络函数较小的地方再放置色品六极磁铁对色品进行校正，包络函数小的位置对共振驱动项影响较小。图 10－9 给出了最终的引出前相空间分布图。

确定了引出边的位置和角度后，接下来就需要分别确定引出静电切割板与引出静磁切割磁铁的位置与强度。引出静电切割板内侧的粒子在环内经过三圈的运动后进入切割板的间隙，如图 10－10 所示。切割板的位置要保证束流最后三圈能够在全环无损失地进行，并留有一定的余度，因此设置在 35 mm 处。引出静电切割板的间隙是由粒子运动的跨距决定的，要保证内侧最靠近切割板的束流经过三圈后也能进入切割板的间隙。切割板的强度与注入过程设计类似，要保证运动到静磁切割磁铁处有足够空间容纳静磁切割磁铁的线圈。与注入类似，引出也可以使用凸轨，在引出静电切割板处凸轨高度较高，在引出静磁切割磁铁处，凸轨高度较低，以此来降低静电切割板的强度要求。表 10－3 给出了引出元件的强度要求。

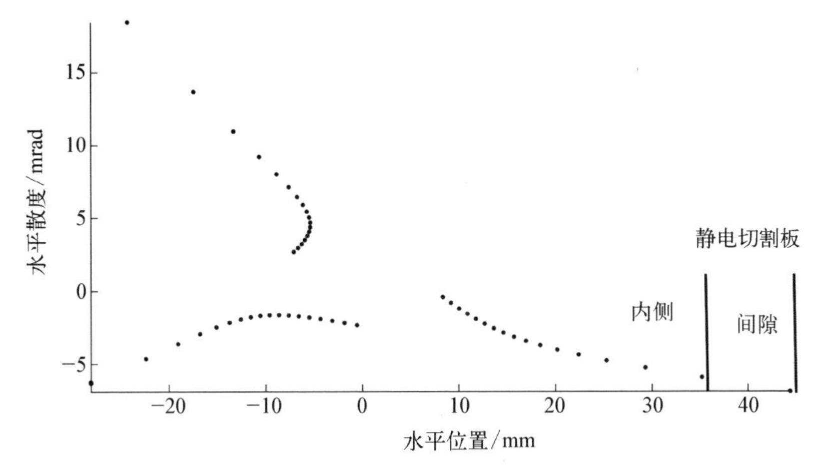

图 10－9　引出前相空间分布

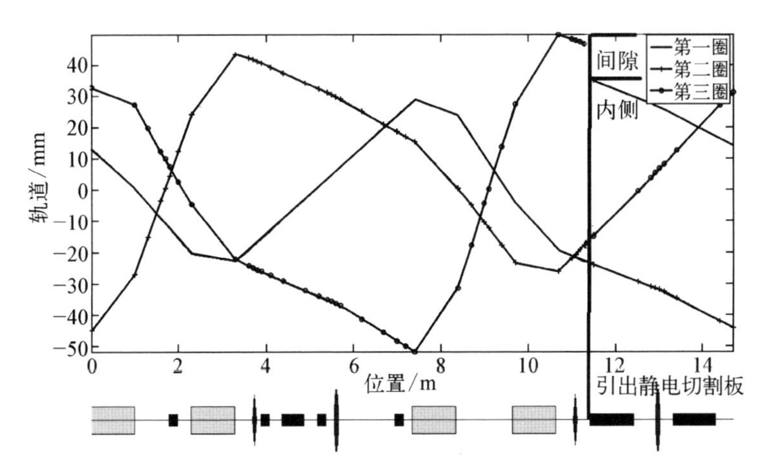

图 10－10　最后三圈的束流运动轨迹

表 10－3　引出元件的强度要求

参　数	引出元件			
	RFKO	静电切割板	静磁切割磁铁	凸轨磁铁
数量	1	1	1	4
类型	—	静电	静磁	脉冲

（续表）

参　数	引出元件			
	RFKO	静电切割板	静磁切割磁铁	凸轨磁铁
有效长度/m	0.25	1	1.4	0.3
偏转角/mrad	0.001	13.5	467	10
扫描频率/MHz	2～6	直流	直流	—
束流清晰区/(mm×mm)	125×50	10×30	35×30	110×110
磁场稳定度/%	0.5	0.1	0.1	1
切割板厚度/mm	—	<0.1 mm	26 mm	—
磁场波形	扫频	—	—	变频梯形波

10.1.4　超导旋转机架

旋转机架是另一个限制质子治疗装置规模的重要因素。限制旋转机架尺寸的因素有两个：磁铁强度和治疗头尺寸。使用常温磁铁时，二极磁铁的弯转半径不能太小，导致要将束流从与患者平行偏转到与之垂直的角度时磁铁的总规模太大。治疗头的尺寸也受到扫描速度和磁铁强度的限制，不能做得太短。要想提高扫描速度，就要降低磁铁强度以减小涡流效应和电源的负担。有的旋转机架将扫描磁铁设计到最后一块二极磁铁之前，这样就缩小了旋转机架的旋转半径，但增加了二极磁铁孔径，极大地增加了最后一块磁铁重量，旋转机架的总重量反而上升。

采用超导磁铁可以将二极磁铁做得较小，此外，采用 CCT 超导磁铁可使二极磁铁结合四极磁场梯度，更好地进行束流 Twiss 参数的匹配。图 10-11 给出了一个基于 4 T 超导二极磁铁设计的旋转机架方案，采用了 3 块分别为 60°、75°和 75°的二极磁铁和 6 块四极磁铁形成的结构，其中两块 75°的二极磁铁带有四极磁场分量。最后一块二极磁铁到等中心的距离为 3.2 m，可以安装正常长度的治疗头。从旋转机架入口到等中心

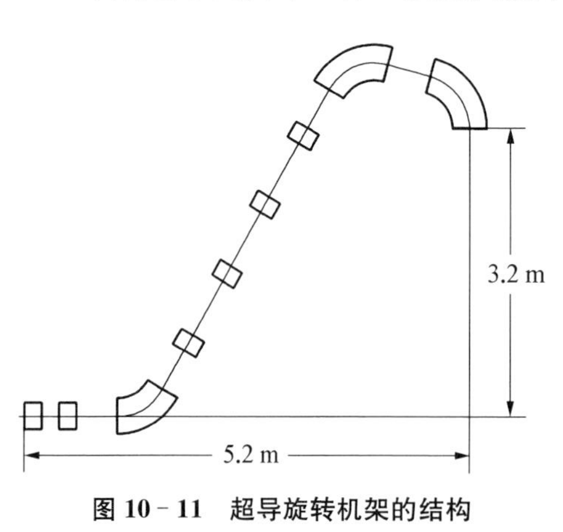

图 10-11　超导旋转机架的结构

的距离为 5.2 m,是一个相当紧凑的结构。

为了减少调试的工作量,旋转机架的光学参数满足从入口到出口 1∶1 的结构,只在旋转机架之前的输运线做束流尺寸的调节。图 10-12 给出了旋转机架的 Twiss 参数分布。

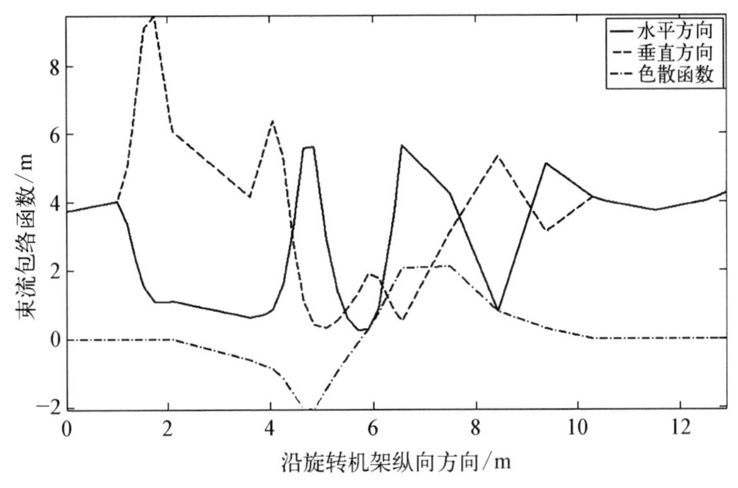

图 10-12　旋转机架的 Twiss 参数分布

10.2　多离子一体同步加速器

随着对多离子混合治疗[3]和氦离子治疗[4]的研究越来越深入,重离子治疗加速器对增加离子治疗种类的需求越来越强烈。不同离子种类的射程对应不同的能量和磁刚度,只有同步加速器才能实现治疗所需要的不同种类离子在同一台加速器中进行快速切换。本节介绍一台基于常温二极磁铁设计的加速器。

水中射程达到 30 cm 时的碳离子能量为 430 MeV/u,对应的磁刚度为 6.62 T·m。根据同步加速器的工作特性可知,只要满足碳离子的磁刚度要求,就能完全满足加速磁刚度更低的质子和氦离子。在加速更重的氧离子、氖离子时则只能加速到 430 MeV/u,对应的射程分别是 25 cm 和 18 cm。对于治疗技术的研究,这样的能量可以满足要求,因此设计时按照碳离子考虑即可。

10.2.1　同步加速器

由于碳离子的磁刚度是质子的 3 倍左右,质子重离子一体装置的规模就比质子治疗装置大很多。同样偏转角度的碳离子装置二极磁铁长度也会是质子装置的 3 倍左右，为了制造、安装、运行方便需要将二极磁铁分成更多块。这意味着磁铁的排列组合选择就更多，灵活性也更大。图 10－13 给出了一个质子重离子一体同步加速器的布局。该结构采用了 10 块二极磁铁，每块二极磁铁的长度是 2.9 m，最大磁感应强度为 1.4 T。周长为 63.8 m，呈二重对称结构，有 8 块聚焦四极磁铁和 8 块散焦四极磁铁，注入时工作点为(1.7，1.4)，引出时工作点为(1.68，1.43)。由于环长较大，可以将注入器和低能输运线安装在环内，以节省建筑空间，不利的是注入和引出直线节的相移接近 360°，这样注入和引出静电切割板分布在环内外两侧，环的接受度在两侧都受到限制。

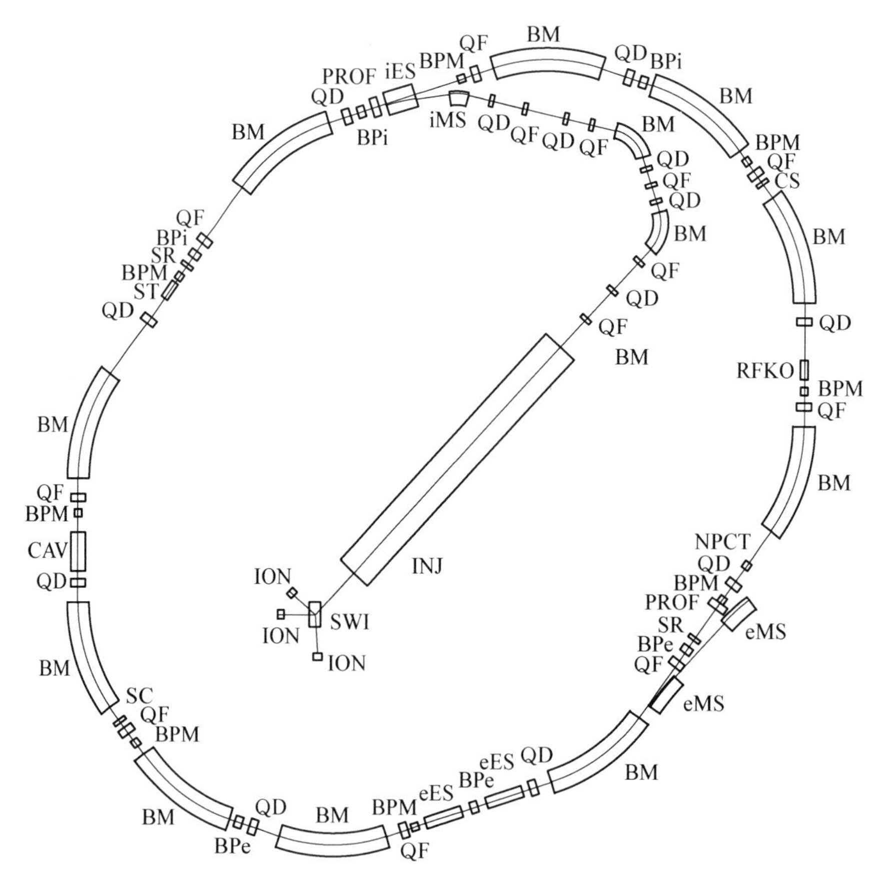

BM—超导二极磁铁；QD—聚焦四极磁铁；QF—聚焦四极磁铁；RS—共振六极磁铁；CS—色品六极磁铁；BPi—注入凸轨磁铁；BPe—引出凸轨磁铁；iES—注入静电切割板；iMS—注入静磁切割磁铁；eES—引出静电切割板；eMS—引出静磁切割磁铁；BPM—束流位置探测器；PROF—荧光靶探测器；NPCT—电流传感器；CAV—高频腔；RFKO—射频激出系统；INJ—注入器；SWI—切换磁铁；ION—离子源；ST—肖特基谱仪。

图 10－13　主环布局

由于磁刚度大，注入引出元件的积分强度要求也更高，为了安装它们，直线节长度相应地也要增加。为了保持对称性，就会产生一些空余的直线节，造成空间上的浪费，但是对于这样较长的一个同步加速器周长，稍微增加一些空余空间对总体规模影响不大。为了缩短周长，也可以采取一些非对称性结构的措施，如缩短 eMS 所在直线节 QD 和二极偏转磁铁之间的空间等。

直线节长度和二极偏转磁铁长度增加、周长增加的同时还保持着与质子治疗装置接近的工作点意味着聚焦力的下降和焦距的增长，因此，这种加速器的包络函数会增加很多，接受度随之下降，图 10－14 给出了质子重离子一体装置的包络函数分布。如果要降低包络函数，则需要增加较多的四极磁铁，将二极磁铁的长度继续减少，这会增加复杂性和周长。好在碳离子的相对生物学效应(RBE)是质子的 5～6 倍，再加上每个离子包含 12 个核子，因此同样的剂量需要的粒子数可降低几十倍，每个周期仅需 1×10^9 个粒子就足够了，这会大幅度降低对全环包络函数和磁铁间隙的要求。表 10－4 给出了该质子重离子加速器主要参数和部分关键技术系统的相关要求。

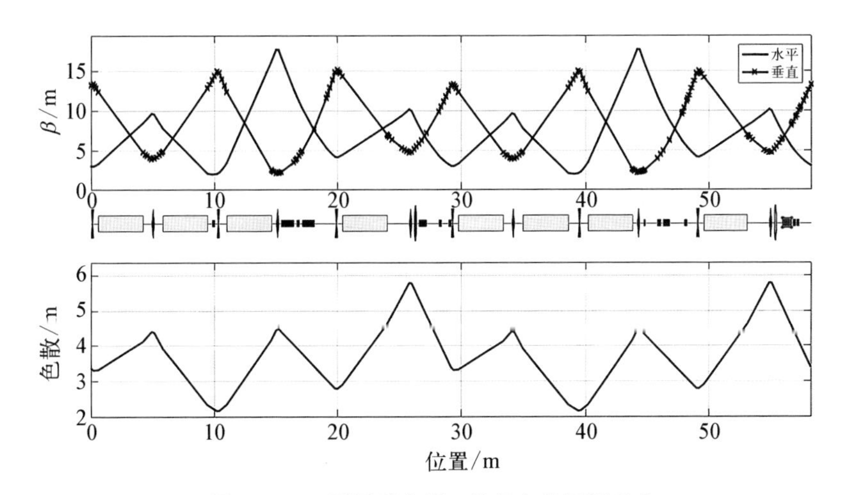

图 10－14　质子重离子一体机包络函数分布

表 10－4　质子重离子一体机参数

主　参　数	数　　值
周长/m	63.8
磁刚度/T·m	0.76～6.62

(续表)

主参数	数值
加速时间/s	1.0
运行周期/s	3～10
束流参数	
离子种类	C/p/He
最高能量/(MeV/u)	430(C^{6+})
环内注入离子数(环内每周期粒子)	4.0×10^{9}(C,He)4×10^{11}(p)
终端离子数(环内每周期粒子)	1×10^{9}(C,He)1×10^{11}(p)
注入束参数	
能量/(MeV/u)	7
流强/mA	0.5(C^{4+})/2(H_3^+)/0.5($^3He^+$)
动量分散($\delta p/p$)	$\pm5\times10^{-3}$
发射度/(π mm·mrad)	≤25(5σ)
磁聚焦结构	
工作点	(1.68,1.43)
有效孔径/mm	130×60(BM,QF,QD)
接受度	
A_h/(π mm·mrad)	200($\Delta p/p$ 为 0.4%～−0.55%)
A_v/(π mm·mrad)	50
磁铁	
二极磁铁磁感应强度/T	0.08～1.43
二极磁铁弯转角度/(°)	36
二极磁铁长度/m	2.9
四极磁铁梯度/(T/m)	0.5～9
四极磁铁长度/m	0.2
二极磁铁气隙/mm	68
四极磁铁内径/mm	140
高频	
频率范围/MHz	1.1～7.2

（续表）

主　参　数	数　　值
谐波数	2
最高电压/kV	⩾3
真空	
真空度/mbar	$\leqslant 5.0\times10^{-9}$
磁铁真空壁/mm	3
真空内尺寸(宽×高)/(mm×mm)	130×60
电源	
平台纹波	$\pm1\times10^{-5}\times80$ MeV/u
跟踪精度	$\pm1\times10^{-4}$

由于散焦四极磁铁与二极偏转磁铁间距较小，它们之间的垂直最大包络函数差别不大，因此全环真空室（除部分特殊真空室外）设置成相同的截面尺寸以降低制造的复杂性。二极磁铁的间隙留给真空室一定的安装空间。高频频率按照二次谐波计算，其频率范围与质子治疗装置类似。其他技术系统如束测元件、电源等要求与质子治疗装置相近。为了监测引出前的束流位置，在引出静电切割板前设置了束流位置探测器。为了监测引出时的工作点，安装了能够测量漂移束振荡频率的肖特基谱仪。

10.2.2　注入物理设计

注入方案的选择取决于注入器提供的流强和累积粒子数的要求。该装置的注入器采用直线加速器。直线加速器具有加速荷质比相同的不同粒子的能力，因此采用三个离子源共用一台直线加速器的结构，可以通过脉冲切换磁铁实现在三个离子源之间快速切换。注入器的加速粒子有两种选择：一种是直接加速 C^{6+}、H_2^+ 和 $^4He^{2+}$，H_2^+ 再剥离成质子；另一种是加速低荷质比的 C^{4+}、H_3^+ 和 $^4He^+$ 或 $^3He^+$。选择 1/3 的荷质比是因为电荷态越高的离子越难产生，而 $^4He^+$ 的荷质比接近 1/3，经过计算后认为采用与 1/3 荷质比相同的参数时直线加速器仍然有一定的传输效率，能够满足治疗需求。注入器加速后的束流在低能输运线上设置的剥离膜处被剥离成 C^{6+}、H^+ 和 $^4He^{2+}$ 后再注入环内，也可以选择剥离注入。

剥离注入是通过不同电荷态离子在磁场中的偏转路径不同将注入束和储存束汇合，因此，如图 10－15 所示的剥离注入布局中不需要静电切割板。注入的 C^{4+} 由于磁刚度大，在二极磁铁中弯转半径比储存束 C^{6+} 大，从环的内侧不断地接近形成凸轨的储存束。在它们汇聚到一起时，通过剥离膜，将 C^{4+} 剥离成 C^{6+}，后面安装有挡束器以吸收未剥离的 C^{4+} 以及其他离子。与多圈注入类似，剥离注入的凸轨高度不断下降，将注入束流在横向相空间上涂抹开。凸轨的作用还可以让剥离膜尽可能地远离注入后的储存束流，降低束流打在剥离膜上产生的损失并避免损坏剥离膜。此外，还可以通过垂直凸轨，让剥离膜在垂直方向离储存束也较远，并且通过垂直凸轨的下降，在垂直方向也形成束流发射度的涂抹。

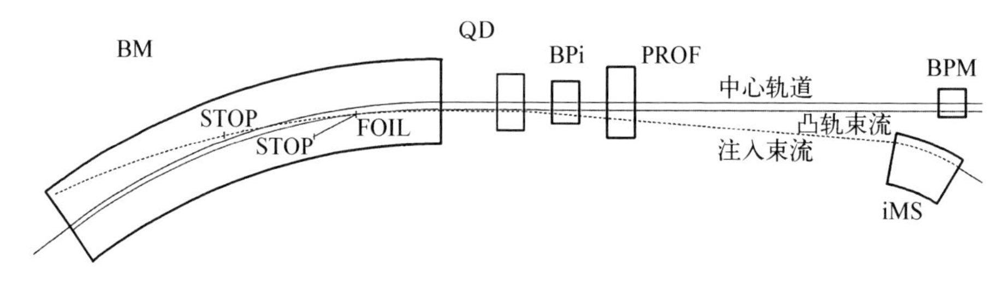

FOIL—剥离膜；STOP—挡束器。

图 10－15　剥离注入布局图

剥离注入的设计包括剥离膜沿束流方向的位置和横向高度、凸轨、挡束器的位置、注入静磁切割磁铁等的设计。剥离注入的凸轨与 10.2.2 节中多圈注入的凸轨保持一致。剥离注入的设计从剥离膜的位置开始。剥离膜的位置在注入束流和凸轨束流汇合处，从汇合位置与高度就可以通过凸轨计算出该点处注入束流的角度，根据这三个条件就可以计算出注入束在二极磁铁入口、四极磁铁处、引出静磁切割磁铁入口的位置。如果静磁切割磁铁处留给静磁切割磁铁线包的空间过大或过小，就可以通过移动注入束和储存束汇合的位置、静磁切割磁铁的位置等进行迭代计算调整。

通过分析剥离注入的过程发现，剥离注入只能用于 C^{4+}，而不能用于 H_3^+ 和 $^4He^+$，这是因为 H_3^+ 和 $^4He^+$ 在剥离前后在二极磁铁中的弯转轨迹差与 C^{4+} 在剥离前后的轨迹差不同，无法保持这些离子注入和储存束的轨迹一致，从而导致剥离注入的结构设计失效。如果注入多种粒子，就需要这些粒子注入前后的荷质比都相同。显然，质子和碳离子之间不满足注入前后荷质比都相同这个要求。因此，质子重离子一体机只能采用多圈注入方式。

多圈注入的设计过程与 10.1.2 节质子治疗装置的设计基本类似，不同的是根据环的磁聚焦结构特点采用三凸轨方式形成如图 10－16 所示的注入凸轨。

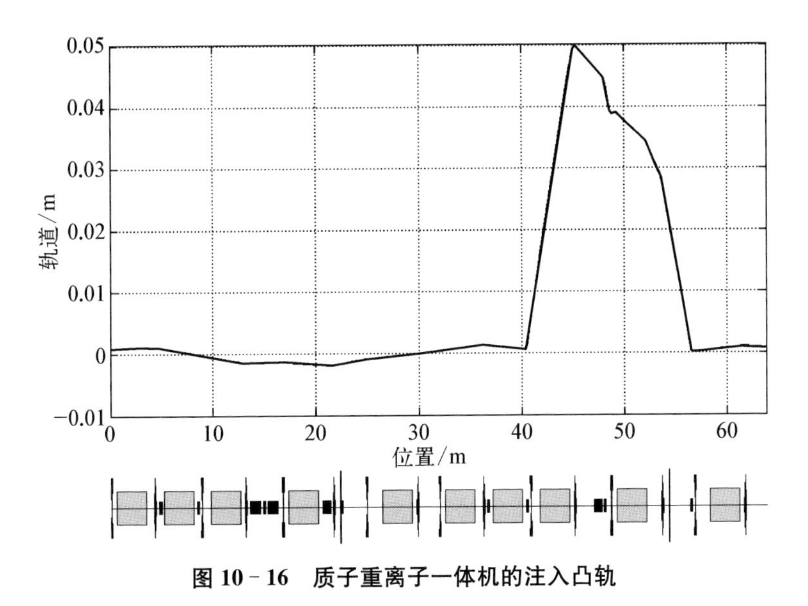

图 10－16　质子重离子一体机的注入凸轨

此外，注入系统还有注入静电切割板和注入静磁切割磁铁，表 10－5 给出了按照注入 C^{6+} 计算的注入元件的参数要求。

表 10－5　注入元件的参数要求

参　　数	注入元件		
	静电切割板	凸轨磁铁	静磁切割磁铁
有效长度/m	0.8	0.2	0.6
偏转角/mrad	152	11	523.6
间隙/mm	15	80	30
场强/(MV/m)	5.3	—	—
磁感应强度/T	—	0.06	0.668 5
束流清晰区/(mm×mm)	13×25	130×60	25×25
稳定度/%	0.1	0.5	0.1
切割板厚度/mm	0.5	—	30

（续表）

参　　数	注入元件		
	静电切割板	凸轨磁铁	静磁切割磁铁
脉冲波形	—	半正弦波	—
底宽/μs	—	80	—
同步性/ns	—	10	—

10.2.3　引出物理设计

质子重离子一体机的引出仍然采用三阶共振慢引出方案。由于磁刚度高，所需的引出元件强度都很强，引出静电切割板和引出静磁切割磁铁位于不同的长直线节。引出系统由 RFKO、六极磁铁、凸轨磁铁、静磁切割磁铁和静电切割板组成。为了不让引出时的凸轨对工作点产生影响，将色品六极磁铁和共振六极磁铁都安装在凸轨的范围之外。六极磁铁强度和凸轨强度、工作点都可以独立调节。在 10.2.1 节的图 10－13 中已经给出了这些元件的位置布局，这里不再赘述。图 10－17 给出了无凸轨时在引出静电切割板入口处的引出前横向相空间分布，图 10－18 给出了引出时的凸轨分布。凸轨需要在引出期间始终存在，因此是梯形波设计，按照需要开启和关闭。由于存在 10 mm 的凸轨，可以将引出静电切割板入口安装在 45 mm 的位置。

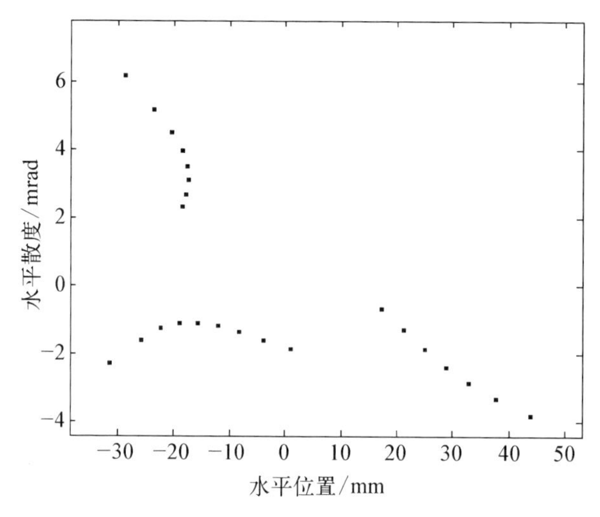

图 10－17　引出前横向相空间分布

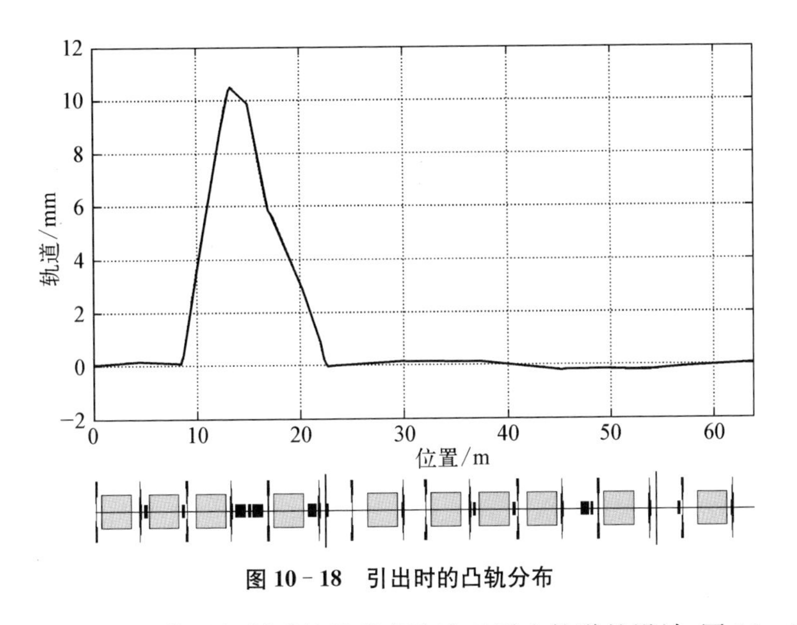

图 10-18　引出时的凸轨分布

静电切割板和静磁切割磁铁的强度取决于引出轨道的设计，图 10-19 给出了引出轨道的设计。为了降低静电切割板的制造难度，将静电切割板分成了长度为 1 m 的两块。到达静磁切割磁铁入口时，引出束流最内侧高度为 91 mm，静磁切割磁铁距离储存束中心最近处安装在 55 mm 处，留给引出静磁切割磁铁线圈和真空室的距离为 36 mm，引出静磁切割磁铁的线圈可以采用更多的匝数以降低对电流和电源要求的难度。进入静磁切割磁铁的束流角度

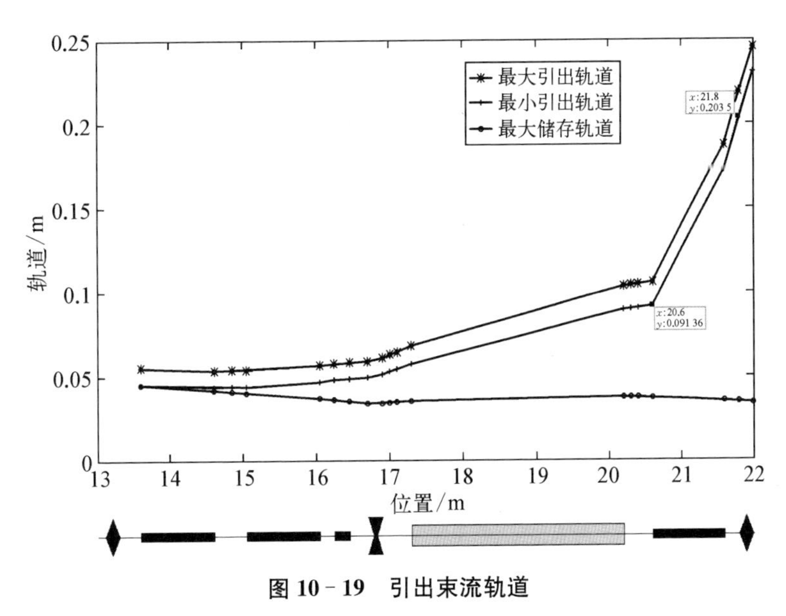

图 10-19　引出束流轨道

接近于 0，这样静磁切割磁铁更容易安装。但是静磁切割磁铁出口后的束流距储存束中心仅为 203 mm，并不能有效地避开后续的四极磁铁。

但是我们注意到，四极磁铁的磁极和线包间隙的磁力线稀疏，此处的磁场较小，特殊设计的磁轭形状可以满足此处无磁场的要求，可以将引出束流从这里穿过。在衍射极限环光源的注入设计中经常采用这样的设计。图 10-20 为引出束流穿过四极磁铁位置的示意图。可以从图中标注引出束的三个地方穿过四极磁铁进入后续输运线，继续被第二块静磁切割磁铁或者是二极磁铁偏转，进而远离同步加速器主环。表 10-6 给出了引出元件的参数要求。

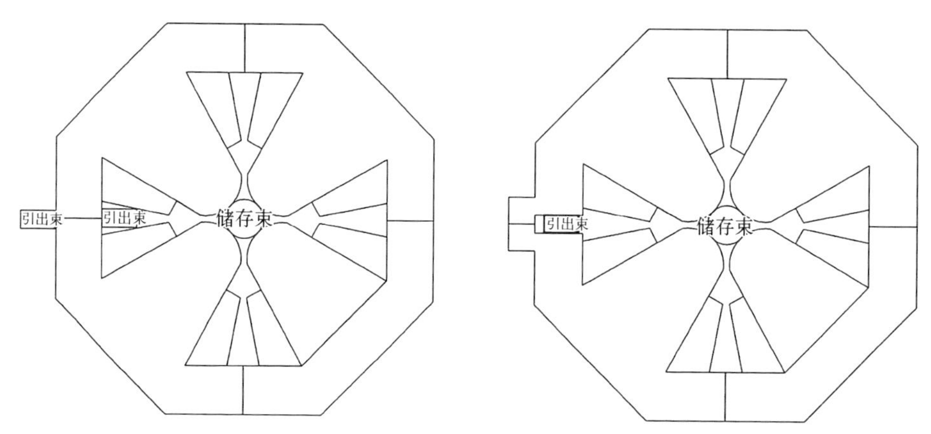

图 10-20 引出束的位置选择

表 10-6 引出元件的参数要求

参数	引出元件			
	RFKO	静电切割板	静磁切割磁铁	凸轨磁铁
数量	1	2	1	3
类型	—	静电	静磁	脉冲
有效长度/m	0.5	1	1	0.2
偏转角/mrad	0.001	4.1	151	2.4
扫描频率/MHz	0.4～3	直流	直流	—
束流清晰区/(mm×mm)	130×60	10×30	35×30	130×60
磁场稳定度/%	0.5	0.1	0.1	0.5
切割板厚度/mm	—	<0.1	30	—
磁场波形	扫频	—	—	梯形波

10.2.4　超导旋转机架物理设计

由于碳离子的磁刚度较大，如果采用常温磁铁的话，碳离子的旋转机架规模很大。另外，扫描治疗头的尺寸严重限制了旋转机架尺寸的缩小。

10.2.4.1　*扫描磁铁物理设计*

传统的扫描磁铁设计都是水平和垂直分离式的，这样一来被第一块扫描磁铁偏转的束流就要经过第二块扫描磁铁，第二块扫描磁铁的间隙就需要扩大。另外，第二块扫描磁铁离等中心的距离比第一块要近，扫描同样的照野需要的强度上升，这都增加了第二块扫描磁铁及其电源的制造难度。

为了降低扫描磁铁的制造难度，同时缩短扫描磁铁到等中心的距离，减少治疗头的空间需求，可以将水平和垂直扫描磁铁组合，如图 10－21 所示。

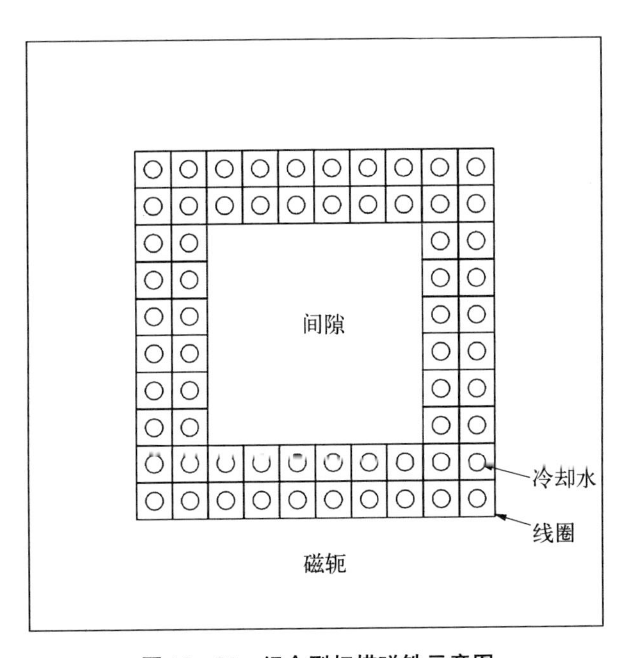

图 10－21　组合型扫描磁铁示意图

固定扫描磁铁入口在距离等中心 4 m 的位置和确定照野为 20 cm 的正方形后可以优化磁铁的长度和强度。图 10－22 给出了不同磁铁长度时的功率需求，扫描速度为水平 100 mm/ms，垂直 50 mm/ms。在磁铁长度大于 0.5 m 之后，功率需求趋于稳定，图 10－22 中的锯齿是间隙取整所致。

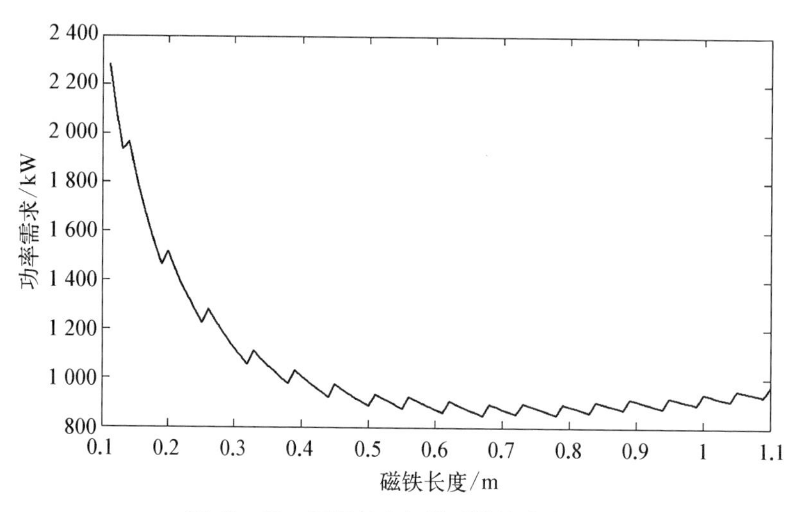

图 10－22　不同长度扫描磁铁的功率需求

10.2.4.2　超导旋转机架输运线设计

超导旋转机架采用了最高强度为 4 T 的超导磁铁，为了缩短旋转机架的纵向距离，采用了 60°爬坡结构，结合两块 45°二极磁铁组成最后弯转的输运线结构，最后一块磁铁边缘大于 4.2 m 以有足够的空间安装扫描治疗头。输运线上还有 7 块四极磁铁，与 4 块二极磁铁的梯度共同组成聚焦结构，满足从入口到出口的 1:1 束流的传输结构。每块磁铁的梯度各不相同。为了减轻输运线重量，校正线圈安装在四极磁铁的磁极上。图 10－23 给出了输运线的布局，旋转机架纵向长度为 10.5 m，旋转半径为 6.5 m，比现有的质子旋转机架尺寸稍大。图 10－24 给出了 Twiss 参数的分布，最大 β 函数不超过 20 m。

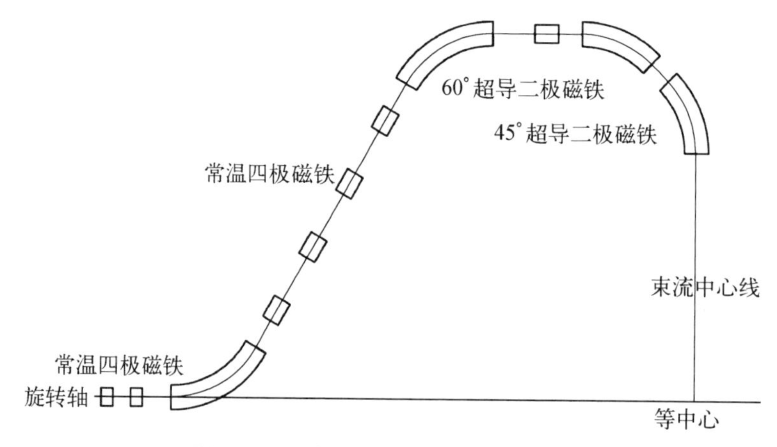

图 10－23　超导旋转机架输运线的布局

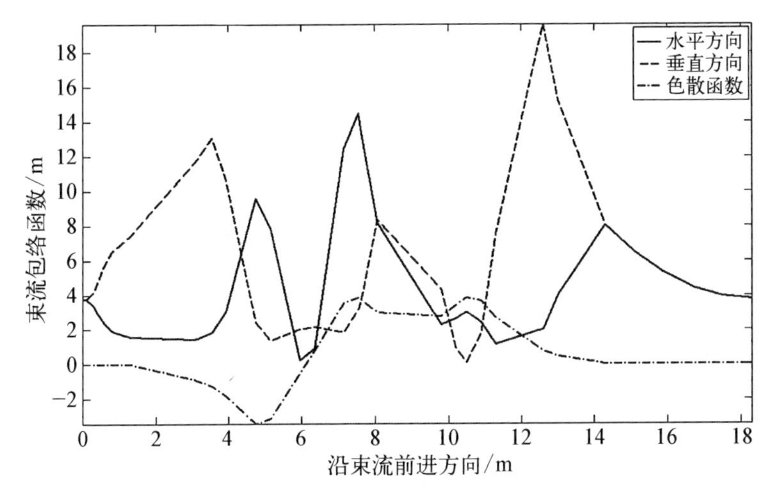

图 10 - 24　超导旋转机架 Twiss 参数的分布

参考文献

[1] Kovalenko A, Agapov N, Khodzhibagiyan H, et al. Fast cycling superconducting magnets: new design for ion synchrotrons[J]. Physica C, 2002, 372 - 376: 1394 - 1397.

[2] Laslett L J. On intensity limitations imposed by the transverse space charge effects in circular accelerators[R]. BNL, USA, BNL - 7534, 1963.

[3] Ebner D K, Frank S J, Inaniwa T, et al. The emerging potential of multi-ion radiotherapy[J]. Frontiers in Oncology, 2021, 11: 624786.

[4] Krämer M, Scifoni E, Schuy C, et al. Helium ions for radiotherapy? Physical and biological verifications of a novel treatment modality[J]. Medical Physics, 2016, 43 (4): 1995 - 2004.

附录：彩图

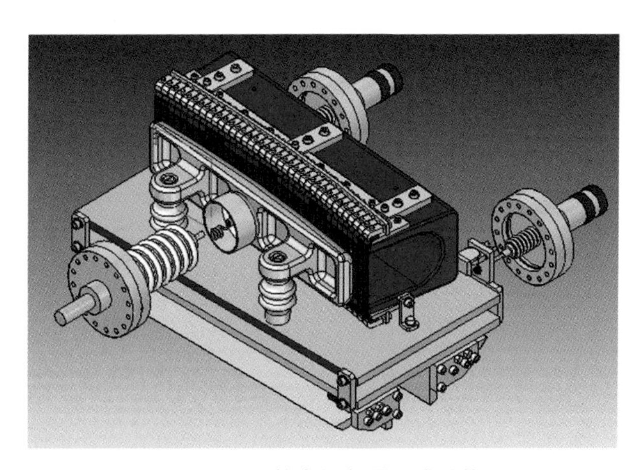

图 3－39　静电切割器三维结构

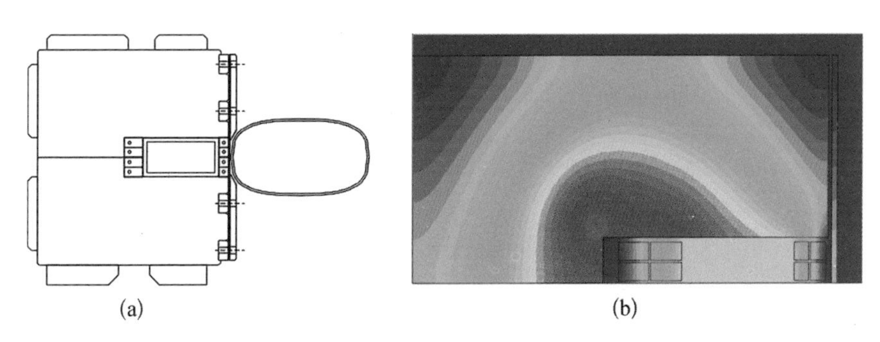

(a)　　　　(b)

图 3－40　静磁切割磁铁结构和磁场分布

(a) 磁铁结构;(b) 磁场分布

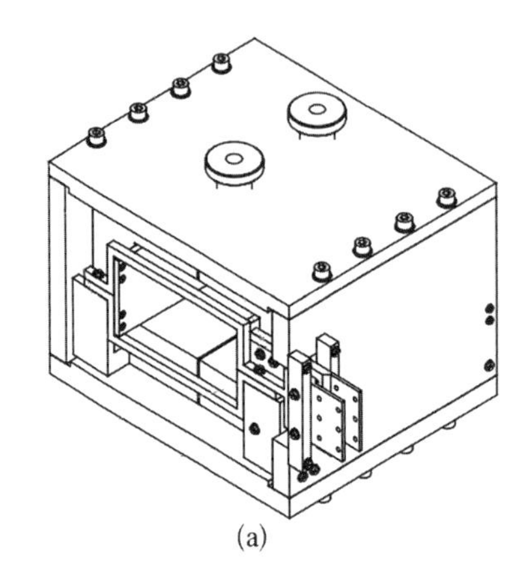

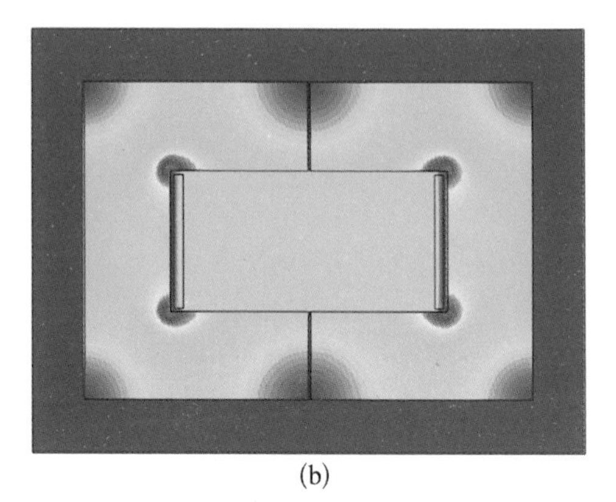

(a) (b)

图 3-42　凸轨磁铁的三维结构和磁场分布

(a) 三维结构;(b) 磁场分布

图 4-3　1958 年建成的我国首台回旋加速器(Y-120 回旋加速器)

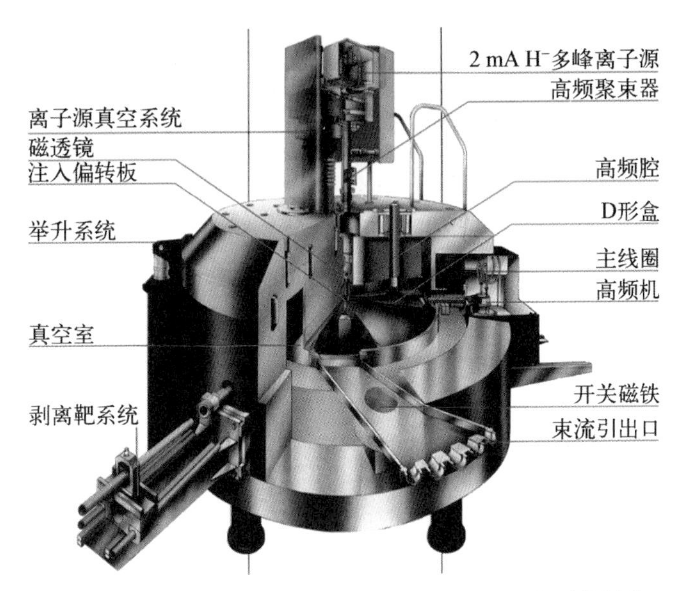

图 4 - 4　比利时 IBA 公司的 30 MeV 紧凑型回旋加速器结构

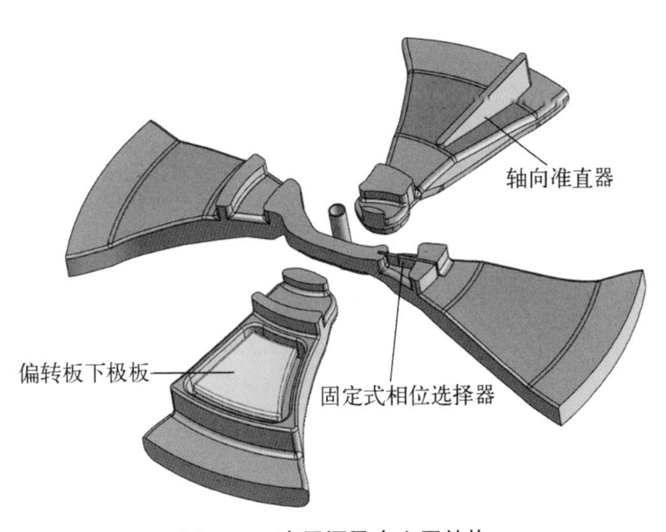

图 4 - 6　离子源及中心区结构

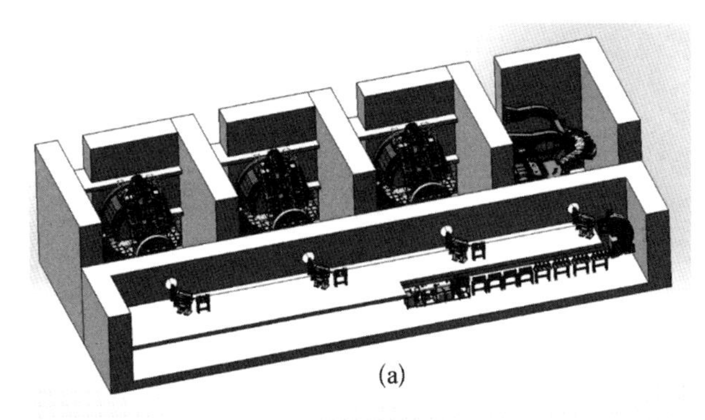

(a)

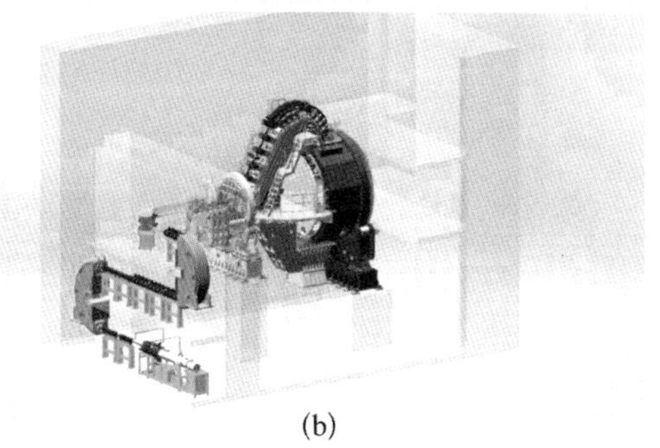

(b)

图 5-5　质子治疗的两种方案

(a) 多室方案；(b) 单室方案

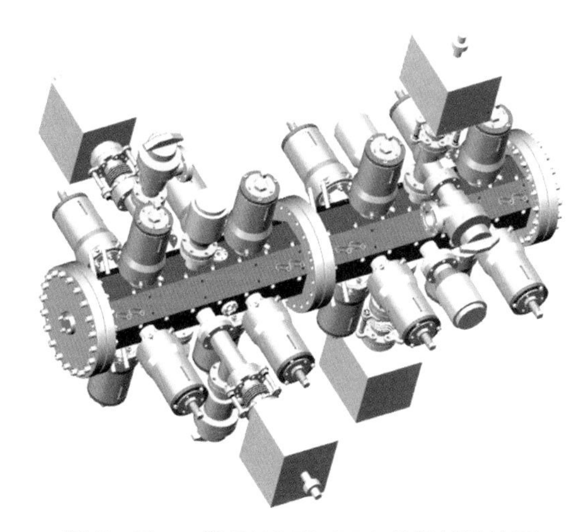

图 5-11　一段 714 MHz RFQ 的机械设计图

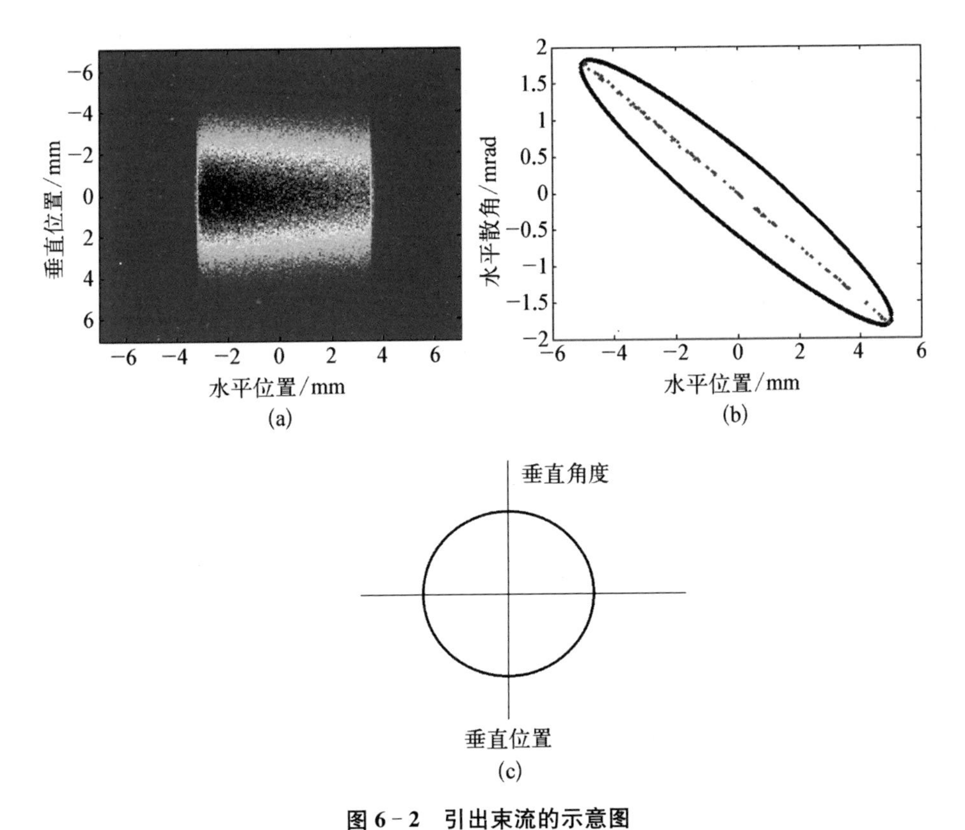

图 6-2 引出束流的示意图

(a) 实空间的束斑形状；(b) 未填满的正常相椭圆；(c) 相空间示意图

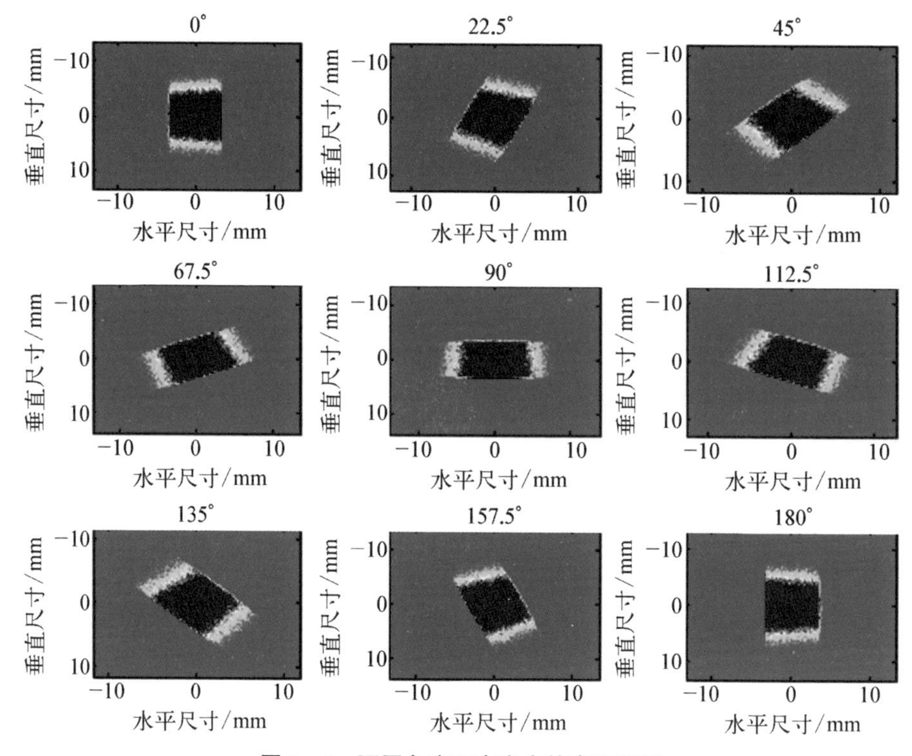

图 6-4　不同角度下真空中的束斑形状

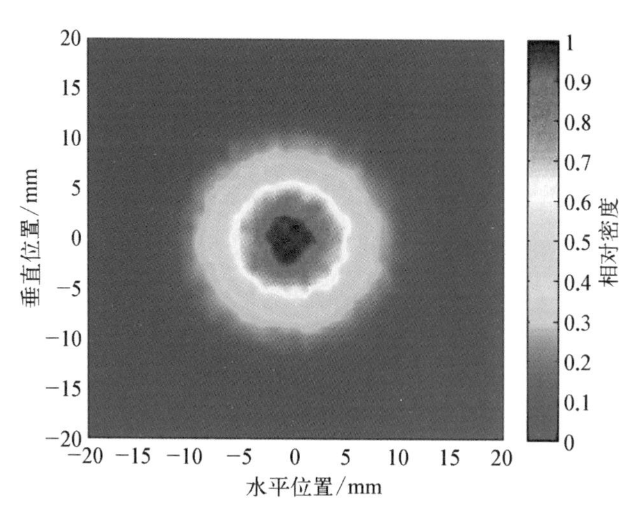

图 6-5　在水中布拉格峰处的束斑形状

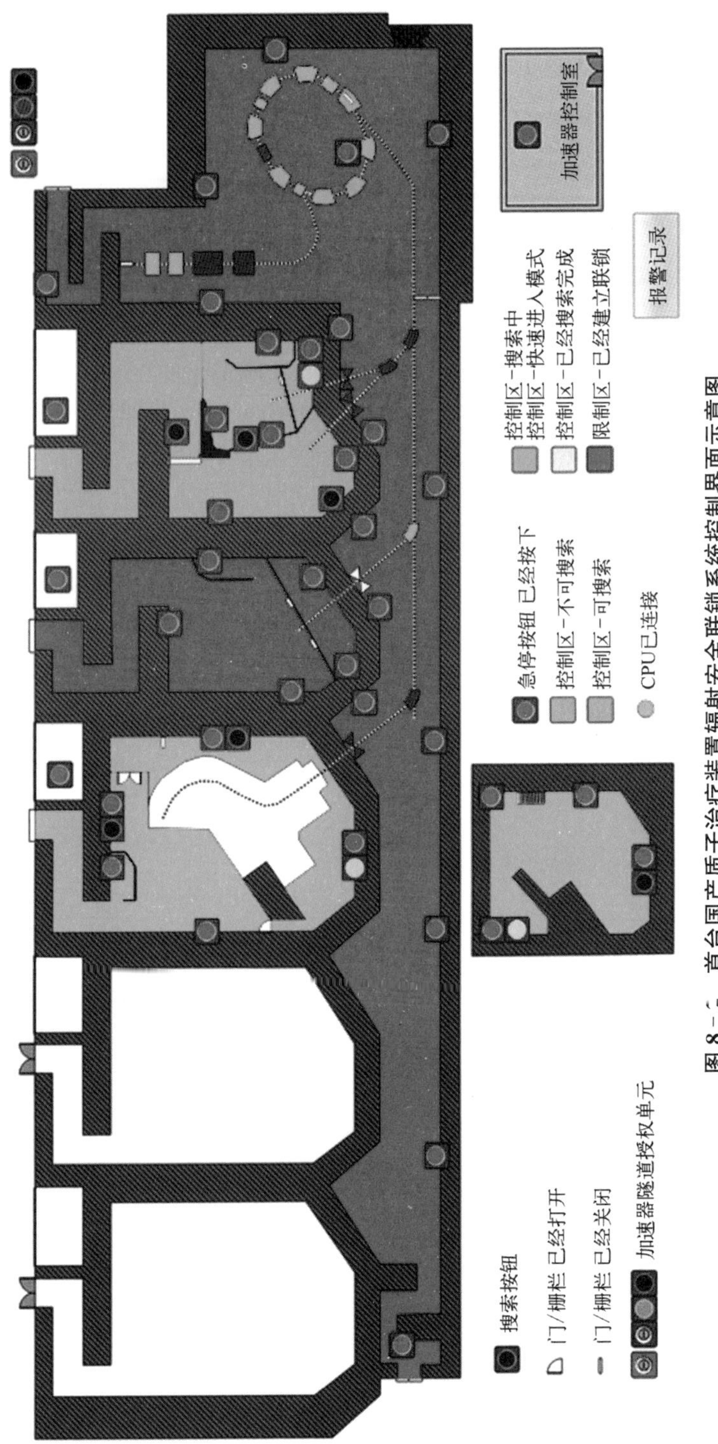

图 8-2 首台国产质子治疗装置辐射安全联锁系统控制界面示意图

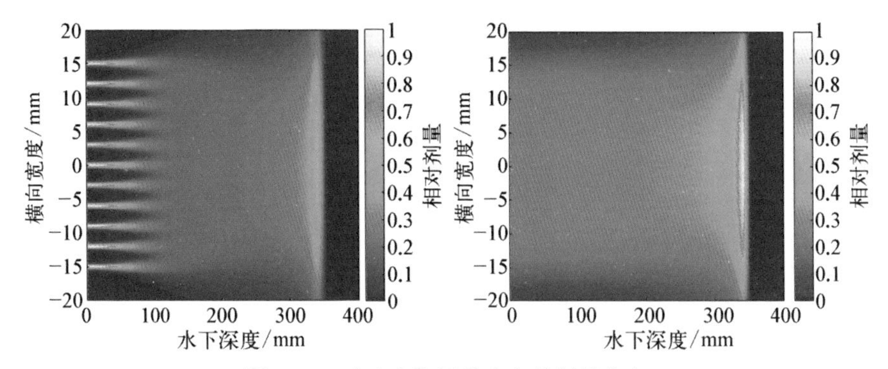

图 9-9　小束斑和正常束斑的剂量分布

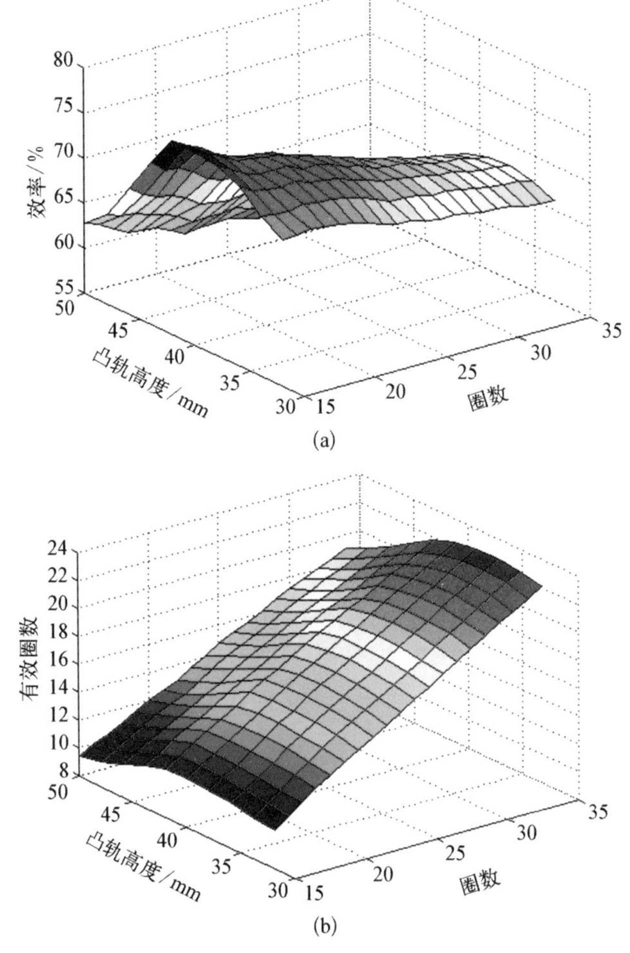

图 10-6　注入圈数和凸轨高度对注入效率和等效圈数的影响

(a) 对注入效率的影响;(b) 对等效圈数的影响

索　　引

核能与核技术出版工程

书　目

第一期　“十二五”国家重点图书出版规划项目

最新核燃料循环
电离辐射防护基础与应用
辐射技术与先进材料
电离辐射环境安全
核医学与分子影像
中国核农学通论
核反应堆严重事故机理研究
核电大型锻件 SA508Gr.3 钢的金相图谱
船用核动力
空间核动力
核技术的军事应用——核武器
混合能谱超临界水堆的设计与关键技术(英文版)

第二期　“十三五”国家重点图书出版规划项目

中国能源研究概览
核反应堆材料(上中下册)
原子核物理新进展
大型先进非能动压水堆 CAP1400(上下册)
核工程中的流致振动理论与应用
X 射线诊断的医疗照射防护技术
核安全级控制机柜电子装联工艺技术
动力与过程装备部件的流致振动
核火箭发动机
船用核动力技术(英文版)
辐射技术与先进材料(英文版)
肿瘤核医学——分子影像与靶向治疗(英文版)